食品质量追溯技术、标准与实践

刘鹏　刘文　张秋霞　张铎　编著

中国质量标准出版传媒有限公司
中　国　标　准　出　版　社

北　京

图书在版编目(CIP)数据

食品质量追溯技术、标准与实践 / 刘鹏等编著 .—
北京：中国质量标准出版传媒有限公司，2023.10
ISBN 978-7-5026-5206-7

Ⅰ.①食… Ⅱ.①刘… Ⅲ.①食品安全-质量管理
Ⅳ.①TS201.6

中国国家版本馆 CIP 数据核字（2023）第 179439 号

中国质量标准出版传媒有限公司
中　国　标　准　出　版　社　出版发行
北京市朝阳区和平里西街甲 2 号（100029）
北京市西城区三里河北街 16 号（100045）
网址：www.spc.net.cn
总编室：（010）68533533　发行中心：（010）51780238
读者服务部：（010）68523946
中国标准出版社秦皇岛印刷厂印刷
各地新华书店经销
*
开本 787×1092　1/16　印张 15.5　字数 336 千字
2023 年 10 月第一版　　2023 年 10 月第一次印刷
*
定价 78.00 元

前　言

“民以食为天，食以安为先”，食品质量追溯是食品生产经营企业合理配置质量安全资源、提升质量控制水平的有效手段，是提高企业管理水平的有效途径。通过食品质量追溯，企业能有效提升食品生产经营风险防控和安全保障能力，提高产品质量，降低生产成本，提升品牌效应。

我们通过查阅国内外文献资料、访问国外网站、实地调研国内外市场等方式，了解了欧盟、美国、加拿大、日本、韩国、澳大利亚等国家或组织的食品农产品追溯体系情况及典型做法。欧、美、日、韩的农产品追溯体系均先从牛肉制品、大型农产品经营企业开始实施，再向果蔬类、水产类、粮食类产品逐步延伸。政府在农产品质量安全追溯的实施过程中起到关键作用，将风险高、隐患大的大宗农产品和重要农产品优先纳入追溯管理。对于政府和企业来说，追溯管理具有十分重要的意义。为了确保消费者健康，维护国内和国际农产品市场稳定，政府在农产品质量安全追溯的实施过程中发挥了主导和推动作用。大型企业和龙头公司是整个供应链中可追溯体系建立的参与者和实践者。发达国家和地区的农产品质量安全追溯体系都是在大型的种植或养殖基地建立起来的，随后不断延伸至整个产业链条，逐步通过行政推动、追溯立法、市场准入、政策创设等综合管理措施建立起成熟的管理体系。这些典型国家和地区的管理模式、法律法规、标准规范以及主要做法值得我国学习借鉴。

通过总结多年的研究和工作经验，本书全面介绍了追溯体系知识，具体讲解了追溯的概念、原理和管理制度，结合典型案例阐释了追溯技术现状和示范应用情况，对追溯管理发展趋势进行了展望并针对性地提出了政策制度建议，充分展示了食品质量追溯体系“全程、快捷、互通、可展示、可查询”的功能与特点，使广大读者能够了解、掌握直至应用食品追溯技术。

本书由中国标准化研究院刘鹏、刘文和北京交通大学张秋霞、张铎共同编著，西安市质量与标准化研究院雷震和刘志千、北京服装学院张倩、郑州航空工业管理学院张妍祺、大唐融合通信股份有限公司宁斌、北京网路畅想科技发展有限公司刘娟等参与了本书的编写。

本书可供食品监督管理人员、食品生产经营企业人员、食品专业技术人员参考。

编著者

2023 年 1 月

目　录

第一章　食品农产品质量追溯概述 …… 1

第一节　食品安全与食品可追溯管理 …… 1

一、食品安全 …… 1

二、食品可追溯管理 …… 3

第二节　追溯概述 …… 3

一、追溯与追溯系统 …… 3

二、物品与食品 …… 5

第三节　国外产品追溯系统分析及启示 …… 6

一、国外产品追溯系统的特点 …… 6

二、对比分析 …… 7

三、国外产品追溯系统对我国的启示 …… 8

第二章　编码与标识技术 …… 9

第一节　编码技术 …… 10

一、编码技术概述 …… 10

二、物品编码标识标准化 …… 13

三、GS1 编码 …… 17

四、产品电子代码 …… 22

第二节　标识技术 …… 26

一、条码技术 …… 26

二、射频识别（RFID）技术 …… 37

第三节　物联网编码标识解析技术 …… 44

一、物联网标识体系概述 …… 45

二、我国 Ecode 标识体系关键技术 …… 50

第三章　追溯设备与追溯系统 …… 57
第一节　追溯设备 …… 57
一、追溯设备概述 …… 57
二、条码识读相关设备 …… 58
三、条码印制相关设备 …… 65
四、射频识别（RFID）读写设备 …… 71
五、射频识别（RFID）标签 …… 74
第二节　追溯系统建设 …… 76
一、产品追溯系统主要特征 …… 76
二、点对点追溯模式 …… 78
三、贸易追溯模式 …… 79
四、系统价值链分析 …… 81
第三节　编码标识在追溯系统建设中的应用 …… 84
一、单一产品追溯系统编码标识分析 …… 84
二、多品种产品追溯系统编码标识分析 …… 88

第四章　国内外食品农产品质量安全追溯体系 …… 93
第一节　美国食品农产品追溯体系 …… 93
一、美国食品农产品监管部门及分工简介 …… 93
二、美国食品农产品追溯法律法规与管理办法 …… 96
三、美国食品农产品追溯实施现状 …… 99
第二节　加拿大食品农产品质量安全追溯体系 …… 101
一、加拿大食品农产品监管部门及分工简介 …… 102
二、加拿大食品农产品追溯法律法规与管理办法 …… 105
三、加拿大食品农产品追溯实施现状 …… 107
四、加拿大食品农产品追溯实施分析实例 …… 110
第三节　欧盟食品农产品追溯体系 …… 111
一、欧盟食品农产品监管部门及分工简介 …… 112
二、欧盟食品农产品追溯法律法规与管理办法 …… 113
三、欧盟食品农产品追溯实施现状 …… 118
第四节　日本食品农产品追溯体系 …… 126
一、日本食品农产品监管部门及分工简介 …… 126
二、日本食品农产品追溯法律法规与管理办法 …… 128
三、日本食品农产品追溯实施现状 …… 130

第五节 韩国食品农产品追溯体系 …… 132
一、韩国食品农产品监管部门及分工简介 …… 132
二、韩国食品农产品追溯法律法规与管理办法 …… 134
三、韩国食品农产品追溯实施现状 …… 138
第六节 澳大利亚食品农产品追溯体系 …… 142
一、澳大利亚食品农产品监管部门及分工简介 …… 142
二、澳大利亚食品农产品追溯法律法规与管理办法 …… 144
三、澳大利亚食品农产品追溯实施现状 …… 145
第七节 中国食品农产品追溯体系 …… 147
一、中国食品农产品监管部门及分工简介 …… 147
二、中国食品农产品追溯法律法规与管理办法 …… 148
三、中国追溯监管食品农产品实施分析实例 …… 155

第五章 食品农产品追溯标准 …… 160

第一节 加强食品安全标准体系建设 …… 160
一、食品安全标准体系 …… 160
二、食品安全管理标准 …… 160
第二节 食品安全追溯标准体系 …… 163
一、食品安全追溯标准体系框架 …… 163
二、食品农产品追溯标准 …… 163
第三节 欧美日韩食品农产品安全追溯标准建设情况 …… 176
一、欧盟食品农产品安全追溯标准建设 …… 176
二、美国食品农产品安全追溯标准建设 …… 179
三、日本食品农产品安全追溯标准建设 …… 180
四、韩国食品农产品安全追溯标准建设 …… 181

第六章 追溯系统应用实例 …… 184

第一节 国家农产品质量安全追溯管理信息平台 …… 184
一、基本情况 …… 184
二、技术特点 …… 188
第二节 国家重要产品追溯管理平台 …… 191
一、基本情况 …… 191
二、技术特点 …… 200
第三节 全国认证认可信息公共服务平台/有机码查询 …… 203
一、基本情况 …… 203

二、技术特点 …… 207
第四节 国家食品（产品）安全追溯平台 …… 211
一、基本情况 …… 211
二、技术特点 …… 217
第五节 国家冷链物流大数据云平台 …… 219
一、基本情况 …… 219
二、技术特点 …… 222

主要参考文献 …… 237

第一章　食品农产品质量追溯概述

第一节　食品安全与食品可追溯管理

一、食品安全

食品安全是专门探讨在食品加工、存储、销售等过程中确保食品卫生及食用安全，降低疾病隐患，防范食物中毒的一个跨学科领域。目前，国内外对“食品安全”有多种不同的定义，基本上可以归于以下5种。

①食品安全是指食品及其生产经营和消费等活动不存在对人体健康现实的或潜在的损害。

②食品安全是指食品中不应包含有可能损害或威胁人体健康的有毒、有害物质或不安全因素，不可导致消费者急性、慢性中毒或感染疾病，不能产生危及消费者及其后代健康的隐患。食品安全的范围包括食品数量安全、食品质量安全、食品卫生安全。

③食品安全从广义上来说是“食品在食用时完全无有害物质和无微生物的污染”，从狭义上来说是“在规定的使用方式和用量的条件下长期食用，对食用者不产生可观测到的不良反应”。不良反应包括一般毒性和特异性毒性，也包括由于偶然摄入所导致的急性毒性和长期微量摄入所导致的慢性毒性，如致癌和致畸形等。

④食品安全是指食品（食物）的生产、加工、包装、储藏、运输、销售和消费等活动符合强制性标准和要求，不存在可能危害人体健康的有毒有害物质以导致消费者病亡或者危及消费者后代的隐患。

⑤国际食品法典委员会（CAC）对食品安全的定义是：消费者在摄入食品时，食品中不含有害物质，不存在引起急性中毒、不良反应或潜在疾病的危险性。

根据世界卫生组织（WHO）的定义，食品安全是指“食物中有毒、有害物质对人体健康影响的公共卫生问题”。食品安全要求食品对人体健康造成急性或慢性损害的所有危险都不存在，起初是一个较为绝对的概念。后来人们逐渐认识到，绝对安全是很难做到的，食品安全更应该是一个相对的、广义的概念。一方面，任何一种食品，即使其成分对人体是有益的，或者其毒性极微，如果食用数量过多或食用条件不合适，仍然可能对身体健康造成毒害或损害。譬如，食盐过量会中毒，饮酒过度会伤身。另一方面，一些食品的安全性又是因人而异的。譬如，鱼、虾、蟹类水产品对多数人是安全的，可确实有人吃了这些水产品就会过敏，会损害身体健康。因此，评价一种食品或者其成分是否安全，不能单纯地看它内在固有的“有毒、有害物质”，更重要的是看它是否造成实际危害。从目前研究情况来看，在食品安全概念的理解上，国际社会已经基本形成共识，即食品的种植、养殖、加工、包装、贮藏、运输、销售、消费等活动符合国家强制标准和要求，不存在可能损害或威胁人体健康的有毒、有害物质以导致消费者病亡或者危及消费者及其后代的隐患。

综上所述，理解食品安全的概念，可以从以下 5 个层面入手。

第一，食品安全是一个综合概念。作为种概念，食品安全包括食品卫生、食品质量、食品营养等相关方面的内容和食品（食物）种植、养殖、加工、包装、贮藏、运输、销售、消费等环节；而作为属概念的食品卫生、食品质量、食品营养等（通常被理解为部门概念或者行业概念）均无法涵盖上述全部内容和全部环节。从某种意义上讲，正因为食品卫生、食品质量、食品营养等在内涵和外延上存在许多交叉，由此造成目前食品的重复监管。

第二，食品安全是一个社会概念。与卫生学、营养学、质量学等学科概念不同，食品安全是一个社会治理概念。不同国家以及不同时期，食品安全所面临的突出问题和治理要求有所不同。在发达国家，食品安全所关注的主要是因科学技术发展所引发的问题，如转基因食品对人类健康的影响；而在发展中国家，食品安全所侧重的是市场经济发育不成熟所引发的问题，如假冒伪劣、有毒有害食品的非法生产经营。我国的食品安全问题包括上述全部内容。

第三，食品安全是一个政治概念。无论是发达国家，还是发展中国家，食品安全都是政府和企业对社会最基本的责任以及必须作出的承诺。食品安全与生存权紧密相连，具有唯一性和强制性，通常属于政府保障或者政府强制的范畴。而食品质量等往往与发展权有关，具有层次性和选择性，通常属于商业选择或者政府倡导的范畴。近年来，国际社会逐步以食品安全的概念替代食品卫生、食品质量的概念，更加凸显了食品安全的政治责任。

第四，食品安全是一个法律概念。进入 20 世纪 80 年代以来，一些国家以及有关国际组织从社会系统工程建设的角度出发，逐步以食品安全的综合立法替代卫生、质量、营养等要素立法。1990 年，英国颁布了《食品安全法》；2000 年，欧盟发表了具有指导意义的《食品安全白皮书》；2003 年，日本制定了《食品安全基本法》；部分发展中国家也制定了《食品安全法》。综合型的《食品安全法》逐步替代要素型的《食品卫生法》《食品质量法》《食品营养法》等，反映了时代发展的要求。

第五，食品安全是一个经济学概念。在经济学上，食品安全指的是有足够的收入购买安全的食品。这时，由于经济能力差，低收入人群的健康和安全就得不到平等的保证，可能造成社会的不稳定，不利于构建和谐社会。

基于以上认识，食品安全的概念可以表述为：食品（食物）的种植、养殖、加工、包装、贮藏、运输、销售、消费等活动符合国家强制标准和要求，不存在可能损害或威胁人体健康的有毒有害物质以导致消费者病亡或者危及消费者及其后代的隐患。不难看出，食品安全既包括生产安全，也包括经营安全；既包括结果安全，也包括过程安全（食品卫生虽然也包含此两项内容，但更侧重于过程安全）；既包括现实安全，也包括未来安全。

二、食品可追溯管理

目前，可追溯性的定义主要归为以下 3 种。

①国际食品法典委员会（CAC）与国际标准化组织（ISO）把可追溯性的概念定义为“通过登记的识别码，对商品或行为的历史和使用或位置予以追踪的能力”。

②可追溯性在 ISO 22005：2007 中的定义是：跟踪饲料或食品在整个生产、加工和销售的特定阶段的流动的能力。“流动”涉及有关物料的来源、饲料或食品的加工历史或分销。可追溯性在 1987 年的 NF EN ISO 8402 中定义为：通过记录的标识追溯某个实体的历史、用途或位置的能力。这里的“实体”可以是一项活动或一个过程、一项产品、一个机构或一个人。

③中国良好农业规范中对可追溯性的要求是：通过记录证明来追溯产品的历史、使用和所在位置的能力（即材料和成分的来源、产品的加工历史、产品交货后的销售和安排等）。

食品可追溯管理是保证食品安全的一项重要措施，是基于风险管理的安全保障体系，是一种旨在加强食品安全信息传递、控制食源性疾病危害和保障消费者利益的信息记录体系。当危害健康的问题发生后，有食品可追溯管理就可以做到按照从原料上市至成品最终消费整个安全保障体系环节所必须记载的信息，追踪食品流向，召回存在危害的、尚未被消费的食品，切掉源头，消除危害，维护消费者的利益，保护消费者的健康。食品可追溯管理是适应国际食品贸易与出口的重要措施，欧盟、美国、日本等相继出台政策，明确在本国销售的食品必须具备可追溯性，记录食品流通全过程，减少大范围食品安全突发事件，提高食品安全突发事件的应急处理能力。与此同时，食品可追溯管理是维护消费者对所消费食品生产情况的知情权，是提高食品安全监控水平、减少食源性疾病发生的重要技术手段。

第二节 追溯概述

一、追溯与追溯系统

（一）追溯

追溯的定义和解释主要有以下几种。

①ISO 8042：1994 中可追溯性的定义为通过登记的识别码，对商品或行为的历史和使用或位置予以追踪的能力。

②ISO 22005：2007 中可追溯性的定义为跟踪饲料或食品在整个生产、加工和销售的特定阶段流动的能力。“流动”涉及有关饲料的来源、饲料或食品加工历史或分销。

③GB/T 19000—2016《质量管理体系　基础和术语》中可追溯性的定义为追溯所考虑对象的历史、应用情况或所处位置的能力（注：当考虑产品时，可追溯性可能涉及原材料和零部件的来源、加工的历史以及产品交付后的发送和所处位置）。

④美国生产与物流管理协会（APICS）从物流角度将可追溯性定义为可追溯性有双重含义：一是指能够确定运输中的货物的位置，二是通过批号或序列号记录和追踪零部件、过程和原材料。

⑤GB/T 38155—2019《重要产品追溯　追溯术语》中将追溯定义为通过记录和标识，追踪和溯源客体的历史、应用情况或所处位置的活动。追溯包括追踪和溯源。

综上，可追溯性是指追溯客体的历史、应用情况或所处位置的能力。当考虑产品或服务时，可追溯性可涉及原材料和零部件的来源、加工的历史、产品或服务交付后的分布和所处位置。

（二）追溯系统

GB/T 19000—2016《质量管理体系　基础和术语》、GB/T 13016—2018《标准体系构建原则和要求》等多项国家标准均将“系统”与“体系”并列，作为同义词，原文表述如下，体系（系统）为相互关联或相互作用的一组要素。本书按此定义理解，不区分“体系”与“系统”，将追溯体系与追溯系统（包括可追溯系统）统称为“追溯系统”。

目前并没有对追溯系统的标准定义，一般是结合行业或产品对追溯系统的功能进行界定。主要有以下几种解释。

①GB/T 22000—2006《食品安全管理体系　食品链中各类组织的要求》指出，追溯系统应能够识别直接供方的进料和终产品初次分销的途径，组织应建立且实施追溯性系统，以确保能够识别产品批次及其与原料批次、生产和交付记录的关系。

②GB/T 22004—2007《食品安全管理体系　GB/T 22000—2006 的应用指南》中指出建立追溯系统时，应考虑组织可能影响体系复杂性的活动，诸如成分的种类和数量、产品的再利用、与产品接触的材料、批次生产和持续生产以及所有这些组合。组织还应考虑追溯系统的范围，以便更好地确认任何可能需要撤回的潜在不安全产品。

③GB/T 22005—2009《饲料和食品链的可追溯性　体系设计与实施的通用原则和基本要求》规定，追溯系统为能够维护关于产品及其成分在整个或部分生产与使用链上所期望获取信息的全部数据与作业。

④在 GB/T 38155—2019《重要产品追溯　追溯术语》中，追溯系统的定义为基于追溯码、文件记录、相关软硬件设备和通信网络，实现现代信息化管理并可获取产品追溯过

程中相关数据的集成。

在追溯过程中，基于追溯码和相关设备能唯一标识产品，并可获取产品相关数据与作业的系统。产品追溯系统应具备以下条件：

①具有唯一的追溯编码；

②可实现多点外部追溯；

③符合国家追溯系统建设要求。

上述条件体现了追溯系统的基本特征，既具有唯一标识产品的追溯码，又能实现供应链中两个环节（生产、加工、批发、销售、消费等）以上的追溯；符合国家对追溯系统和编码等标准化建设的要求。

二、物品与食品

（一）物品

我国《现代汉语词典》对物品的定义是物件、东西。

GB/T 18354—2021《物流术语》中对物品的定义是经济与社会活动中实体流动的物质资料。

本书采用 GB/T 37056—2018《物品编码术语》中的定义，即物品是经济和社会活动中所涉及的有形的物质资料和无形的服务产品。

（二）产品

根据 GB/T 19000—2016《质量管理体系　基础和术语》的定义，产品是指在组织和顾客之间未发生任何交易的情况下，组织能够产生的输出。

本书采用 GB/T 16656.1—2008《工业自动化系统与集成　产品数据表达与交换　第 1 部分：概述与基本原理》中对产品的定义，即产品是由天然或人造而成的事物。

（三）食品

关于食品，不同国家和地区的表述各不相同。

欧盟 178/2002 法规将食品定义为任何用于人类或者可能被人类摄入的物质或产品。

美国《联邦食品、药品及化妆品法案》对食品的定义是人或动物食用、饮用的物品，以及构成以上物品的材料（包括口香糖）。

我国《现代汉语词典》对食品的定义是商店出售的经过加工制作的食物。

GB/T 15091—1994《食品工业基本术语》将食品定义为供人类食用/饮用的物质，包括未加工食品、半成品和加工食品（但不包括烟草和只作药用的物质）。

《中华人民共和国食品安全法》将食品定义为各种供人食用或者饮用的成品和原料以及按照传统既是食品又是药品的物品，但是不包括以治疗为目的的物品。

本书采用GB/T 15091—1994《食品工业基本术语》中对食品的定义。

（四）农产品与农副产品

根据GB/T 26407—2011《初级农产品安全区域化管理体系　要求》的规定，初级农产品是指供食用的源于农业的产品，即通过农业活动获得的植物、动物、微生物及其产品。

GB/T 19575—2004《农产品批发市场管理技术规范》规定农产品包括粮油、畜禽、蛋、水产、蔬菜、水果、花卉等。

GB/T 22502—2008《超市销售生鲜农产品基本要求》中将生鲜农产品定义为通过种植、养殖、采收、捕捞等产生，未经加工或初级加工，供人食用的新鲜农产品，包括蔬菜（含食用菌）、水果、畜禽肉、水产品、鲜蛋等。

根据GB/T 21721—2008《农副产品销售现场危害管理规范》的规定，农副产品包括粮油、蔬菜（含食用菌）、果品、畜禽肉、水产品、茶叶、调料等产品及其加工品。

GB/T 19220—2003《农副产品绿色批发市场》规定农副产品包括蔬菜、水果、肉禽蛋、水产品、粮油等产品及其加工品。

鉴于目前国内对农产品、农副产品的界定不是十分明确，为此，本书将其统称为“农产品”，并将农产品定义为供食用，且通过农业活动获得的植物、动物、微生物及其产品。

本书中所称的食品包括食品和农产品。

第三节　国外产品追溯系统分析及启示

一、国外产品追溯系统的特点

（一）政府在农产品可追溯系统建立中起到了较重要的作用

在美国、加拿大、日本、法国、欧盟的肉类、农产品或者药品的追溯中，政府都起到了重要的作用。如颁布法律，根据国际GS1（全球标准）制定适用于本国的追溯标准，并统一编码规则等，这为全国追溯标准的一致性塑造了统一的环境和意识，也可以增加追溯的可实施性。另外，政府给予很大的财政支持，为可追溯实现提供了技术和资金基础。

（二）追溯系统的强制指定与实施

从国外的追溯可以看出，一部分追溯系统是企业自主参加和进行的，而很大一部分追溯系统是政府通过相关的法律和规定指定的，企业和下属部门不得不实施的一种实施方式。这虽然是一种强制性的措施，但是，它可以增加追溯的范围和实施程度，可以给企业增加压力，保证产品的质量。同时，也增加了消费者的满意度。

（三）追溯编码使用标准不同

关于追溯系统的编码，国外大部分使用全球追溯标准 GS1 的相关规定，再按照本国的实际情况，进行编码的分析和制定。国外很多追溯系统使用 GS1 的 UCC/EAN－128 码，因为这种编码结构较灵活，而且还可以使用全球位置代码、物流代码等很多与此相联系的代码，详细地标示商品的信息。

（四）消费者支付意愿具有共性

在实施追溯系统过程中，国外消费者都表现出了一定的支付意愿。国外研究显示，如果附加关于食品安全和动物福利保证的产品信息，那么消费者对追溯性的支付意愿更高。国外的消费者对产品追溯的意识较强，这一方面保护了消费者的利益，另一方面从市场方面进行制约，促使企业自主加入追溯系统中。

（五）系统实施具有阶段性

国外的追溯系统是一个循序渐进的过程，分为几个阶段进行，并根据每个阶段的进展情况决定下一阶段的追溯如何实施。

二、对比分析

通过对比世界各国和我国追溯管理机构的分布，我们发现世界各国对食品追溯基本都属于分段监管：对于农产品和食品分置于不同的管理部门进行追溯的管理。但是各国又针对自身的国情，对追溯的管理的具体职责有不同的细分，由不同的部门承担不同的责任。

通过对比世界各国和我国追溯的相关法规，我们发现世界各国都是基于食品安全管理体系的基本要求来进行追溯法规的制定，但是又充分结合了自身国家的特点：一些畜牧业、农业相对发达的国家，针对自身的优势产业进行了相对详尽而全面的追溯体系设计，并由政府进行了整个追溯体系的监管。有些国家的追溯体系主体责任由企业承担，政府进行相应的辅助和指导。

通过对比世界各国和我国食品追溯体系的实施情况，我们发现世界各国（包括我国）都充分发挥政府对于整个追溯体系实施的指导和引导作用。同时，各国也针对自身的优势产业，进行了相关追溯体系的顶层设计，有些国家甚至进行了相关信息化系统的开发和使用，从而引导整个追溯体系的健康发展，另外，各国都对相关企业实施追溯体系建设赋予了很大的主体责任，要求企业在整个追溯中承担相应的责任与义务。

三、国外产品追溯系统对我国的启示

国外发达国家追溯系统取得的一些经验对我国实施追溯系统提供了重要的参考。

（一）加强政府的法律监管制度

政府相关部门应指定相关的法律法规，通过实施，强制企业加入追溯系统，一方面保证追溯的统一性，另一方面保证产品的质量和消费者的权益。

（二）制定统一的编码规则

GS1是全球通用的追溯标准，国外很多发达国家都是使用该追溯标准实现追溯的。对于我国来说，虽然追溯体系在进一步发展，可是，追溯系统过多，要求过于繁杂，还很难与国际接轨。中国物品编码中心应根据GS1制定统一的编码规则，实现与国际共性的统一和我国特殊个性的兼容。

（三）产品追溯系统要逐步建立，不能操之过急

追溯系统的建立需要花费一定的成本，在我国还没有足够的经验之前，应首先选取单位价值比较高的产品进行试点，获得一定的成功和经验后，再向其他产品推广，这样更符合我国的发展实际。也可以选择一部分条件比较成熟的企业进行试点，再逐步推广到更多的企业。

我国地域广阔，企业数量众多，规模资质各不相同，因此，在实施农产品追溯系统过程中应首先选择规模比较大、条件比较成熟的企业进行试点，取得一定经验后再进行推广，才能起到事半功倍的效果。

（四）建立专门的产品追溯系统，管理部门进行协调与管理

在我国产品追溯系统建立的初期，政府的作用是不可替代的。在建立初期，企业花费成本较高，收益不能马上显现，从市场经济运行的角度来看，企业缺乏主动建立产品追溯系统的动机，因此，在这种情况下，政府的作用非常重要，将对我国产品追溯系统的建立起到重要的保障作用。我们可以效仿西方国家，强制一部分企业实施追溯系统，等市场条件逐渐成熟，再过渡为市场化运作。

另外，从我国目前实施产品追溯系统的现状来看，政府尽管起到了比较重要的作用，但是多头管理现象仍然比较严重，不同的行业、不同的管理机构、不同的地区都有着不同的管理，造成了某些冲突不协调。例如，不同行业和系统开发出来的追溯条码存在不相容、效率不高的现象。因此，建立一个负责管理产品追溯系统的权威机构（该机构可以定义为第三方服务机构），独立于其他监管部门，将会提高我国产品追溯系统的效率。

第二章　编码与标识技术

在信息化高速发展的背景下，从社会与经济的发展和企业的角度出发，人们对物品编码标识研究的重要性越来越重视。加强编码标识系统建设，将有助于提升我国社会和经济发展总体水平，降低企业运营成本，提升生产效益。在产品追溯系统建设中，编码标识已经成为基础的、不可或缺的关键技术。为了加强编码标识系统的建设，首先要认清目前存在的如下问题。

在理论层面，对物品编码标识系统的研究还未形成完整的理论体系框架。由于行业、应用和技术的不同，以及受到历史、市场、政策等多方面因素的制约，当前众多编码标识共存，且同类标识存在众多编码方案，各应用领域的编码方案互不兼容。从标准制定的角度出发，基础术语、标准体系缺失，各地区行业间物品编码标识标准也不统一。统一术语、制定有关标准和物品编码标识方案将有利于完善物品编码标识系统的理论体系。

在技术层面，编码标识研究及应用状况所面临的问题并非缺乏相关技术，而是需要结合物联网、电子商务的发展需要，大力开展编码标识技术与网络解析技术的融合研究。而此方面缺少相应的技术支撑环境，缺少一个良好的编码标识技术支持平台。因此，虽然物联网应用还处于发展的初级阶段，但是为了促进物联网未来的发展，满足行业间的横向沟通，搭建编码标识技术支持平台是现阶段的研究重点。

在社会认知层面，人们对物品编码标识的重要性认识不够，加之对物品编码标识宣传力度不够，导致人们认为物品编码就是简单地给物品赋予一个代码。人们对物品编码的认识过于简单化，很少考虑编码资源的通用性、可扩展性及编码对标识的基础作用，更谈不上对物联网物品标识迫切需要的认识了。目前，在物品标识的技术、管理、标准及政策的制定上各自为政，重复建设现象严重，造成了资源浪费。在政策和管理上的统筹协调是解决这类问题的有效手段。

第一节 编码技术

一、编码技术概述

(一) 术语与定义

1. 编码

GB/T 10113—2003《分类与编码通用术语》中对编码的定义是给事物或概念赋予代码的过程。

编码在认知上是解释传入的刺激的一种基本知觉的过程。从技术上来说，这是一个复杂的、多阶段的转换过程，从较为客观的感觉输入（例如光、声）到主观上有意义的体验。这是人们对编码的直观认识，然而对编码的定义则需要以科学、严谨的词语进行描述。

物品编码与其他应用领域的编码的不同之处在于编码的对象是物品，是将客观的物品信息转化为代码的过程。目前对编码的理解主要集中在计算机信息处理的方面，因此，现有资料里对物品编码定义的研究很少。在权威资料中看不到对物品编码的定义。我们在资料的收集过程中仅看到了一些学者对物品编码的理解。其中有人对物品编码理解为用一组有序的符号（数字、字母或其他符号）组合来标识不同类目物品的过程。这里将物品编码理解为一种标识过程，并且该定义中提到的“不同类目物品”所体现的编码的作用主要是分类，因此该定义的内容不全面。

2. 代码

为了应对当前信息激增的挑战，人们采用以计算机技术和现代通信技术为基础的自动化管理信息系统来提高信息处理的速度和质量，并在更大的范围内共享信息资源。为了使电子计算机能够接受用自然语言表示的信息，就要事先把这些信息用计算机所能接受的符号处理，这些符号就是代码。

GB/T 10113—2003《分类与编码通用术语》对代码进行了规范化的定义，即代码是表示特定事物或概念的一个或一组字符（这些字符可以是阿拉伯数字、拉丁字母或便于人与机器与处理的其他成分）。综合分析后，我们一致认为该标准中的定义比较严谨。

3. 编码的种类

根据编码的对象，可以将物品编码分为分类编码、品种编码、单品编码。这几个编码种类是日常生活中经常提及的。分类编码是指对物品的类属进行管理的编码，其代码表示某一类相似或相同的物品。品种编码是指对物品的种类进行管理的编码，其代码表示不同类别的物品。单品编码是指对单一物品进行管理的编码，其代码表示每个不同的物品。

4. 标识

标志是标识的一部分，标识解决的是信息对话问题。从词性的角度看，标识有动词的含义也有名词的含义，单独规定标识的动词含义不恰当，会忽略了标识名词含义的一面，造成用词的混乱。因此，对标识的解释应包括动词和名词两方面，这样才能帮助人们全面理解标识的真正内涵。

标示于载体上的代码形成的是标志，因此标识可理解为代码标示为标志并识别的过程。当标识读作“标识（zhì）”时，其含义同标志。

5. 标示

标示与标识仅一字之差。但这一个字的差别带来了意义上的很大变化。其中，“标示”中的“标”的解释和“标识”中的“标”的解释是一致的。“示”的理解是表明，即把事物拿出来或指出来使别人知道，也有显现、表示的意思。

结合物品编码过程中标示的特点，将标示的定义进一步改进。标示是指将代码转换成为标志的过程，指明了显示的对象，表达更为明确，更适用于物品标识的领域。

6. 标志

物品标识中，标志的内容是将属性信息附着在载体上，形成记号。“以实物或电子数据形式表现某一物品所具有的属性或特征的符号或标记”就是标识。这继承和保留了标志的原始含义。

7. 载体

载体在特定领域中可以有不同的含义。在交通运输和军事领域，载体是指各种运载工具；在化学领域，载体是指在化学反应过程中的催化剂或中间生成物；在生物学领域，载体是指疾病的携带者和传播者。对载体的宽泛的理解是物质、信息和文化等的运载物。

在《图书情报词典》中，载体是信息（包括知识）赖以存在的物质外壳。广义指信息的通用载体，除了人脑之外，从人类创造与利用载体的发展史来看，载体可分为语言、文字、符号、电磁波等。狭义指文献载体，即可供记录信息的一切人工附载物。该词典对载体的理解较为全面，表达了载体的普遍含义。在《现代汉语词典》中，载体是指承载知识或信息的物质形体，科技领域指某些能传递能量或运载其他物质的物质。

基于对以上资料的调查与分析，我们对载体有如下理解：载体是指信息（包括知识）赖以存在的介质。

8. 识别

这里主要针对物品标识过程中的识别进行定义。这里识别的含义与古文中和法律领域的含义有着密切关系，也有辨认、分类的意思。识别的对象是编码，目的是存储和辨别。但实际中识别的不仅有编码，其他符号信息也可以是识别的对象。识别可以解释为对标志进行处理和分析，实现对物品进行描述、辨认、分类和解释的过程。

（二）物品编码标识概念模型

物品编码标识概念模型的搭建主要从物品信息流向的角度进行，是物品编码标识系统的本质所在，是所有现实生活中各种物品编码标识情况的反映。

模型从流程上反映了物品标识的编码、标示、识别及解码等组成环节，尽管现实运用中可能跳过了部分环节，但任何情况都离不开概念模型涉及的这些环节。从概念模型中可以看到，识别的实际对象是物品的代码，如图 2－1 所示。

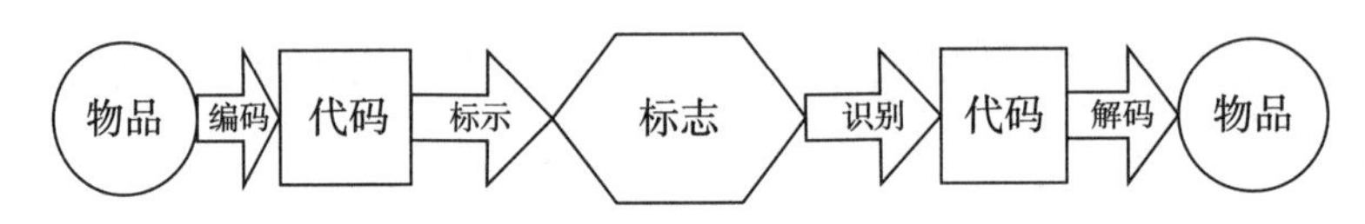

图 2－1　物品编码标识体系概念模型

第一个环节是对物品进行编码。物品编码即给物品赋予代码。代码是表示特定事物（如某一物品）的一个或一组字符。这些字符可以是阿拉伯数字、拉丁字母或便于人与机器识别与处理的其他符号。可以将这一步骤理解成将物品信息代码化的过程，是可实现计算机化的基础。

第二个环节是标示。标示是将代码转换成标志的过程。可以将代码转换成条码符号，并印制在载体上，还可以将代码转换成二进制电子数据，写进 RFID（射频识别）标签的芯片中。“标示”的目的是将代码化的信息转换成载体可携带的信息（如条码符号），当该载体与物品合为一体时，载体所携带的信息即为物品信息，从而实现了对物品的跟踪追溯管理。当然，标示的另一个作用是为了“识别”。

第三个环节是识别。识别是对标志进行处理和分析，实现对物品进行描述、辨认、分类和解释的过程。能够自动获取标志信息并完成识别的过程称为自动识别，自动识别技术主要分为存储识别技术和特征识别技术。条码技术和射频识别技术属于存储识别，指纹识别和语音识别属于特征识别。通过识别技术对标志进行采集分析与处理，其处理结果还是代码。

第四个环节是解码。解码是将代码还原为物品信息的过程，是编码的逆运算。编码与解码在物品标识体系中是基础，没有它们的存在，就不会有物品标识体系。因此要实现物品的信息化、网络化管理，不能没有编码技术的应用。

在上述对物品标识体系的描述中，我们将第二步标示和第三步识别统称为标识。我们将标识定义为：将代码标示为标志并识别的过程。在物品标识系统中，不仅包括标识本身的标示与识别，还包括编码与解码。

（三）物品编码标识发展趋势

我国在物品编码标识方面进行的相关标准化研究和应用工作取得了一定的成果，已制定了相当数量的标准。这些研究成果为建立适合我国国情的物品标识系统奠定了坚实的基础。但我国在物品标识系统方面的标准化研究仍然不足，因此建立一套适用于各个领域的物品标识系统，加快建设我国物联网标识解析平台，并将物品编码、物品标识、物品跟踪追溯与物联网应用、电子商务应用、现代物流应用结合起来，正成为物品编码标识理论研究和行业应用的必然发展趋势。

1. 重点开展新兴物品编码标识技术标准化工作

当前出现的各种模式识别技术是物品标识发展中的新技术，国家标准化管理委员会一直十分重视有关标识技术的发展动态和标准化进程，同时也正在积极地开展相关的研究工作。在科技发展日新月异的今天，及时跟进新技术，制定标准，进一步规范和推广标准，将给我国物联网、电子商务及电子物流的发展带来极大帮助。

2. 与国际接轨，促进开展全球电子商务

电子技术、网络技术的发展，使得全球经济、全球贸易及电子商务成为当今的趋势。贸易伙伴之间主数据是商务系统中最基本、最重要的信息，在不同的经济体系内，全球产品和服务主数据能否共享和一致，是提高电子商务效率和效益的关键。因此，我国物品编码标识的发展，要充分结合国际的要求，与国际接轨，全面实现全球化的电子商务。

3. 发展协同统一的物品编码标识，促进物联网发展

现有的各种体系各具特征和优势。推翻所有的编码标识体系是不现实的。因此，物品编码标识的发展需要一套兼容的编码标识体系来协调。编码标识体系的协调将减少信息不匹配和重复储存的现象，将极大地促进物联网的发展，使未来高效处理海量信息变为可能。所以，就目前来说，建立统一的、兼容的物品编码标识体系十分迫切。

二、物品编码标识标准化

物品编码标识是人类认识事物的一种方法，人们可以通过编码对物品进行管理。在信息化条件下，物品编码作为“关键词”，是用计算机方式进行信息处理的前提。物品编码与标识技术已成为商业零售结算、物流信息化、电子商务、电子政务、产品追溯等应用领域的基础支撑技术和社会经济信息化建设的基石。

未来的社会将是一个物物互联的社会，实现互联互通，就要使所有“联网的物”都有自己的“身份证”——编码，以及编码在 RFID、二维码等数据载体中的承载——标识。因此，编码标识是实现信息互联互通的基础。

（一）概述

物品编码标识标准化是指以物品编码标识作为一个系统，制定并实施系统内部各环节的标准，并形成全国及与国际接轨的标准体系，推动物品编码标识发展的活动。它规范了物品编码标识活动，是国内物联网、电子商务及现代物流发展的基础。

物品编码标识标准化应包含以下两个方面的含义：

①从物品标识系统的角度出发，制定各个环节的相关标准；

②研究标准的国际性，与国际接轨，同时还要统一整个活动的标准，起到规范的作用。

物品编码标识标准化的作用主要体现在以下3个方面。

①有利于实现信息的共享和系统之间的互操作。不同行业的物品信息存在于各个数据库中，并且互不兼容。这种现象严重制约着物联网、电子商务及现代物流的发展。物品编码标识标准化将致力于解决该瓶颈问题，实现不同系统之间的互操作。

②减少重复，降低开发成本。我国现在的编码标识是在传统的编码标识的基础上发展起来的。由于传统的编码标识大部分都分散在各个行业，有明显的行业色彩。各项标准之间不能很好地协调，因此信息不能共享，造成了一个物品多个编码，且花费了大量的开发成本。标准化将减少重复建设，通过兼容的方法，实现物品编码标识的统一化。

③改善数据的准确性和相容性，降低冗余度。不同的编码标识的标准化、规范化将降低物品信息的混淆，进而提高数据的准确性。在这个过程中，由于编码标识的减少或者它们的兼容，将进一步降低冗余度，提高信息处理的速度，这是在海量信息的未来急切希望看到的结果。

为了保证物品编码标识标准化工作的顺利开展，应从以下4个方面着手。

①持有科学态度。国家标准化管理委员会对标识工作非常重视，希望方案既要科学合理，又要确保唯一、高效；既要与国际接轨，又要坚持自主创新。要满足我国多方面、全方位的应用需求，科学态度是关键。尤其是物联网、电子商务及现代物流的发展情况直接关系到我国未来在世界经济和社会的地位。因此，标准化工作要以严谨科学的态度，解决工作中的技术难题，协调工作中的关键问题。

②加强责任意识。物联网中的对象只有在统一标准、统一标识的基础上，才能实现互联互通、相互识别；“物”作为物联网中的一个对象，不仅具有自然属性，更要具有代号、名称等社会属性；标识为物联网中每一个对象附上代号编码，确保物联网中对象编码的不可重复性，是物联网发展的基础和关键技术。物品编码标识工作是规范、服务物联网发展的根基，意义重大，责任重大。

③强调合作。由于物品编码标识工作涉及众多行业和领域，因此开展物品编码标识工作要依靠全体单位的共同推进。既要做标准、做项目，还要完成标识赋码、标识管理等工作。

④实现共赢。希望通过各方的共同努力，突破关键技术和制定相关标准，最终是要支撑好各行各业的建设，满足行业应用需求，只有这样，才能够更好地服务国家、服务社会，最终实现全面的共赢。

（二）编码标准的国内外研究

物品编码问题一直是社会各界关注的焦点。现有的物品编码方案在不同领域存在很大的差异。

1. 分类编码标准

目前，国际上针对统计、贸易等方面的需求已有相应的物品编码标准，例如，《产品总分类》(CPC)、《商品名称及编码协调制度》(HS)、《国际贸易标准分类》(SITC)、《全球统一标识系统》(GS1)、《欧盟经济活动产品分类体系》(CPA)、《联合国标准产品与服务分类代码》(UNSPSC)、《联邦物资编码系统》(FCS)、《全球产品分类》(GPC)等。

①《产品总分类》(CPC)由联合国统计署制定,联合国统计司分类部为该分类的管理者。它提供包括经济活动及货物和服务(产品)两个方面的分类,为有关货物、服务和资产的统计资料的国际比较提供了框架,是国际统计、国际经济对比的基本工具之一。

②《商品名称及编码协调制度》(HS)由海关合作理事会(又名世界海关组织)主持制定。HS 是一种主要供海关统计、进出口管理及国际贸易使用的商品分类编码体系。从 1992 年 1 月 1 日起,我国进出口税采用世界海关组织《商品名称及编码协调制度》。

③《国际贸易标准分类》(SITC)由联合国统计司管理。SITC 采用经济分类标准,即按原料、半成品、制成品分类,并反映商品的产业部门来源和加工程度。《国际贸易标准分类》是用于国际贸易商品的统计和对比的标准分类方法。

④《全球统一标识系统》(GS1)是以对贸易项目、物流单元、位置、资产、服务关系等进行编码为核心的集条码、射频等自动数据采集、电子数据交换、全球产品分类、全球数据同步、产品电子代码(EPC)等系统为一体的、服务于全球物流供应链的开放的标准体系。

⑤欧盟经济活动产品分类体系(CPA)是欧盟构建的包含所有产品和服务的全面的分类体系。可以说 CPA 是欧洲版的 CPC,然而在欧盟内部,CPC 仅仅是一个推荐分类标准,CPA 却是一个法定标准,任何一个成员国的产品分类体系必须是 CPA 或与 CPA 紧密相关。CPA 将产品分为两类:可运输的产品和不可运输的产品与服务。可以说,CPA 包含了所有经济活动中的产品和服务。

我国有关部门结合我国的发展需求也制定了各类的编码标准,但由于各部门标准的制定是出于不同的应用目的,从而导致目前编码标准种类多样,行业间物品编码的“信息孤岛”问题十分突出。例如,在统计方面,我国参考 CPC 制定了《全国主要产品分类与代码》,国内各行业根据自身的需求特点制定了《电力物资分类编码》《铁路物资目录》《建筑产品分类与编码》等各类编码。为了便于产品在流通领域的管理,我国采用了 GS1 编码系统。同时,我国对资产、车辆、动物等物品编码还有相关标准。由此可见,各类编码标准松散凌乱,不成体系。

2. 单品编码体系

为了适应社会对单品管理的需求,社会各界开展了对单品编码的研究。国内外主流物联网对象单品编码标识体系方案比较见表 2-1。

表 2-1 国内外主流物联网对象单品编码标识体系方案

编码标识体系	技术特点	不足
EPC（Electronic Product Code，产品电子代码）	基于 RFID 和 Internet（互联网）对每个实体对象分配的全球唯一代码，其特点是固定长度的二进制编码，可实现对每一个单品进行编码，目前主要在物流供应链领域应用，全球 150 多个国家和地区共同维护和应用	受标签成本高等因素制约，目前的推广进程比较缓慢
Ucode（Ubiquitous Code，泛在编码）	日本提出的 UID（Ubiquitous 身份标识）系统采用的编码，主要对物理实体和位置进行编码，对物理实体的编码主要应用在追溯和资产管理等领域，对位置进行编码主要用于位置信息系统管理	UID 系统与国际标准并不兼容，其编码标准、空中接口标准等都是日本本国的标准，没有得到国际标准化组织（ISO）的认可。其他国家并没有实施 UID 项目
Mcode（Mobile RFID Code，移动 RFID 码）	韩国提出基于移动商务领域应用的 mCode，通过手机等移动手持终端识读物品上标识的 mCode 标签，获取物品相关信息，实现各种移动商务应用	Mcode 目前还处于标准制定阶段，相关的应用还未成熟
OID（Object Identifier，对象标识符）	ISO/IEC 8824 和 ISO/IEC 9834 系列标准中定义的一种标识体系，其制定的初衷是实现开放系统互联（OSI）中“对象”的唯一标识。当前主要应用在 SNMP 协议、通信加密、数字证书、ISO 射频识别数据协议、UUID 等方面	OID 标头过长，因此在 RFID、二维码等标签中应用难度较大；由于 OID 过于灵活，容易出现一物多码；OID 安全性也需要考虑
IPv6（Internet Protocol Version 6，网际互连协议版本 6）	IPv6 在 IPv4 基础上扩充了地址容量。IPv6 地址长度是 128bit，4 倍于 IPv4 地址。由于 IPv6 的庞大地址数量，下一代互联网中将不存在公网和专网的概念，网络通信的透明度和效率将大大提高	IP 地址是对接入互联网设备的地址标识，用于网络信息交换，其设计的初衷决定它难以兼容其他编码方案并应用于其他领域

比较 EPC、UID 和 Mcode 发现，EPC、UID 和 Mcode 编码都是通过分配标头的方式进行管理。其编码不仅是物品的一个代号，EPC 和 Mcode 的设计都要考虑到数据协议、空口协议等，EPC 和 Mcode 系统还设计了网络寻址的方案（EPC 通过 ONS 系统，Mcode 通过 ODS 系统）。EPC 编码主要以提高物流效率为主要目标，主要用于商贸物流等开放流通领域；Mcode 侧重于大众生活的便捷化，主要用于广告、优惠券等移动商务领域；UID 目前仅以电器产品智能化管理为主要目标，且只在日本本国应用。

OID和IP的应用起源于互联网，是互联网中存在的编码。OID主要用于标识IP协议变量和网络设备，IP地址用于标识上网设备或端口，虽然二者的编码数量都足以标识万事万物，但是二者的存在是为互联网服务的，不能强加到物联网的应用。IP地址是基于IP协议的应用，没有网络协议和网络环境，不应使用IP作为对象编码；OID的编码长度过于冗余，无法用条码、射频标签等载体承载。

（三）发展与建设

与传统的互联网不同，未来广泛的物联网的通信主体并不限定为具有强大的计算、存储、通信能力的计算机，而可以是任何人、任何物以及任何物的组合，同时物与物、人与物、人与人之间进行通信的信道也不仅仅局限于传统的光纤、双绞线等物理信道，而是包括了RFID、无线局域网（IEEE 802.11）、无线个域网（WSN IEEE 802.1.5.4、蓝牙通信IEEE 802.15.1）等有线和无线信道。

同一个物可以是多个物联网应用系统的管理对象和参与方，因而同一个物在不同的物联网应用系统中具有不同的ID，这些ID可以是局部唯一的，也可以是全局、全球唯一的。因此，每一个物会存在一个ID序列与之对应，从而满足这一个特定的“物”参与不同物联网应用系统的需求。此外，在物联网系统中，物的唯一标识会随着物的移动、改变、组合发生相应的变化。由此来看，物联网对象编码标识体系的发展会是一个非常复杂的过程，需要经历如下几个阶段。

①第一阶段，多种编码标识方案（如EPC、UID、MCODE、OID、IPv6等）共存的阶段，这些应用领域的编码方案互不兼容，会出现信息孤岛、无法互联互通、无法实现网络解析的情况，这成为物物互联的瓶颈。

②第二阶段，建立物联网统一对象编码标识方案阶段。该阶段提出编码兼容方案并不断完善，逐步建立统一的编码标识体系。

③第三阶段，编码标识规范化管理阶段。随着编码标识兼容方案广泛应用，编码标识系统隐私、加密功能成为人们关注的焦点，必须实施科学规范的安全管理。

④第四阶段，编码标识技术突破性发展阶段。在该阶段，对象编码标识将基于对象的本质特性即重要的“基因”元素而形成发展，物联网中对象的身份识别、搜索和发现等服务技术也将进一步完善。

三、GS1编码

（一）GS1概述

GS1全球统一标识系统（也称EAN·UCC全球统一标识系统，在我国称为ANCC系统，以下简称“GS1系统”）是由国际物品编码组织（GS1）开发、管理和维护，在全球推广应用的一个编码及数据自动识别的标准体系。其核心内容是采用标准的编码为全球跨行业的产品、运输单元、资产、位置和服务等提供准确的标识，使产品在全世界都能够被扫描和识读。并且这些编码能够以条码符号或 RFID 标签来表示，以便进行数据的自动识别。该系统能确保标识代码在全球范围内的通用性和唯一性，克服了各行业的机构使用自身的编码体系只能在闭环系统中应用的局限性。GS1 的全球数据同步网络（GDSN）确保全球贸易伙伴都使用正确的产品信息；GS1 通过电子产品代码（EPC）、射频识别（RFID）技术标准提供更高的供应链运营效率；GS1 可追溯解决方案，帮助企业遵守相关国际食品安全法规，实现食品消费安全。

1. 基本概念

GS1 系统是以对贸易项目、物流单元、位置、资产、服务关系等进行编码为核心的集条码、射频等自动数据采集、电子数据交换、全球产品分类、全球数据同步、产品电子代码（EPC）等系统为一体的、服务于全球物流供应链的开放的标准体系。GS1 包含以下 5 个含义：

①一个全球系统；

②一个全球标准；

③一个全球解决方案；

④全球一流的标准化组织；

⑤全球开放标准/系统下的统一商务行为。

2. GS1 系统的编码原则

（1）唯一性原则

唯一性原则是 GS1 编码体系的基本原则，也是最重要的一项原则。对同一商品项目的物品必须分配相同的物品标识代码。基本特征相同的商品视为同一商品项目，基本特征不同的商品视为不同的商品项目。商品的基本特征主要包括商品名称、商标、种类、规格、数量、包装类型等。对不同商品项目的商品必须分配不同的商品标识代码。商品的基本特征一旦确定，只要商品的一项基本特征发生变化，就必须分配一个不同的商品标识代码。

（2）稳定性原则

稳定性原则指商品标识代码一旦分配，只要商品的基本特征没有发生变化，就应保持不变。同一商品项目，无论是长期连续生产还是间断式生产，都必须采用相同的标识代码。即使该商品项目停止生产，其标识代码应至少在 4 年之内不能用于其他商品项目上。另外，即使商品已不在供应链中流通，由于要保存历史记录，需要在数据库中长期保留它的标识代码。因此，在重新启用商品标识代码时，还需要考虑此因素。

（3）无含义性原则

无含义性原则是指商品标识代码中的每一位数字不表示任何与商品有关的特定信息。GS1 系统中的物品编码体系中的商品项目代码没有特定的含义。

GS1 系统主要包含 3 个部分内容：编码体系、数据载体、电子数据交换协议。这 3 个部分之间相互支持、紧密联系，编码体系是整个 GS1 系统的核心，它实现了对不同物品的唯一编码；数据载体是将供肉眼识读的编码转化为可供机器识读的载体，如条码符号等；然后通过自动数据采集技术及电子数据交换协议，以最少的人工介入实现自动化操作。

（二）GS1 系统的编码体系

编码体系是 GS1 的核心，是对流通领域中所有产品和服务（包括贸易项目、物流单元、资产、位置和服务关系等）的标识代码及附加属性代码，如图 2-2 所示。附加属性代码不能脱离标识代码而独立存在。

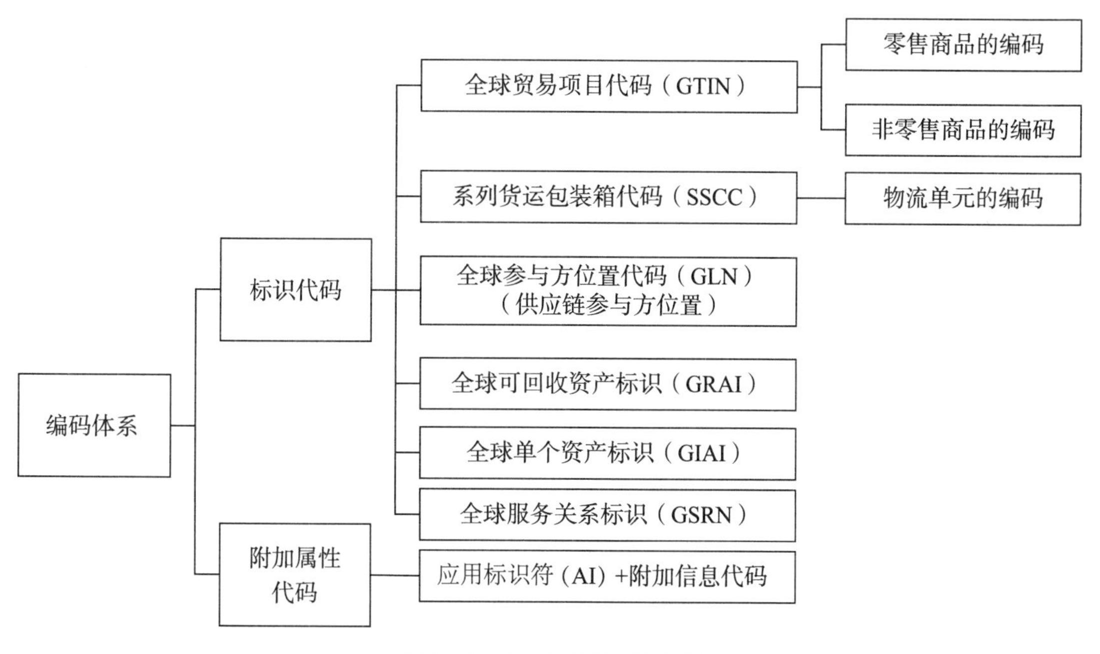

图 2-2　GS1 系统的编码体系

1. 贸易项目标识代码——全球贸易项目代码（GTIN）

全球贸易项目代码（GTIN）应用最广泛，以厂商识别代码为基础，有 4 种不同的编码数据结构，如图 2-3 所示。

指示符	包装内含项目的 GTIN（不含校验码）	校验码
N_1	$N_2 N_3 N_4 N_5 N_6 N_7 N_8 N_9 N_{10} N_{11} N_{12} N_{13}$	N_{14}

a）GTIN-14 编码结构

图 2-3　GTIN 的 4 种编码数据结构

厂商识别代码 → ← 商品项目代码	校验码
$N_1 N_2 N_3 N_4 N_5 N_6 N_7 N_8 N_9 N_{10} N_{11} N_{12}$	N_{13}

b）GTIN－13 编码结构

厂商识别代码 → ← 商品项目代码	校验码
$N_1 N_2 N_3 N_4 N_5 N_6 N_7 N_8 N_9 N_{10} N_{11}$	N_{12}

c）GTIN－12 编码结构

商品项目识别代码	校验码
$N_1 N_2 N_3 N_4 N_5 N_6 N_7$	N_8

d）GTIN－8 编码结构

图 2－3 GTIN 的 4 种编码数据结构（续）

其中，零售商品采用 GTIN－13、GTIN－8 和 GTIN－12，非零售商品采用 GTIN－14、GTIN－13 和 GTIN－12。

2. 物流单元标识代码——系列货运包装箱代码（SSCC）

系列货运包装箱代码（Serial Shipping Container Code，SSCC）是为物流单元（运输和/或储藏）提供唯一标识的代码，属于单品编码。物流单元标识代码由扩展位、厂商识别代码、系列号和校验码四部分组成，是 18 位的数字代码，见表 2－2。它采用 UCC/EAN－128 条码符号表示。

表 2－2 SSCC 的代码结构

结构种类	扩展位	厂商识别代码	系列号	校验码
结构一	N_1	$N_2 N_3 N_4 N_5 N_6 N_7 N_8$	$N_9 N_{10} N_{11} N_{12} N_{13} N_{14} N_{15} N_{16} N_{17}$	N_{18}
结构二	N_1	$N_2 N_3 N_4 N_5 N_6 N_7 N_8 N_9$	$N_{10} N_{11} N_{12} N_{13} N_{14} N_{15} N_{16} N_{17}$	N_{18}
结构三	N_1	$N_2 N_3 N_4 N_5 N_6 N_7 N_8 N_{10}$	$N_{11} N_{12} N_{13} N_{14} N_{15} N_{16} N_{17}$	N_{18}
结构四	N_1	$N_2 N_3 N_4 N_5 N_6 N_7 N_8 N_{10} N_{11}$	$N_{12} N_{13} N_{14} N_{15} N_{16} N_{17}$	N_{18}

3. 全球位置标识代码——全球参与方位置码（GLN）

全球参与方位置代码（Global Location Number，GLN）是对参与供应链等活动的法律实体、功能实体和物理实体进行唯一标识的代码。全球参与方位置代码由厂商识别代码、位置参考代码和校验码组成，用 13 位数字表示，见表 2－3。

表 2-3　GLN 的代码结构

结构种类	厂商识别代码	位置参考代码	校验码
结构一	$N_1N_2N_3N_4N_5N_6N_7$	$N_8N_9N_{10}N_{11}N_{12}$	N_{13}
结构二	$N_1N_2N_3N_4N_5N_6N_7N_8$	$N_9N_{10}N_{11}N_{12}$	N_{13}
结构三	$N_1N_2N_3N_4N_5N_6N_7N_8N_9$	$N_{10}N_{11}N_{12}$	N_{13}

4. 全球可回收资产标识代码——全球可回收资产标识（GRAI）

GRAI 用于表示运输或储存货物并能重复使用的实体。标识代码结构如图 2-4 所示。

应用标识符	资产标识符		
	EAN・UCC-13 数据结构		系列号（可选择 ）
	厂商识别代码 → ← 资产类型代码	校验码	
8003	$N_1N_2N_3N_4N_5N_6N_7N_8N_9N_{10}N_{11}N_{12}$	N_{13}	X_1 ←可变长度→ X_{16}

图 2-4　GRAI 的代码结构

5. 全球单个资产标识代码——全球单个资产标识（GIAI）

全球单个资产标识（GIAI）用于特定厂商的财产部分的单个实体的唯一标识。标识结构代码如图 2-5 所示。

应用标识符	单个资产代码	
	厂商识别代码 →	← 单个资产参考代码 →
8004	N_1…	N_i　X_{i+1}…（可变长度）　$X_{j(j\leqslant 30)}$

图 2-5　GIAI 的代码结构

6. 全球服务关系标识代码——全球服务关系标识（GSRN）

全球服务关系标识（GSRN）用于标识服务关系中的所要标识的对象。标识结构代码如图 2-6 所示。

应用标识符	全球服务关系标识（GSRN）	
	厂商识别代码 → ← 服务参考代码	校验位
8018	$N_1N_2N_3N_4N_5N_6N_7N_8N_9N_{10}N_{11}N_{12}N_{13}N_{14}N_{15}N_{16}N_{17}$	N_{18}

图 2-6　GSRN 的代码结构

7. 附加属性代码

每项附加信息编码由“应用标识符（AI）＋附加信息代码”组成。

应用标识符（AI）由2位～4位数字组成，用于指示紧跟其后的数据域编码的含义和格式。

应用标识符之后的附加信息代码：由字母和/或数字字符组成，最长为30个字符。数据域可为固定长度也可为可变长度，这取决于应用标识符。应用标识符的含义详见GB/T 16986—2018《商品条码　应用标识符》。

常见的应用标识符见表2-4。

表2-4　常用的应用标识符

名称	含义
00	系列货运包装箱代码SSCC-18
01	货运包装箱代码SCC-14
10	批号或组号
11	生产日期（年、月、日）
13	包装日期（年、月、日）
15	保质期（年、月、日）

四、产品电子代码

EPC的全称是Electronic Product Code，译为产品电子代码，它是基于RFID和Internet的一项物流信息管理新技术。EPC是条码技术的拓展和延续，已经成为GS1的重要组成部分。EPC有多种内涵，狭义上来说，它是一种编码，而广义上说，EPC是一个系统。

（一）EPC概述

1. 基本概念

EPC系统是在计算机互联网的基础上，利用RFID、无线数据通信等技术，构造一个覆盖世界上万事万物的物联网，旨在提高现代物流、供应链管理水平，降低成本。

EPC概念的提出源于射频识别技术的发展和计算机网络技术的普及。射频识别技术的优点在于可以通过无接触的方式实现远距离、多标签甚至在快速移动的状态下进行自动识别。计算机网络技术的发展，尤其是互联网技术的发展使得信息传递的实时性得到了基本保证。在此基础上，人们大胆设想将这两项技术结合起来应用于物品标识和供应链的自动跟踪管理，由此诞生了EPC。

2. EPC系统组成

EPC系统是一个先进的、综合的、复杂的系统，其最终目标是为每一单品建立全球的、开放的标识标准。它由EPC编码体系、射频识别系统和信息网络系统3个部分组成，主要包括6个方面，见表2-5。

表2-5　EPC系统的组成

<table>
<tr><th>系统构成</th><th>名称</th><th>注释</th></tr>
<tr><td>EPC编码体系</td><td>EPC代码</td><td>用来标识目标的特定代码</td></tr>
<tr><td rowspan="2">射频识别系统</td><td>EPC标签</td><td>贴在物品之上或者内嵌在物品之中</td></tr>
<tr><td>读写器</td><td>识读EPC标签</td></tr>
<tr><td rowspan="3">信息网络系统</td><td>EPC中间件</td><td rowspan="3">EPC系统的软件支持系统</td></tr>
<tr><td>对象名称解析服务（Object Naming Service，ONS）</td></tr>
<tr><td>EPC信息服务（EPCIS）</td></tr>
</table>

3. EPC系统的工作流程

在由EPC标签、识读器、Savant服务器、Internet、ONS服务器、PML服务器以及众多数据库组成的实物互联网中，识读器读出的EPC只是一个信息参考（指针），由这个信息参考从Internet找到IP地址并获取该地址中存放的相关的物品信息，并采用分布式Savant软件系统处理和管理，由识读器读取的一连串EPC信息。

由于在标签上只有一个EPC代码，计算机需要知道与该EPC匹配的其他信息，这就需要ONS来提供一种自动化的网络数据库服务，Savant将EPC传给ONS，ONS指示Savant到一个保存着产品文件的PML服务器查找，该文件可由Savant复制，因而文件中的产品信息就能传到供应链上，相应地，EPC系统的工作流程如图2-7所示。

（二）EPC编码体系

EPC编码体系是新一代的与GTIN兼容的编码标准，它是全球统一标识系统的拓展和延伸，是全球统一标识系统的重要组成部分，是EPC系统的核心和关键。

EPC代码是由标头、管理者代码、对象分类代码、序列号等数据字段组成的一组数字。具体结构如表2-6所示，具有如下特征：

①科学性：结构明确，易于使用、维护；

②兼容性：与其他贸易流通过程的标识代码兼容；

③全面性：可在贸易结算、单品跟踪等各环节全面应用；

④合理性：由EPCglobal、各国EPC管理机构（中国的管理机构称为EPC global China，即全球产品电子代码中国管理中心）、标识物品的管理者分段管理、共同维护、统一应用，具有合理性；

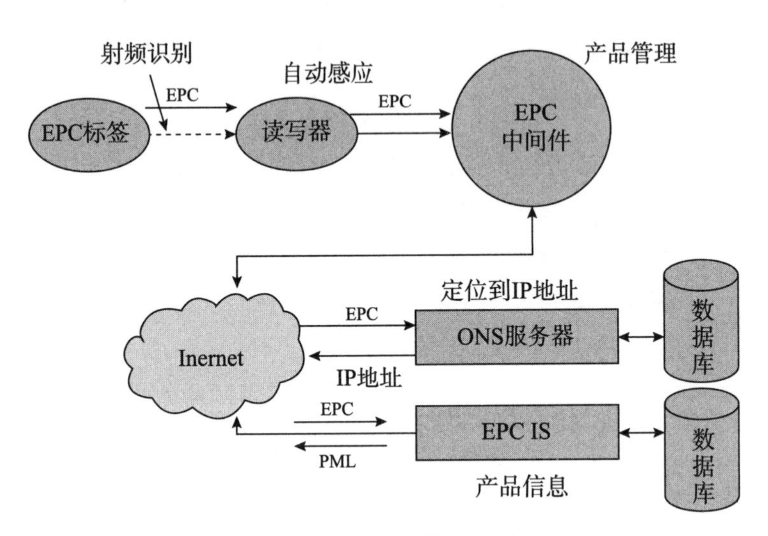

图 2-7　EPC 系统的工作流程图

⑤国际性：不以具体国家、企业为核心，编码标准全球协商一致，具有国际性；

⑥无歧视性：编码采用全数字形式，不受地方色彩、语言、经济水平、政治观点的限制，是无歧视性的编码。

表 2-6　EPC 编码结构

EPC 代码	标头	管理者代码	对象分类代码	序列号
EPC-96	8	28	24	36

EPC 编码标准与目前广泛应用的 GS1 编码标准是兼容的，GTIN 是 EPC 编码结构中的重要组成部分，目前广泛使用的 GTIN、SSCC、GLN、GRAI 等都可以顺利转换到 EPC 中去。最初由于成本的原因，EPC 采用 64 位编码结构，当前最常用的 EPC 编码标准采用的是 96 位数据结构。

1. EPC 代码结构

EPC 中码段的分配是由 GS1 来管理的。在我国，GS1 系统中 GTIN 编码是由中国物品编码中心负责分配和管理的。

EPC 代码是由一个版本号加上另外三段数据（依次为域名管理者、对象分类、序列号）组成的一组数字。其中，版本号标识 EPC 的版本号，它使得 EPC 随后的码段可以有不同的长度；域名管理是描述与此 EPC 相关的生产厂商的信息，例如：“可口可乐公司”；对象分类记录产品精确类型的信息，例如：“美国生产的 330mL 罐装减肥可乐（可口可乐的一种新产品）”；序列号唯一标识货品，它会精确地告诉我们所说的究竟是哪一罐 330mL 罐装减肥可乐，见表 2-7。

表 2-7　EPC代码结构

名称		版本号	域名管理	对象分类	序列号
EPC-64	Ⅰ型	2	21	17	24
	Ⅱ型	2	15	13	34
	Ⅲ型	2	26	13	23
EPC-96	Ⅰ型	8	28	24	36
EPC-256	Ⅰ型	8	32	56	160
	Ⅱ型	8	64	56	128
	Ⅲ型	8	128	56	64

2. EPC编码类型

目前，EPC代码有64位、96位和256位3种。为了保证所有物品都有一个EPC代码，并使其载体（标签）成本尽可能降低，建议采用96位，这样其数目可以为2.68亿个公司提供唯一标识，每个生产厂商可以有1600万个对象种类，并且每个对象种类可以有680亿个序列号。

鉴于当前不用那么多序列号，所以只采用64位EPC，这样会进一步降低标签成本。但是，随着EPC-64和EPC-96版本的不断发展，使得EPC代码作为一种世界通用的标识方案已经不足以长期使用，所以出现了256位编码。至今已经推出EPC-96Ⅰ型，EPC-64Ⅰ型、Ⅱ型、Ⅲ型，EPC-256Ⅰ型、Ⅱ型、Ⅲ型等编码方案。

（三）EPC网络技术

EPC网络技术由5个基本要素组成：产品电子代码（EPC）与识别系统（EPC标签和读写器）、EPC中间件软件、对象名解析服务（ONS）、实体标记语言（PML）以及EPC信息服务（EPCIS）。

1. EPC中间件

EPC中间件是连接标签读写器和企业应用程序的纽带，主要任务是将数据送往企业应用程序之前进行标签数据校对、读写器协调、数据传送、数据存储和任务管理。EPC中间件的网络具有树形等级结构，这种结构可以简化管理，提高系统运行效率。在EPC中间件等级结构中，“边缘EPC中间件”总是结构树的叶节点。“边缘EPC中间件”与RFID的读写器相连。读写器不停地从标签中采集EPC数据，并向EPC中间件传输，典型情况下，EPC中间件软件装在商店、仓库、制造车间，甚至是卡车上，因此，“边缘EPC中间件”由它们在网络中的逻辑位置而得名。在EPC中间件的逻辑等级中，“内部EPC中间件”指内部节点，是“边缘EPC中间件”的父节点或上级节点，“内部EPC中间件”从“边缘EPC中间件”中采集EPC数据。通常，“内部EPC中间件”安装在企业级数据中心。“内部EPC中间件”系统除从它的下级采集数据外，还负责合计EPC数据。

2. 对象名解析服务（ONS）

Auto（自动）-ID中心认为一个开放式的、全球性的追踪物品的网络需要一些特殊的网络结构。因为除了将EPC码存储在标签中外，还需要一些将EPC码与相应商品信息进行匹配的方法。这个功能就由对象名解析服务（ONS）来实现，它是一个自动的网络服务系统，类似于域名解析服务（DNS），DNS是将一台计算机定位到万维网上的某一具体地点的服务。

当一个读写器读取一个EPC标签信息时，EPC码就传递给了EPC中间件系统。EPC中间件系统再在局域网或因特网上利用ONS对象名解析服务找到该产品信息所存储的位置。ONS给EPC中间件指明了存储产品的有关信息的服务器，因此就能够在EPC中间件系统中找到这个文件，并且将这个文件中关于这个产品的信息传递过来，从而应用于供应链的管理。

3. 实体标记语言（PML）

产品电子代码是用来标识单个产品的，但是所有有关产品的有用信息都用新型的标准化的计算机语言——实体标记语言（PML）所书写。PML是基于人们广为接受的可扩展标记语言（XML）发展而来的。PML将会成为描述所有自然物体、过程和环境的统一标准，它的应用将会更加广泛。

PML文件将被存储在一个PML服务器上，为其他计算机提供其需要的文件，因此需要配置一个专用的计算机。PML服务器将由制造商维护，并且储存这个制造商生产的所有商品的信息文件。

4. EPC信息服务（EPCIS）

EPCIS是一种可以响应任何与EPC相关的规范的信息访问和信息提交的服务。EPC代码作为一个数据库搜索关键字使用，由EPCIS提供EPC所标识的对象的具体信息。实际上，EPCIS只提供标识对象信息的接口，它可以连接到现有数据库、应用/信息系统，也可以连接到标识信息自身的永久存储库。

第二节　标识技术

一、条码技术

（一）条码识读技术

1. 条码识读原理

条码识读的基本工作原理：由光源发出的光线经过光学系统照射到条码符号上，被反射回来的光经过光学系统成像在光电转换器上，使之产生电信号。电信号经过电路放大后产生一模拟电压，它与照射到条码符号上被反射回来的光成正比，再经过滤波和整形，形成与模拟信号对应的方波信号，经译码器解释为计算机可以直接接受的数字信号。

2. 条码识读设备

常用的条码识读设备包括激光枪、CCD（Charge Coupled Device，电荷耦合装置）扫描器、光笔与卡槽式扫描器、图像式扫描器。

（1）激光枪

激光枪属于手持式自动扫描的激光扫描器。

激光扫描器是一种远距离条码阅读设备，其性能优越，因而被广泛应用。激光扫描器的扫描方式有单线扫描、光栅式扫描和全角度扫描 3 种方式。激光手持式扫描器属单线扫描，其景深较大，扫描首读率和精度较高，扫描宽度不受设备开口宽度限制。卧式激光扫描器为全角扫描器，其操作方便，操作者可双手对物品进行操作，只要条码符号面向扫描器，不管其方向如何，均能实现自动扫描，超级市场大都采用这种设备。

（2）CCD 扫描器

CCD 扫描器主要采用了电荷耦合装置（CCD）。CCD 是一种电子自动扫描的光电转换器，也叫 CCD 图像感应器。它可以代替移动光束的扫描运动机构，不需要增加任何运动机构便可以实现对条码符号的自动扫描。

（3）光笔和卡槽式扫描器

光笔和大多数卡槽式扫描器都采用手动扫描的方式。手动扫描比较简单，扫描器内部不带有扫描装置，发射的照明光束的位置相对于扫描器固定，完成扫描过程需要手持扫描器扫过条码符号。这种扫描器就属于固定光束扫描器。

（4）图像式条码扫描器

采用面阵 CCD 摄像方式将条码图像摄取后进行分析和解码，可识读一维条码和二维条码。

3. 便携式数据采集设备

把条码识读器和具有数据存储、处理、通信传输功能的手持数据终端设备结合在一起，成为条码数据采集器，简称数据采集器。当人们强调数据处理功能时，往往简称为数据终端。它具备实时采集、自动存储、即时显示、即时反馈、自动处理、自动传输的功能，实际上是移动式数据处理终端和某一类型的条码扫描器的集合体。

数据采集器按处理方式分为两类：在线式数据采集器和批处理式数据采集器。数据采集器按产品性能分为手持终端、无线型手持终端、无线掌上电脑、无线网络设备，如图 2 - 8 所示。

（1）便携式数据采集器

便携式数据采集器是集激光扫描、汉字显示、数据采集、数据处理和数据通信等功能于一体的高科技产品，相当于一台小型的计算机，是电脑技术与条码技术的完美结合，利用物品上的条码作为信息快速采集手段。简单地说，它兼具掌上电脑和条码扫描器的功能。

a）手持终端　b）无线型手持终端　c）无线掌上电脑　d）无线网络设备

图 2-8　数据采集器

便携式数据采集器的基本工作原理是按照用户的应用要求，将应用程序在计算机编制后下载到便携式数据采集器中。便携式数据采集器中的基本数据信息必须通过 PC 的数据库获得，而存储的操作结果也必须及时地导入数据库中。手持终端作为电脑网络系统的功能延伸，满足了日常工作中人们各种信息移动采集、处理的任务要求。

（2）无线数据采集器

无线数据采集器将普通便携式数据采集器的性能进一步扩展，如图 2-9 所示。除了具有一般便携式数据采集器的优点外，还有在线式数据采集器的优点。它与计算机的通信是通过无线电波来实现的，可以把现场采集到的数据实时传输给计算机。相比普通便携式数据采集器，其进一步提高了操作人员的工作效率，使数据从原来的本机校验、保存转变为远程控制、实时传输。

图 2-9　无线数据采集器举例

无线数据采集器可以直接通过无线网络和 PC（个人计算机）、服务器进行实时数据通信，数据实时性强，效率高。

（二）二维码

1. 二维码发展

二维码是在一维条码无法满足实际应用需求的前提下产生的，可以在有限的几何空间内表示更多的信息，以满足千变万化的信息表示的需要。

国外对二维码技术的研究开始于20世纪80年代末。在二维码符合表示技术研究方面已研究出多种码制，这些二维码的密度都比传统的一维条码有较大的提高，如PDF417的信息密度是一维条码Code39的20多倍。国际上主要将二维码技术应用于公安、外交、军事等部门对各类证件的管理，海关、税务等部门对各类报表和票据的管理，商业、交通运输等部门对商品及货物运输的管理，邮政部门对邮政包裹的管理，工业生产领域对工业生产线的自动化管理。

随着我国市场经济的不断完善和信息技术的迅速发展，国内对二维码这一新技术的研究和需求与日俱增。为此，中国物品编码中心自主研发了一种具有自主知识产权的二维码——汉信码。汉信码的研制成功有利于打破国外公司在二维码生成与识读核心技术上的商业垄断，降低我国二维码技术的应用成本，推进二维码技术在我国的应用进程。

二维码［见图2-10a）］除了左右（条宽）的粗细及黑白线条有意义外，上下的条高也有意义。与一维条码［见图2-10b）］相比，由于左右（条宽）上下（条高）的线条皆有意义，故可存放的信息量就比较大。

a）二维码

b）一维条码

图2-10　二维码和一维条码

从应用角度讲，我们要选择适合自身需求的条码，但是这两种条码的侧重点不同：一维条码用于对“物品”进行标识，二维码用于对“物品”进行描述，两种条码的比较见表2-8。

表2-8　一维条码和二维码的比较

类型	信息密度 信息容量	错误校验 纠错能力	垂直方向是 否携带信息	用途	对数据库和通信 网络的依赖	识读设备
一维条码	信息密度低，容量小	可通过校验字符进行错误校验，没有纠错能力	不携带信息	对物品标识	多数应用场景依赖数据库及通信网络	可用线扫描器识读，如光笔、线阵CCD、激光枪等

表 2-8（续）

类型	信息密度 信息容量	错误校验 纠错能力	垂直方向是 否携带信息	用途	对数据库和通信 网络的依赖	识读设备
二维码	信息密度高，容量大	具有错误校验和纠错能力，可根据需求设置不同的纠错级别	携带信息	对物品描述	可不依赖数据库及通信网络而单独应用	对于行排列式的可采用线扫描器的多次扫描识读；对于矩阵式的仅能用图像扫描器识读

2. 二维码概述

二维码可以分为堆叠式/行排式二维码和矩阵式二维码。堆叠式/行排式二维码形态上是由多行短截的一维条码堆叠而成；矩阵式二维码以矩阵的形式组成，在矩阵相应元素位置上用“点”表示二进制“1”，用“空”表示二进制“0”，由“点”和“空”的排列组成代码。

3. 二维码的研究现状

（1）二维码码制标准

国外对二维码技术的研究始于20世纪80年代末，已研制出多种码制，全球现有的一维条码、二维码多达250种以上，其中常见的有PDF417、QRCode、Code49、Code16K、CodeOne等20余种。二维码技术标准在全球范围得到了广泛应用和推广。美国讯宝科技公司（Symbol）和日本电装公司（Denso）都是二维码技术的佼佼者。

目前得到广泛应用的二维码国际标准有QR码、PDF417码、DM码和MC码。

QR码是由日本Denso公司于1994年9月研制的一种矩阵二维码符号，其全称为Quickly Response，意思是快速响应。它除了具有一维条码及其他二维码所具有的信息容量大、可靠性高、可表示汉字及图像多种文字信息、保密防伪性强等优点外，还可高效地表示汉字，相同内容，其尺寸小于相同密度的PDF417码。它是目前日本主流的手机二维码技术标准，目前市场上的大部分条码打印机都支持QR码。

PDF417码是由美籍华人王寅敬（音）博士发明的。PDF是取英文Portable Data File 3个单词首字母的缩写，意为“便携数据文件”。因为组成条码的每一符号字符都是由4个条和4个空构成，如果将组成条码的最窄条统称为一个模块，则上述的4个条和4个空的总模块数一定为17，所以称417码或PDF417码。

DM码的全称为DataMatrix，中文名称为数据矩阵。DM采用了复杂的纠错码技术，使得该编码具有超强的抗污染能力。主要用于电子行业小零件的标识，如Intel的奔腾处理器的背面就印制了这种码，DM码由于其优秀的纠错能力成为韩国手机二维码的主流技术。

MC（MaxiCode）码（又称牛眼码）是一种中等容量、尺寸固定的矩阵式二维码，它由紧密相连的六边形模组和位于符号中央位置的定位图形组成。MaxiCode是特别为高速扫描而设计，由美国联合包裹服务（UPS）公司研制，用于包裹的分拣和跟踪。Maxi-

Code 的基本特征：外形近乎正方形，由位于符号中央的同心圆（或称公牛眼）定位图形（Finder Pattern）及其周围六边形蜂巢式结构的资料位组成，这种排列方式使得 MaxiCode 可从任意方向快速扫描。

（2）二维码技术的优越性

二维码是用某种特定的几何图形按一定规律在平面（二维方向上）分布的黑白相间的图形记录数据符号信息的；在代码编制上巧妙地利用构成计算机内部逻辑基础的“0”“1”比特流的概念，使用若干个与二进制相对应的几何形体来表示文字数值信息，通过图像输入设备或光电扫描设备自动识读以实现信息自动处理，因此，在与一维条码技术的比较中，其优越性显而易见。

①二维码的高密度

二维码的高密度特性克服了一维条码技术识别技术较低的缺陷。目前，应用比较成熟的一维条码（如 EAN/UPC 条码），因密度较低，故仅作为一种标识数据，不能对产品进行描述。我们要知道产品的有关信息，必须通过识读条码而进入数据库。这就要求我们必须事先建立以条码所表示的代码为索引字段的数据库。二维码通过利用垂直方向的尺寸来提高条码的信息密度。通常情况下，其密度是一维条码的几十到几百倍，这样我们就可以把产品信息全部存储在一个二维码中，要查看产品信息，只要用识读设备扫描二维码即可，因此不需要事先建立数据库，真正实现了用条码对“物品”的描述。

②二维码的纠错功能

二维码的纠错功能使得二维码成为一种安全可靠的信息存储和识别方法。一维条码的应用建立在这样一个基础上，那就是识读时拒读（即读不出）要比误读（读错）好。因此一维条码通常同其表示的信息一同印刷出来。当条码受到损坏（如污染、脱墨等）时，可以通过键盘录入代替扫描条码。鉴于以上原则，一维条码没有考虑到条码本身的纠错功能，尽管引入了校验字符的概念，但仅限于防止读错。二维码可以表示数以千计字节的数据，通常情况下，所表示的信息不可能与条码符号一同印刷出来。如果没有纠错功能，当二维码的某部分损坏时，该条码便变得毫无意义，因此二维码引入纠错机制。这种纠错机制使得二维码因穿孔、污损等引起局部损坏时，照样可以正确得到识读。二维码的纠错算法与人造卫星和 VCD 等所用的纠错算法相同。这种纠错机制使得二维码成为一种安全可靠的信息存储和识别的方法，这是一维条码无法相比的。

③二维码的多种语言文字功能

二维码可以表示多种语言文字的功能为条码表示技术提供了一条前所未有的途径。多数一维条码所能表示的字符集不过是 10 个数字、26 个英文字母及一些特殊字符。条码字符集最大的 Code 128 条码，所能表示的字符个数也不过是 128 个 ASCII 符。因此，要用一维条码表示其他语言文字（如汉字、日文等）是不可能的。多数二维码都具有字节表示模式，即提供了一种表示字节流的机制。我们知道，不论何种语言文字，它们在计算机中存储时都以机内码的形式表现，而内部码都是字节码。这样我们就可以设法将各种语言文字信息转换成字节流，然后再将字节流用二维码表示，从而为多种语言文字的条码表示提供了一条前所未有的途径。

④二维码的图像呈现功能

二维码可表示图像数据。既然二维码可以表示字节数据，而图像多以字节形式存储，因此使图像（如照片、指纹等）的条码表示成为可能。引入加密机制是二维码的又一优点。比如，用二维码表示照片时，我们可以先用一定的加密算法将图像信息加密，然后再用二维码表示。在识别二维码时，再加以一定的解密算法，就可以恢复所表示的照片。这样便可以防止各种证件、卡片等的伪造。

⑤二维码的抗损性

二维条形码采用故障纠正的技术在遭受污染以及破损后也能复原，即使条码受损程度高达 50%，仍然能够解读出原数据，误读率为 6100 万分之一。

⑥二维码的抗磁性

与磁卡、IC 卡相比，二维码由于其自身的特性，具有强抗磁力、抗静电能力。

（3）二维码的应用

二维码可以被广泛应用于各个行业，如物流业、生产制造业、交通、安防、票证等，由于各行业特性不同，二维码被应用于不同行业的不同工作流程中。目前，二维码应用比较广泛的几个行业的具体情况如下。

①物流行业应用

二维码在物流行业的应用主要包括 4 个环节。第一，入库管理：入库时识读商品上的二维码标签，同时录入商品的存放信息，将商品的特性信息及存放信息一同存入数据库，存储时进行检查，检查是否是重复录入。第二，出库管理：产品出库时，要扫描商品上的二维码，对出库商品的信息进行确认，同时更改其库存状态。第三，仓库内部管理：在库存管理中，一方面二维码可用于存货盘点，另一方面二维码可用于出库备货。第四，货物配送：配送前将配送商品资料和客户订单资料下载到移动终端中，到达配送客户后，打开移动终端，调出客户相应的订单，然后根据订单情况挑选货物并验证其条码标签，确认配送完一个客户的货物后，移动终端会自动校验配送情况，并作出相应的提示。

②生产制造业应用

以食品的生产为例，二维码在食品的生产与流通过程中的应用主要包括 3 个环节。第一，原材料信息录入与核实：原材料供应商在向食品厂家提供原材料时，将原材料的原始生产数据制造日期、食用期限、原产地、生产者、遗传基因组合的有无、使用的药剂等信息录入到二维码中，并打印带有二维码的标签，粘贴在包装箱上后交与食品厂家。第二，生产配方信息录入与核实：在根据配方进行分包的原材料上粘贴带有二维码的标签，其中含有原材料名称、重量、投入顺序、原材料号码等信息。第三，成品信息录入与查询：在原材料投入后的各个检验工序，使用数据采集器录入检验数据；将数据采集器中记录的数据上传到电脑中，生成生产原始数据，使用该数据库，在互联网上向消费者公布产品的原材料信息。

③安防类应用

由于二维码具有可读而不可改写的特性，也被广泛应用于证卡的管理。将持证人的姓名、单位、证件号码、血型、照片、指纹等重要信息进行编码，并且通过多种加密方式对数据进行加密，可有效地解决证件的自动录入及防伪问题。此外，证件的机器识读能力和防伪能力是新一代证件的标志。

④交通管理应用

二维码在交通管理中的主要应用环节包括行车证驾驶证管理、车辆的年审文件、车辆的随车信息、车辆违章处罚、车辆监控网络。

行车证驾驶证管理：采用印有二维码的行车证，将有关车辆的基本信息（如车驾号、发动机号、车型、颜色等）转化保存在二维码中，信息的数字化和网络化便于管理部门的实时监控与管理。

车辆的年审文件：在自动检测年审文件的过程中实现通过确认采用二维码自动记录的方式，保证通过每个检验程序的信息输入自动化。

车辆的随车信息：在随车的年检等标志上将车辆的有关信息，包括通过年检时的技术性能参数、年检时间、年检机构、年检审核人员等信息印制在标志的二维码上，以便随时查验核实。

车辆违章处罚：交警可通过二维码掌上识读设备对违章驾驶员证件上的二维码进行识读，系统自动将其码中的相关资料和违章情况记录到掌上设备的数据库中，再进一步通过联网，实现违章信息与中心数据库信息的交换，实现全网的监控与管理。

车辆监控网络：以二维码为基本信息载体，建立局部的或全国性的车辆监控网络。

4. 汉信码

由中国物品编码中心承担的国家“十五”重大科技专项——《二维条码新码制开发与关键技术标准研究》取得突破性成果，我国拥有完全自主知识产权的新型二维条码——汉信码，于2005年岁末诞生在中国大地，汉信码填补了我国在二维条码码制标准应用中没有自主知识产权技术的空白，如图2-11所示。

图2-11　汉信码

汉信码及其国家标准报批稿经过国家标准征求意见会、国家标准审定会、科技部专家组的软件验收会，获得与会专家的一致好评。

2005 年 12 月 26 日，由两位院士（倪光南、何德全）担任组长的专家组对《二维条码新码制开发与关键技术标准研究》进行了鉴定，专家们一致认为：该课题攻克了二维条码码图设计、汉字编码方案、纠错编译码算法、符号识读与畸变矫正等关键技术，研制的汉信码具有抗畸变能力强、抗污损能力强、信息容量大等特点，达到了国际先进水平。专家们建议相关部门尽快将该课题的研究成果产业化，并积极组织试点及推广，同时建议将汉信码国家标准申报成为国际标准。

中国物品编码中心在完成国家重大标准专项课题“二维条码新码制开发与关键技术标准研究”的基础上，于 2006 年向国家知识产权局申请了《纠错编码方法》《数据信息的编码方法》《二维条码编码的汉字信息压缩方法》《生成二维条码的方法》《二维条码符号转换为编码信息的方法》《二维条码图形畸变校正的方法》6 项技术专利成果。

（1）汉信码特点

①信息容量大

汉信码可以用来表示数字、英文字母、汉字、图像、声音、多媒体等一切可以二进制化的信息，并且在信息容量方面远远领先于其他码制，如图 2－12 所示。

汉信码的数据容量	
数字	最多7829个字符
英文字符	最多4350个字符
汉字	最多2174个字符
二进制信息	最多3262字节

图 2－12　信息容量大

②具有高度的汉字表示能力和汉字压缩效率

汉信码支持 GB 18030 中规定的 160 万个汉字信息字符，并且采用 12 比特的压缩比率，每个符号可表示 12 个～2174 个汉字字符，如图 2－13 所示。

图 2－13　表示能力

③编码范围广

汉信码可以将照片、指纹、掌纹、签字、声音、文字等一切可数字化的信息进行编码。

④支持加密技术

汉信码是第一种在码制中预留加密接口的条码，它可以与各种加密算法和密码协议进行集成，因此具有极强的保密防伪性能。

⑤抗污损和畸变能力强

汉信码具有很强的抗污损和畸变能力，可以被附着在常用的平面或桶装物品上，并且可以在缺失两个定位标的情况下进行识读，如图 2－14 所示。

图 2－14　抗污损和畸变能力强

⑥修正错误能力强

汉信码采用世界先进的数学纠错理论，采用太空信息传输中常采用的 Reed-Solomon 纠错算法，使得汉信码的纠错能力可以达到 30％。

⑦可供用户选择的纠错能力

汉信码提供 4 种纠错等级，使得用户可以根据自身的需要在 8％、15％、23％和 30％纠错等级上进行选择，从而具有高度的适应能力。

⑧容易制作且成本低

利用现有的点阵、激光、喷墨、热敏/热转印、制卡机等打印技术，即可在纸张、卡片、PVC 甚至金属表面上印出汉信码。由此增加的费用仅是油墨的成本，可以真正称得上是一种“零成本”技术。

⑨条码符号的形状可变

汉信码支持 84 个版本，可以由用户自主进行选择，最小码仅有指甲盖大小。

⑩外形美观

汉信码在设计之初就考虑到人的视觉接受能力，所以较之现有国际上的二维条码技术，汉信码在视觉感官上具有突出的特点。

（2）汉信码技术优势

汉信码是我国第一个制定了国家标准并且拥有自主知识产权的二维码，如图 2－15 所示，在汉字信息表示方面汉信码达到国际领先水平，在数字和字符、二进制数据等信息的编码效率、符号信息密度与容量、识读速度、抗污损能力等方面达到了国际先进水平。经历10余年的打磨，ISO版汉信码相比2005年研发完成时的技术更为成熟。ISO汉信码在技术上完全涵盖并兼容原有汉信码国家标准（GB/T 21049—2007已被2022年版代替）中规定的技术，还增补扩展了Unicode模式、URI模式、GS1模式3个针对重要应用领域的新型信息编码与译码模式，大幅提高了汉信码针对我国国际化应用的适用性，填补了国际二维码码制在这些领域的空白。

a）外观

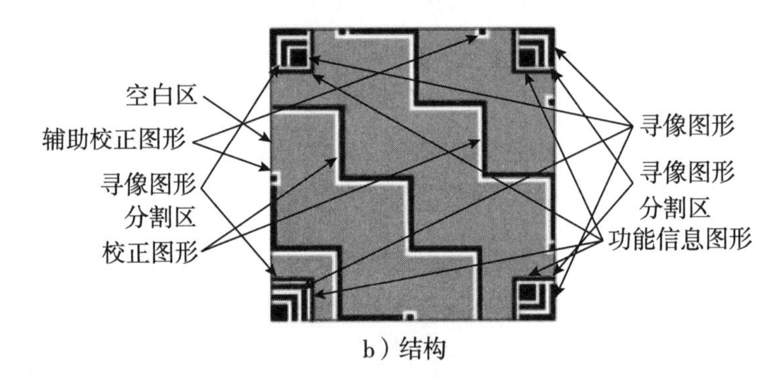

b）结构

图2-15　汉信码码图外观和结构

（3）汉信码追溯应用

广东省水产品质量可追溯体系中采用汉信码作为追溯信息载体，有效实现了水产专用标签与水产品整个产业链的结合，达到水产品质量安全的有效控制，让人们吃到放心的水产品，如图2-16所示。采用汉信码作为水产品产业链中的信息传递媒介，不需要事先建立数据库的支持，信息传递过程中即可通过扫描自动读取相应信息。北京农业信息技术研究中心凭借深厚的技术背景，顺利完成了汉信码在广东省的设计和实施工作，在广东省50多家水产企业中应用效果良好，达到了企业经营管理与安全生产的有机统一，实现了养殖日常管理与追溯管理的无缝集成。企业在实施电子化管理的同时也实现了条码标签的自动生成，大大提高了企业管理的水平和效率，通过设置多用户、多权限的数据管理方式，方便了企业的分级业务管理，避免了数据的误操作性，有效地保证数据的真实性。该项目的实施为汉信码应用推广尤其是在水产品质量追溯应用领域积累了宝贵经验。随后，该项目继续在我国江苏、浙江、天津等多个省市进行推广，并依据该体系制定了水产品质量追溯相关的农业行业标准，汉信码必将在我国农产品质量安全领域发挥越来越重要的作用。

近年来，在大众应用方面，中国物品编码中心专门推出了免费的汉信码PC端生成软件和手机端识读软件，标志着汉信码的应用从单一的行业应用向包括移动商务在内的大众应用发展。在移动应用方面，中国物品编码中心将与广大二维码技术相关方共同努力，通过提供汉信码生成识读工具，加强系列标准的制定工作与综合服务平台的建设工作，为我国二维码技术的发展搭建一个良好的产业、技术、标准与应用环境，从而促进汉信码等自主知识产权二维码与其他二维码码制在我国应用的持续健康发展，共同促进我国信息化的协调、健康发展。

图 2－16　汉信码在水产品质量追溯中的应用

二、射频识别（RFID）技术

射频识别（RFID）又称电子标签（E－Tag），是一种利用射频信号自动识别目标对象并获取相关信息的技术。射频识别技术改变了条形码技术依靠“有形”的一维或二维几何图案来提供信息的方式，通过芯片来提供存储在其中的数量更大的“无形”信息。它最早出现在 20 世纪 80 年代，最初应用在一些无法使用条码跟踪技术的特殊工业场合，例如在一些行业和公司中，这种技术被用于目标定位、身份确认及跟踪库存产品等。RFID 最早的应用可追溯到第二次世界大战中用于区分联军和纳粹飞机的“敌我辨识”系统。随着技术的进步，RFID 应用领域日益扩大，现已涉及人们日常生活的各个方面，并将成为未来信息社会建设的一项基础技术。RFID 典型应用包括：在物流领域用于仓库管理、生产线自动化、日用品销售；在交通运输领域用于集装箱与包裹管理、高速公路收费与停车收费；在农、牧、渔业用于羊群、鱼类、水果等的管理以及宠物、野生动物跟踪；在医疗行业用于药品生产、病人看护、医疗垃圾跟踪；在制造业用于零部件与库存的可视化管理。RFID 还可以应用于图书与文档管理、门禁管理、定位与物体跟踪、环境感知和支票防伪等多种应用领域。

（一）RFID 概述

RFID 技术是一种非接触的自动识别技术，其基本原理是利用射频信号和空间耦合（电感或电磁耦合）或雷达反射的传输特性，实现对被识别物体的自动识别。

1. RFID 系统的组成部分

RFID 系统基本的组成部分包括电子标签（E－Tag)、阅读器（Reader）和天线（Antenna)。

电子标签又称为射频标签、应答器、数据载体。电子标签是射频识别系统的数据载体，电子标签由标签天线和标签专用芯片组成。依据电子标签供电方式的不同，电子标签可以分为有源电子标签（Active Tag)、无源电子标签（Passive Tag）和半无源电子标签(Semi－passive Tag)。有源电子标签内装有电池，无源射频标签没有内装电池，半无源电子标签部分依靠电池工作。电子标签依据频率的不同可分为低频电子标签、高频电子标签、超高频电子标签和微波电子标签。依据封装形式的不同可分为信用卡标签、线形标签、纸状标签、玻璃管标签、圆形标签及特殊用途的异形标签等。

RFID 阅读器（Reader）又称为读出装置，扫描器、通信器、读写器（取决于电子标签是否可以无线改写数据)。RFID 阅读器（读写器）通过天线与 RFID 电子标签进行无线通信，可以实现对标签识别码和内存数据的读出或写入操作。典型的阅读器包含高频模块(发送器和接收器)、控制单元以及阅读器天线。

天线（Antenna）用于在标签和读取器间传递射频信号。

2. RFID 工作原理

射频识别系统的基本模型如图 2－17 所示。

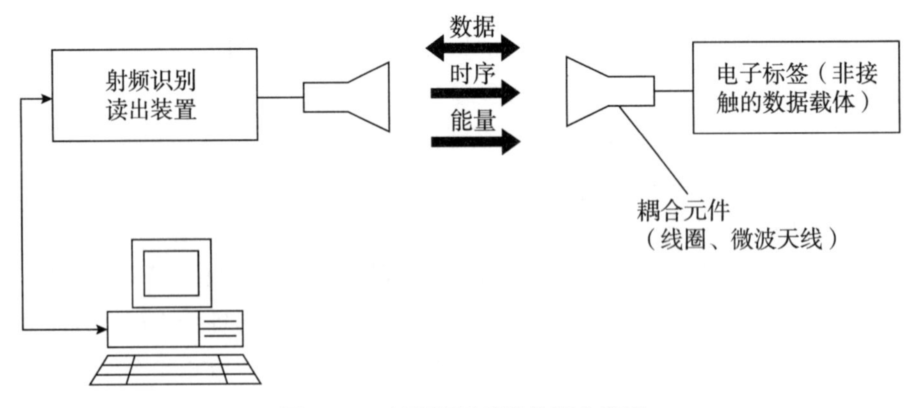

图 2－17　射频识别系统的基本模型

电子标签与阅读器之间通过耦合组件实现射频信号的空间（无接触）耦合。在耦合通道内，根据时序关系，实现能量的传递、数据的交换。

发生在阅读器和电子标签之间的射频信号的耦合类型有以下两种。

电感耦合：变压器模型，通过空间高频交变磁场实现耦合，依据的是电磁感应定律，如图 2－18 所示。

电磁反向散射耦合：雷达原理模型，发射出去的电磁波，碰到目标后反射，同时携带回目标信息，依据的是电磁波的空间传播规律。

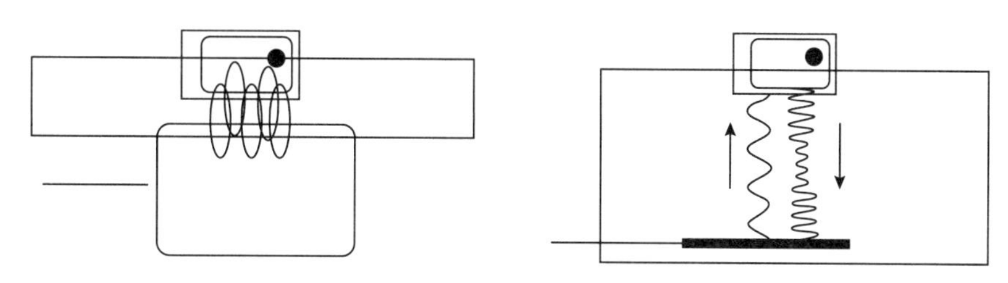

图 2-18　电感耦合

电感耦合方式一般适合于中、低频工作的近距离射频识别系统。典型的工作频率有125kHz、225kHz 和 13.56MHz。识别作用距离小于 1m，典型作用距离为 3m～60m。

电磁反向散射耦合方式一般适合于高频、微波工作的远距离射频识别系统。典型的工作频率有 433MHz、915MHz、2.45GHz、5.8GHz。识别作用距离大于 1m，典型作用距离为 3m～10m。

3. RFID 的优势

与条形码识别系统相比，无线射频识别技术具有很多优势：通过射频信号自动识别目标对象，无须可见光源；具有穿透性，可以透过外部材料直接读取数据，保护外部包装，节省开箱时间；射频产品可以在恶劣环境下工作，对环境要求低；读取距离远，无须与目标接触就可以得到数据；支持写入数据，无须重新制作新的标签；使用防冲突技术，能够同时处理多个射频标签，适用于批量识别场合；可以对 RFID 标签所附着的物体进行追踪定位，提供位置信息。

4. RFID 发展历程

RFID 直接继承了雷达的概念。1948 年，哈里·斯托克曼发表的“利用反射功率的通信”奠定了射频识别 RFID 的理论基础。

无线电技术的理论与应用研究是 20 世纪科学技术发展最重要的成就之一。RFID 技术的发展划分如下。

1941—1950 年：雷达的改进和应用催生了 RFID 技术，1948 年奠定了 RFID 技术的理论基础。

1951—1960 年：早期 RFID 技术的探索阶段，主要处于实验室试验研究。

1961—1970 年：RFID 技术的理论得到了发展，开始了一些应用尝试。

1971—1980 年：RFID 技术与产品研发处于一个大发展时期，各种 RFID 技术测试得到加速，出现了一些最早的 RFID 应用。

1981—1990 年：RFID 技术及产品进入商业应用阶段，各种规模应用开始出现。

1991—2000 年：RFID 技术标准化问题日趋得到重视，RFID 产品得到广泛应用，RFID 产品逐渐成为人们生活的一部分。

2001 年至今：标准化问题日趋为人们所重视，RFID 产品种类更加丰富，有源电子标签、无源电子标签及半无源电子标签均得到发展，电子标签成本不断降低，规模应用领域不断扩大。

RFID技术的理论得到丰富和完善。单芯片电子标签、多电子标签识读、无线可读可写、无源电子标签的远距离识别、适应高速移动物体的RFID正在成为现实。

（二）RFID研究

当前RFID的研究主要围绕RFID技术标准、RFID标签成本、RFID技术研究和RFID应用系统等多个方面展开。

1. RFID技术标准

RFID的标准化是当前亟须解决的重要问题，各国及相关国际组织都在积极推进RFID技术标准的制定。目前，还未形成完善的关于RFID的国际和国内标准。RFID的标准化涉及标识编码规范、操作协议及应用系统接口规范等多个部分。其中，标识编码规范包括标识长度、编码方法等；操作协议包括空中接口、命令集合、操作流程等规范。当前主要的RFID相关规范有欧美的EPC规范、日本的UID（Ubiquitous ID）规范和ISO 18000系列标准。其中，ISO标准主要定义标签和阅读器之间互操作的空中接口。

EPC规范由Auto-ID中心及后来成立的EPCglobal负责制定。Auto-ID中心于1999年由美国麻省理工学院（MIT）发起成立，其目标是创建全球“实物互联”网（internet of things)，该中心得到了美国政府和企业界的广泛支持。2003年10月26日，成立了新的EPCglobal组织接替以前Auto-ID中心的工作，管理和发展EPC规范。关于标签，EPC规范已经颁布第一代规范。

UID（Ubiquitous ID）规范由日本泛在ID中心负责制定。日本泛在ID中心由T-Engine论坛发起成立，其目标是建立和推广物品自动识别技术并最终构建一个无处不在的计算环境。该规范对频段没有强制要求，标签和读写器都是多频段设备，能同时支持13.56MHz或2.45GHz频段。UID标签泛指所有包含Ucode码的设备，如条码、RFID标签、智能卡和主动芯片等，并定义了9种不同类别的标签。

2. RFID技术研究

当前，RFID技术研究主要集中在工作频率选择、天线设计、防冲突技术和安全与隐私保护等方面。

（1）工作频率选择

工作频率选择是RFID技术中的一个关键问题。工作频率的选择既要适应各种不同应用需求，还需要考虑各国对无线电频段使用和发射功率的规定。当前RFID工作频率跨越多个频段，不同频段具有各自优缺点，它既影响标签的性能和尺寸大小，还影响标签与读写器的价格。此外，无线电发射功率的差别影响读写器的作用距离。

低频频段能量相对较低，数据传输率较小，无线覆盖范围受限。为扩大无线覆盖范围，必须扩大标签天线尺寸。尽管低频无线覆盖范围比高频无线覆盖范围小，但天线的方向性不强，具有相对较强的绕开障碍物的能力。低频频段可采用1个～2个天线，以实现无线作用范围的全区域覆盖。此外，低频段电子标签的成本相对较低，且具有卡状、环状、纽扣状等多种形状。高频频段能量相对较高，适于长距离应用。低频功率损耗与传播距离的立方成正比，而高频功率损耗与传播距离的平方成正比。由于高频以波束的方式传播，故可用于智能标签定位。其缺点是容易被障碍物所阻挡，易受反射和人体扰动等因素影响，不易实现无线作用范围的全区域覆盖。高频频段数据传输率相对较高，且通讯质量较好。表 2－9 为 RFID 频段特性。

表 2－9 RFID 频段特性

频段	描述	作用距离	穿透能力
125kHz～134kHz	低频（LF）	45cm	能穿透大部分物体
13.553MHz～13.567MHz	高频（HF）	1m～3m	勉强能穿透金属和液体
400MHz～1000MHz	超高频（UHF）	3m～9m	穿透能力较弱
2.45GHz	微波（Microwave）	3m	穿透能力最弱

（2）天线设计

天线是一种以电磁波形式把无线电收发机的射频信号功率接收或辐射出去的装置。天线按工作频段可分为短波天线、超短波天线、微波天线等；按方向性可分为全向天线、定向天线等；按外形可分为线状天线、面状天线等。

受应用场合的限制，RFID 标签通常需要贴在不同类型、不同形状的物体表面，甚至需要嵌入物体内部。RFID 标签在要求低成本的同时，还要求有高的可靠性。此外，标签天线和读写器天线还分别承担接收能量和发射能量的作用，这些因素对天线的设计提出了严格要求。当前对 RFID 天线的研究主要集中在研究天线结构和环境因素对天线性能的影响上。

天线结构决定了天线方向图、极化方向、阻抗特性、驻波比、天线增益和工作频段等特性。方向性天线由于具有较少回波损耗，比较适合电子标签应用；由于 RFID 标签放置方向不可控，读写器天线必须采取圆极化方式（其天线增益较大）；天线增益和阻抗特性会对 RFID 系统的作用距离产生较大影响；天线的工作频段对天线尺寸以及辐射损耗有较大影响。

天线特性受所标识物体的形状及物理特性影响。如金属物体对电磁信号有衰减作用，金属表面对信号有反射作用，弹性基层会造成标签及天线变形，物体尺寸对天线大小有一定限制等。人们根据天线的上述特性提出了多种解决方案，如采用曲折型天线解决尺寸限制，采用倒 F 型天线解决金属表面的反射问题等。

天线特性还受天线周围物体和环境的影响。障碍物会妨碍电磁波传输；金属物体产生电磁屏蔽，会导致无法正确地读取电子标签内容；其他宽频带信号源，比如发动机、水泵、发电机和交直流转换器等，也会产生电磁干扰，影响电子标签的正确读取。如何减少电磁屏蔽和电磁干扰是RFID技术研究的一个重要方向。

(3) 防冲突技术

鉴于多个电子标签工作在同一频率，当它们处于同一个读写器作用范围内时，在没有采取多址访问控制机制的情况下，信息传输过程将产生冲突，导致信息读取失败。同时，多个阅读器之间工作范围重叠也将造成冲突。相关专家提出了Colorwave算法以解决阅读器冲突问题。根据电子标签工作频段的不同，人们提出了不同的防冲突算法。对于标签冲突，在高频（HF）频段，标签的防冲突算法一般采用经典ALOHA协议。使用ALOHA协议的标签，通过选择经过一个随机时间向读写器传送信息的方法来避免冲突。绝大多数高频读写器能同时扫描几十个电子标签。在超高频（UHF）频段，主要采用树分叉算法来避免冲突。同采用ALOHA协议的高频频段电子标签相比，树分叉算法泄漏的信息较多、安全性较差。

上述两种标签防冲突方法均属于时分多址访问（TDMA）方式，应用比较广泛。除此之外，目前还有人提出了频分多址访问（FDMA）和码分多址访问（CDMA）方式的防冲突算法，主要应用于超高频和微波等宽带应用场景。

(4) 安全与隐私保护

RFID安全问题集中在对个人用户的隐私保护、对企业用户的商业秘密保护、防范对RFID系统的攻击以及利用RFID技术进行安全防范等多个方面。其面临的挑战如下。

①保证用户对标签的拥有信息不被未经授权访问，以保护用户在消费习惯、个人行踪等方面的隐私。

②避免由于RFID系统读取速度快，可以迅速对超市中所有商品进行扫描并跟踪变化，而被利用来窃取用户商业机密。

③防护对RFID系统的各类攻击，如：重写标签以篡改物品信息；使用特制设备伪造标签应答欺骗读写器以制造物品存在的假象；根据RFID前后向信道的不对称性远距离窃听标签信息；通过干扰RFID工作频率实施拒绝服务攻击；通过发射特定电磁波破坏标签等。

④如何把RFID的唯一标识特性用于门禁安防、支票防伪、产品防伪等。

（三）RFID应用

基于RFID标签对物体的唯一标识特性，引发了人们对基于RFID技术的应用进行研究的热潮。物流与实物互联网是当前RFID应用研究的热点，其他应用研究还包括空间定位与跟踪、普适计算、系统安防等多个方面。

1. 物流与实物互联网

实物互联网是通过给所有物品贴上RFID标签，在现有互联网基础之上构建所有参与流通的物品信息网络。实物互联网的建立将对生产制造、销售、运输、使用、回收等物品流通的各个环节，并将对政府、企业和个人行为带来深远影响。通过实物互联网，世界上任何物品都可以随时随地按需被标识、追踪和监控。

2. 空间定位与跟踪

无线及移动通信设备的普及带动了人们对位置感知服务的需求，人们需要确定物品的三维坐标并跟踪其变化。现有的定位服务系统主要包括基于卫星定位的 GPS 系统、基于红外线或超声波的定位系统以及基于移动网络的定位系统。RFID 的普及为人与物体的空间定位与跟踪服务提供了一种新的解决方案。RFID 定位与跟踪系统主要利用标签对物体的唯一标识特性，依据读写器与安装在物体上的标签之间射频通信的信号强度来测量物品的空间位置，主要应用于 GPS 系统难以应用的室内定位。

3. 普适计算

RFID 标签具有对物体的唯一标识能力，可以通过与传感器技术相结合，感知周围物品和环境的温度、湿度和光照等状态信息，并利用无线通信技术方便地把这些状态信息及其变化传递到计算单元，提高环境对计算模块的可见度，构建未来普适计算的基础设施，让计算无处不在，主动地、按需地为人们提供服务。

4. RFID 应用领域

RFID 应用的领域相当广泛。

①物流：物流过程中的货物追踪、信息自动采集、仓储应用、港口应用、邮政、快递。

②零售：商品的销售数据实时统计、补货、防盗。

③制造业：生产数据的实时监控、质量追踪、自动化生产。

④服装业：自动化生产、仓储管理、品牌管理、单品管理、渠道管理。

⑤医疗：医疗器械管理、病人身份识别、婴儿防盗。

⑥身份识别：电子护照、身份证、学生证等各种电子证件。

⑦防伪：贵重物品（烟、酒、药品）的防伪、票证的防伪等。

⑧资产管理：各类资产（贵重的、数量大相似性高的或危险品等）。

⑨交通：高速不停车、出租车管理、公交车枢纽管理、铁路机车识别等。

⑩食品：水果、蔬菜、生鲜、食品等保鲜度管理。

⑪动物识别：驯养动物、畜牧牲口、宠物等识别管理。

⑫图书：书店、图书馆、出版社等应用。

⑬汽车：制造、防盗、定位、车钥匙。

⑭航空：制造、旅客机票、行李包裹追踪。

⑮军事：弹药、枪支、物资、人员、卡车等识别与追踪。

以零售业为例，验证了 RFID 在实际应用中的巨大作用。据相关咨询公司的零售业分析师估计，通过采用 RFID，沃尔玛每年可以节省 83.5 亿美元，其中大部分是因为不需要人工查看进货的条码而节省的劳动力成本。尽管另外一些分析师认为约 80 亿美元这个数字过于乐观，但毫无疑问，RFID 有助于解决零售业两个最大的难题：商品断货和损耗

(因盗窃和供应链被搅乱而损失的产品)，而现在单是盗窃一项，沃尔玛一年的损失就约为20亿美元，如果一家合法企业的营业额能达到这个数字，就可以在美国1000家最大企业的排行榜中名列第694位。研究机构估计，RFID技术能够帮助把失窃和存货水平降低25%。

吉列公司是世界上最大的剃须刀制造商，该公司的产品因为体积较小、单价较高而经常受到小偷的“青睐”。为此，吉列公司决定采用射频识别技术来防止产品被盗，目前，吉列公司已经完成了与沃尔玛和Tesco分别在美国波士顿和英国剑桥地区进行的第一阶段试验：吉列公司将射频识别标签植入“锋速3”的包装，并在零售商的货架上安装阅读器。如果有顾客一次性拿走多个剃须刀，系统就会提醒店员查验是否发生了偷窃行为，甚至自动拍照记录，当货架上存货数量减少到一定水平时，系统就会发出补货的信号，试验结果令人满意。值得一提的是，吉列公司已经向射频识别标签生产商之一艾伦科技公司订购了共计5亿枚标签，在低成本射频识别标签大规模的实质性商业化进程中，这无疑是一个意义重大的里程碑。

国际著名零售企业麦德龙集团最近也在其业务运营中采用了飞利浦半导体公司的射频识别解决方案，这项技术可以帮助其提高零售中的供应链效率，同时改善消费者的购物体验。这种射频识别技术可实时地识别产品、防范窃贼、跟踪库存，还可查看客户积分卡的状态。该系统在13.56MHz频率下工作，有效识别范围为1.5m，与射频识别多媒体工作室相连接，只需扫描一下CD（小型镭射盘）或DVD（影音光碟），消费者就可以看到他们想购买的专辑或影片的介绍性预览。化妆品和食品也贴上了标签，并放在智能货架上，这种应用可以提供实时库存和保质期控制，及时更新销售数据并发现放置错误的物品。

第三节　物联网编码标识解析技术

随着信息技术的迅速发展，信息处理的对象扩展至日常生活中与互联网相连接的各种事物，实现信息交换和通信。为了更好地实现不同应用、不同系统间的互联互通，需要建立能够有效实现对各类对象进行标识管理的标识体系。

《国务院关于推进物联网有序健康发展的指导意见》（国发〔2013〕7号）主要任务部分中指出“加快物联网编码标识等基础共性标准研究制定”；国家发展和改革委员会、工业和信息化部、科技部等部门联合印发的《物联网发展专项行动计划》中指出：“重视自主创新，按照共性先立、急用先立的原则研制一批基础共性、重点应用和关键技术标准。”“通过行动计划的实施，物联网标准化工作取得显著成效，我国主导的物联网国际标准领域不断扩大，有力支撑物联网产业发展。”

建立我国物联网标识管理体系是当前国家信息化发展战略的必然选择。物联网、工业互联网、区块链、大数据、云计算和人工智能等技术的深层次发展，对于中国制造、全产业链赋能、供应链协同、产品追溯等领域对信息资源的获取、挖掘、利用、保护和共享提出了更高的要求。

最佳的解决方案是由国家基础设施来支撑各领域对于信息资源的需求响应和治理，基于可信的网络实现不同对象间的通信，实现各应用领域数量庞大、形态各异的信息终端的互联互通，实现我国信息资源科学有序的标识管理，保障我国信息安全、信息资源自我管理和利用，维护国家主权。

Ecode 编码标识解析体系能够对任何类型的对象、概念或者“事物”进行唯一编码，是我国最早、唯一专门针对物联网发展需求制定的编码标准体系，拥有自主知识产权，是我国物联网标识管理的最优解决方案。其能够有效支持数字技术与传统基本建设的融合，为科学研究、技术开发、产品研制等环节提供便捷工具，增进人工智能、区块链、云计算和大数据等新技术的效用。为此，应将 Ecode 编码标识解析体系尽快纳入我国“新基建”的重要组成部分。

一、物联网标识体系概述

物联网是新一代信息技术的高度集成和综合运用，是互联网的网络延伸和应用拓展。在物联网中，为了实现人、智能设备与物之间的信息共享，需要对网络中各种对象进行标识和识别，包括对终端设备、网络设备、网络节点、各类应用以及产成品进行识别，并通过编码标识解析技术发布和共享相关信息。

（一）物联网标识概念

1. 物联网标识的定义

物联网被称为“万物相连的互联网”，是能够在任何时间、任何地点实现人、机、物的互联互通的一个巨大的网络。在这个网络中，基本条件就是赋予网络中各种“人、机、物”的唯一编码，便于通过自动识别或智能识别技术准确判定其身份，这已逐步成为业界的共识。

物联网中被赋予唯一编码的各个实体，在进行通信、信息交换、定位、跟踪、监控和管理等各种操作过程中扮演着不同的角色，并具有不同的属性。因此，在唯一编码的基础上，具有不同的表现形式，适用于不同的需求和环境，形成了多种多样的标识，如 ASCII 码、Unicode、URL、条码、RFID、二维码等多种表示方式和载体。

物联网标识可定义为网络中能够被感知的物理和逻辑实体均赋予唯一的编码、表示方式和载体；用来支持网络、应用，能够精准确定目标对象，进行相关信息的发布、获取、处理、传送与交换，并进一步实施控制和管理。能够唯一区分不同对象的物联网标识技术是开发、部署和运行物联网应用和服务的重要先决条件。

2. 物联网中对象的概念

网络中各种“人、机、物”以及“网络中能够被感知的物理和逻辑实体、资源、服务”等各种角色、行为和事物在物联网标识体系当中统称为对象，包括（行为的）主体、客体、事件和服务。

物联网中的对象可分为主体对象和客体对象两大类，如图 2－19 所示。

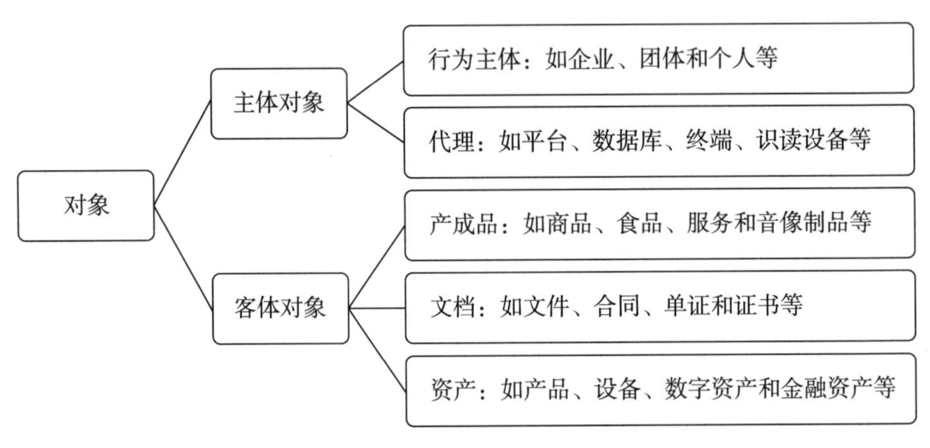

图 2－19　标识对象的分类和范围

主体对象包括行为主体（企业、团体和个人等）和行为主体的代理（平台、数据库、终端、识读设备等）。

客体对象代表的是物，典型示例是物品、产成品、商品等，通常是主体行为所产生的结果。

3. 物联网对象标识的定义

物联网对象标识是物联网标识的子集。

物联网对象标识可定义为物联网标识当中产生、记录、发布、共享和消费信息的实体的编码、表示方式和载体。

对现实世界当中的各种对象进行标识的理念已经广泛应用于网络世界，并且对于标识还附加了许多属性信息，如状态、时间、位置等，用于说明对象的某些特征。对于虚拟对象，如计算过程、软件、服务、数据等，可以赋予特定的物联网标识，以支持互联网应用的交流和开展。这些对象标识也可以通过统一资源定位符 URL 来标识，如 URI、URL、ASCII、Unicode 等，这些标识方法来源于互联网。

4. 物联网标识技术

物联网标识技术是服务于互联网的基本技术，物联网通过对象标识得以互相识别、连接和运行，物联网标识覆盖的范围有多大，物联网就可以有多大。

物联网服务和应用当中，“物-物相联”需要实现更加灵活、透明的交互，要求物联网通过标识技术的支持，能够更加便捷、准确、有效地访问联网对象，帮助基于语义的物联网的全球目录搜索和发现服务，可以快速准确地查找信息、查验数据，提升可用性以及定位各种资源的准确地址等。

物联网标识技术包括物联网标识命名技术、物联网标识解析技术和物联网标识发现技术。

（1）物联网标识命名技术

物联网标识命名技术是指在物联网运行过程中，为不同环节、不同参与方以及不同行业对于互联网标识约定的不同表达方式所形成的系统性规则和方法，以适应在不同语境中准确表示和识别物联网对象的需求。

（2）物联网标识解析技术

物联网标识解析是指不同物联网标识之间相互进行映射的过程，是将物联网对象通过标识技术、自动识别技术、寻址技术以及 AI 等技术映射至地址标识和应用标识的过程。其中，采用的一系列规范和技术称为标识解析技术。

标识解析系统是在庞大而复杂的网络环境中利用对象标识准确获取对应信息或服务位置的支撑系统。

（3）物联网标识发现技术

物联网标识发现技术是指基于物联网标识服务，定位和搜索、整理和定位物联网资源的过程。在大规模物联网应用系统中，海量的物联网资源被联通在一起，这种关联性可以反映联网对象之间的关系和依赖程度。物联网标识发现技术借助这种关联性可以实现灵活有效的物联网资源定位和搜索，打破固定配置的局限性。

5. 物联网标识体系

本书所说的物联网标识体系是物联网标识和物联网标识技术的总称，是一个总体的、泛指的说法。物联网标识是物联网中能够被感知的物理和逻辑实体均赋予唯一的编码、表示方式和载体；是物联网中对象标识、地址标识、应用标识等相关标识的总称。物联网标识技术是物联网标识命名技术、解析技术和发现技术的总称。

物联网标识体系的结构如图 2－20 所示。

图 2－20 给出了物联网标识体系与物联网标识标准体系的关系。物联网标识体系中涉及的一系列标准和规范，称为物联网标识标准体系。物联网标识标准体系是物联网标识体系的一部分。

6. 物联网标识标准体系

物联网世界当中进行对象标识的目的是使该对象在虚拟的网络空间当中能够被发现、信息能够被共享，并且不会产生张冠李戴的情况。标识唯一性在整个互联网信息空间中能够被贯彻，需要融入大量的规范和技术标准，目的是能够保证对象信息在信息处理的不同阶段和不同语境当中能够被准确理解，最终实现准确的解析和定位。因此，物联网标识标准体系是一个标准的集合，可分为 3 个或 5 个层次，如图 2－21 所示。

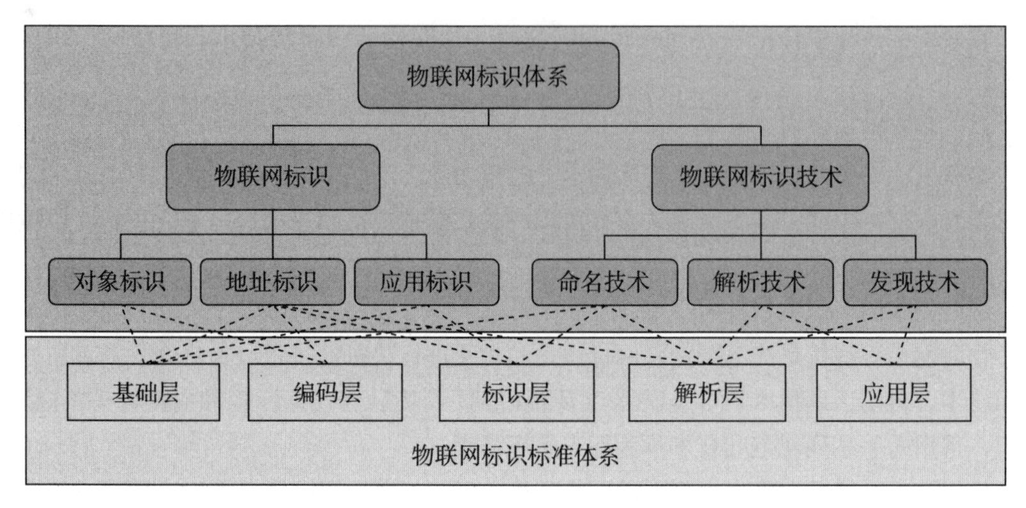

图 2－20　物联网标识体系结构

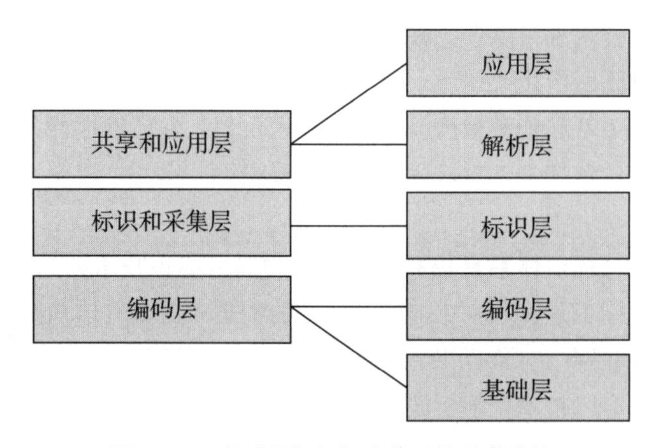

图 2－21　物联网标识标准体系的层次结构

图 2－21 的左侧部分将标准体系分为 3 个层次，大致反映出一个对象从编码到采集再到共享 3 个阶段各具特色的标准内容，GS1 标准体系采用的就是这种结构。图 2－21 的右侧部分是 Ecode 标准体系的分层结构，结构形式与 GS1 标准体系基本一致，并进一步做了细化：将编码层分为基础层和编码层，汇集编码方法、应用指南等标准；将标识和采集层汇集了 Ecode 编码表示、载体和识别等标准；将共享和应用层分为 Ecode 标识解析和应用等标准内容。

7. 物联网标识管理

对于物联网中的各类标识，其相应的标识管理技术与机制必不可少。标识管理主要用于实现标识的申请与分配、注册与确权、生命周期管理、业务与使用、信息管理等，对于在一定范围内确保标识的唯一性、有效性和一致性具有重要意义。

依据实时性要求的不同，标识管理可以分为离线管理和在线管理两类。标识的离线管理是指对标识管理相关功能（如标识的申请与分配、标识信息的存储等）采用离线方式操作，为标识的使用提供前提和基础。标识的在线管理是指标识管理相关功能采用在线方式操作，并且通过与标识解析、标识应用的对接，操作结果可以实时反馈到标识使用相关环节。

（二）物联网 Ecode 标识体系

Ecode 标识体系是我国自主制定的、适用于物联网各个领域的基础共性支撑技术，它突破了各领域间的信息壁垒，满足跨行业、跨平台的多类型应用需求，由 Ecode 编码、数据标识、中间件、解析系统、信息查询和发现服务、安全机制等部分组成，是一个完整的体系。

Ecode 标识体系特征如下：

①目前唯一具有我国自主知识产权的标识体系，对于我国社会经济的发展具有重要意义；

②Ecode 标准的制定得到了包括中国工程院院士邬贺铨在内的多位业内权威专家认可，编码结构具有统一性、科学性、先进性、创新性和实用性，能够满足各个领域的应用需求；

③Ecode 编码的容量足够大，能够实现为物联网中任意对象分配唯一专属的编码，这是实现物物相联的前提条件；

④能够兼容现存的各类闭环系统，通过赋予行业内部编码唯一标头的方式，实现跨系统的信息互通；

⑤Ecode 编码可存储于一维条码、二维码、RFID 标签等不同载体中，能够快速推广应用于不同领域。

Ecode 标识体系特征如图 2－22 所示。

（三）Ecode 标识体系的创新特征分析

综合来看，Ecode 标识体系建设的创新程度可圈可点。大致体现在以下几个方面。

1. 标准定位于物联网标识体系

Ecode 标识体系设计的初衷是面向互联网的，目的是构建我国物联网统一编码标识标准体系，相对于 OID 和 Handle 标识标准，目标明确、针对性更强。甚至可以认为 OID 和 Handle 标识标准是互联网信息共享与服务标准，可以应用于物联网，但并非起源于物联网。

从解析的角度来看，OID 和 Handle 标识分为两个部分，简单地归纳为前缀和后缀两段，前缀的部分在标准体系中有严格的约定，后缀的部分可以自行编制。Ecode 编码对于前缀和后缀均做了统一的约定，更加有利于对象的标识和解析。

2. 自成体系、自主可控

Ecode 标准已经形成了一个相对完整的框架体系，包括基础标准、编码标准、标识标

Ecode标识体系

Ecode标识体系是我国自主制定的、适用于物联网各个领域的基础共性支撑技术，它突破了各领域间的信息壁垒，满足跨行业、跨平台的多类型应用需求，由Ecode编码、数据标识、中间件、解析系统、信息查询和发现服务、安全机制等部分组成，是一个完整的体系

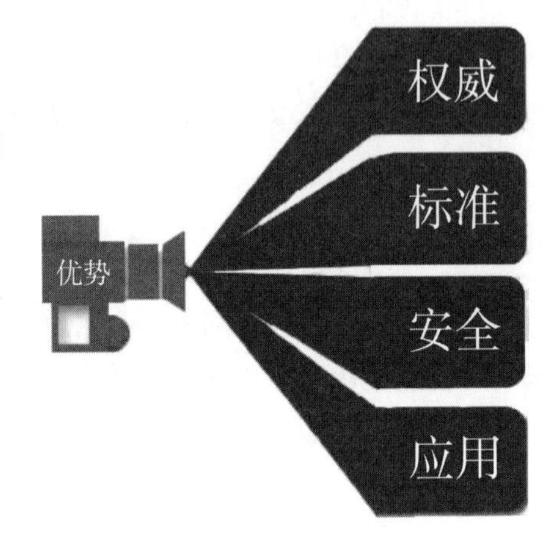

自主知识产权

国家发改委立项“物联网标识管理公共服务平台”项目，国家级项目成果

标准体系支撑

制定13项标准，已初步形成Ecode标准体系

安全可控体系

汉信码、国密、RFID技术支撑，拥有自主知识产权，安全可控

顶级节点建成

已初步形成以“iotroot.com”为顶级节点的应用系统，平台用户量达777亿

图 2－22 Ecode 标识体系特征

准、解析标准和应用标准 5 个部分，层次清晰、结构完整。

对客观对象进行编码的目的是共享对象信息，编码和标识是共享的基础，标识的解析是信息共享的关键技术内容。标识解析涉及工业互联网、物联网和区块链的应用和发展，国内外尚无成熟的经验可借鉴，同时包含诸多创新内容和创新空间，因此标准体系的修订是一个动态过程，需要迭代、不断演进。在这种情况下，标准体系的自主可控格外重要，是创新发展的基础。

3. 兼容相关编码标识体系

Ecode 编码标准研发的初期就考虑到对于 GS1、EPC 编码体系的兼容。这种设计的主要好处是 GS1 体系当中的技术和应用可以与 Ecode 体系相通融，直观的效果是二者同样适用于供应链协同、产品追溯、防伪以及食品安全等领域，这些领域原本是 GS1 体系比较擅长的。由于 Ecode 可以更加方便地标识“一品一码”，因此在防伪和单品追溯方面更具优势。

由于 Ecode 编码内部结构也是分段的，从技术的角度上很容易映射为前缀和后缀两段式结构，因此在兼容 OID 和 Handle 等其他标识标准方面没有技术上的难度。

二、我国 Ecode 标识体系关键技术

（一）标识编码与命名技术

Ecode 标识体系采用国际通用编码标准和分配管理原则，采用电子产品编码（EPC）、IP 地址、统一资源标识符和统一资源名称（URN）等标识命名体系，已经在中国的物流管理、供应链管理等物联网领域得到了具体应用。

1. 物联网标识命名技术

针对不同类型的物联网应用，国际上提出并采用了一系列的标识技术，包括 IPv6、UPC、DOI/Handle 等。这些标识技术都得到了欧盟各组织研发架构的支持。国内在开展工业互联网标识解析的项目活动中，也推荐使用 GS1、EPC、Handle、OID 等标识技术，并提出兼容性要求。

Ecode 作为物联网标识命名机制的创新性解决方案还需要在实践中去验证，其中比较重要的是找到整合和兼容方案，以求能够跨越多种标识技术实现互联互通。

2. 技术要求

围绕着提供高效、可扩展、安全的标识符和解析服务，推进 Ecode 体系在物联网和工业互联网以及区块链等更广范围内的使用，应赋予更多的技术特性，与其他标准相向而行。

例如，Handle 系统最初起源于对电子文档标识和管理，后来逐渐演化成为一个更为通用的体系，作为唯一标识的潜力已经得到认可，并进入互联网领域。Ecode 体系起源于物联网，也应该向相关领域迈进，包括但不限于：多语种登记机构、管理科学研究数据集、用于持久标识符管理，以及对物联网信息进行可升级和安全的管理等。

3. IPv6 命名技术

IPv6 架构设计的初衷不是主要用来支持物联网应用的。但是 IPv6 的结构、发展以及巨大的编码信息量，都让其变成一个更加适合于物联网的架构。IPv6 技术的重要性已经被大家所认识，并在过去 10 年间采取了一系列措施来鼓励加快 IPv6 部署。

4. Ecode 标识技术

Ecode 标识体系已经与 GS1 编码体系兼容。这一点在 Ecode 标准体系设计之初就已经考虑到了，并且在标准中已有明确体现。

在此基础上，还应与 OID、Handle 以及 IPv6 体系兼容，一方面体现国际化的视角，另一方面方便企业的应用。

（二）标识解析技术

1. 域名系统

DNS 域名系统用于命名寻址服务，可作为通用 IPv6 基础设施的有机组成部分。针对物联网命名的具体解决方案，可用组播 DNS 来发现本地资源，而使用基于分布式哈希表技术的 DNS-SD 服务来检索全球资源。这一解决方案也适用于 IPv6 的传感器集群。

域名系统是目前互联网中最主要的标识解析系统。它将互联网域名翻译为可在全世界范围内定位服务和设备的 IP 地址，使人们更加方便地访问互联网。考虑到 DNS 服务的成熟性和稳定性，许多物联网标识的寻址服务均基于 DNS 原理进行设计，或者直接采用 DNS 基础设施进行构造和改进。ONS 标识服务是基于 DNS 提供 GSI 标识及其关联数据和服务的映射。

2. 对象名服务

对象名服务（ONS）通常是与GSI标准组织提出的EPC标识符一起使用。ONS的数据库和检索功能都是基于DNS系统构建的。它能根据EPC标识符查询物品对应的信息服务器的地址。ONS服务通常作为企业信息系统的一部分，主要用于物流和追溯等应用领域。

3. 寻址技术

寻址技术的应用和推广是解析体系的核心内容。简单的寻址技术可以理解为一个对照表的解释，例如DNS，给定一个域名就可以返回一个IP地址。

Ecode标识的寻址系统定义了一个层次化的服务模型。通过深入实践、研究和发展，探索并支持Ecode系统演进或映射到IPv6，值得做进一步的研究。

开展了数字权益管理方面的研究，建立了基于Ecode的数字权益管理框架原型，主要思想是利用Ecode系统技术的安全性和分布式功能，以及标准的web服务接口和权利元数据定义，支持内容权利的注册和发现。

当前，工业和信息化部电子科学技术情报研究所正在探索促进Ecode系统在国内食品药品安全溯源、设备全生命周期管理等物联网领域的标识应用。

4. 互操作技术

构建基于云计算的基础架构，用于开发、部署和运行可实现语义互操作的物联网应用，实现多个异构物联网系统中提取数据和服务的应用。

通过不同的应用来验证基于语义实现物联网系统间互操作技术的有效性，包括相关标准和算法，推行在智慧城市中的应用。互操作技术的应用将进一步推动基于语义技术解决物联网资源互操作的研究，实现物联网资源的大规模联合和互操作，以及物联网资源与智能嵌入式设备和大数据的衔接等。这些技术的突破将推动物联网资源在物联网应用和服务当中的互联互通。

从平台的角度看，与其他解析平台的兼容技术也是互联网解析平台互操作技术，在无缝连接的基础上实现互操作。

5. 基于本体的命名服务

物联网标识与解析的一个发展方向是通过构建通用本体以及语义连接层，把使用不同标识符的物联网应用系统联系在一起。不同的物联网资源和标识符映射到一个通用的本体上，该本体就是命名服务的基础。

这一方法是基于元数据目录结构，让我们能够根据通用本体来管理、分配和使用物联网标识。该解决方案会增加额外的成本，即在语义层面上要标注出物联网资源（如对象和服务），这就是我们想要在不同物联网系统之间实现基本语义互操作所要承担的成本。

（三）安全管理与服务技术

Ecode标识发展必须引入加密技术，实现网络应用的机密性、完整性、真实性、抗抵赖性和可控性，避免可信标识身份认证后在应用环节出现安全问题。

1. RPKI 资源公共密钥基础架构

RPKI 是一个专用的 PKI 框架，使用 X.509 证书扩展来传输 IP 路由来源信息。一些需要发布前缀的组织创建了一个路由来源签证（Route Origin Attestation，ROA），其中包括前缀、掩码长度范围和来源独立系统号。这些 ROA 会被发布到全世界，特定的组织可以用一个可验证的授权方式发布指定的 IP 前缀。

RPKI 虽然被全球互联网社群认可，成为增强互联网路由系统的安全基础设施，但新技术的推广和落地更需要为运维人员提供简便灵活的使用工具。目前，全球 IP 地址注册机构已提供基于 RPKI 的 IP 地址授权认证服务；众多的骨干网运营商、国家级互联网交换中心、大型云服务公司也开始使用 RPKI 过滤非法路由通告。

2. IKI 加密技术

IKI（Identity Key Infrastructure）是基于国密算法的标识密钥管理系统，拥有传统非对称密钥的技术优点，降低了部署复杂度，简化了安全应用中数字认证的过程。IKI 的核心是实体标识计算密钥，支持签名验签、加密解密双密钥机制，解决网络信息数据交互中身份认证、数据保密性、数据完整性及行为抗抵赖问题，是符合国家电子签名法、具有自主知识产权的标识密钥管理系统。IKI 在安全与管理之间架起了桥梁，为构建超大规模认证基础设施，实现新一代基于管理的“网际安全”奠定了基础。所使用的加密算法全部采用身份密钥基础设施（IKI）国产密码算法，可以支持国密算法的最新成果；其标识密钥由密钥管理中心通过实体 ID 计算产生的私钥进行签名，一钥一签，从根本上解决了公钥基础设施（PKI）根密钥签名隐患。

IKI 加密技术总体架构如图 2－23 所示。

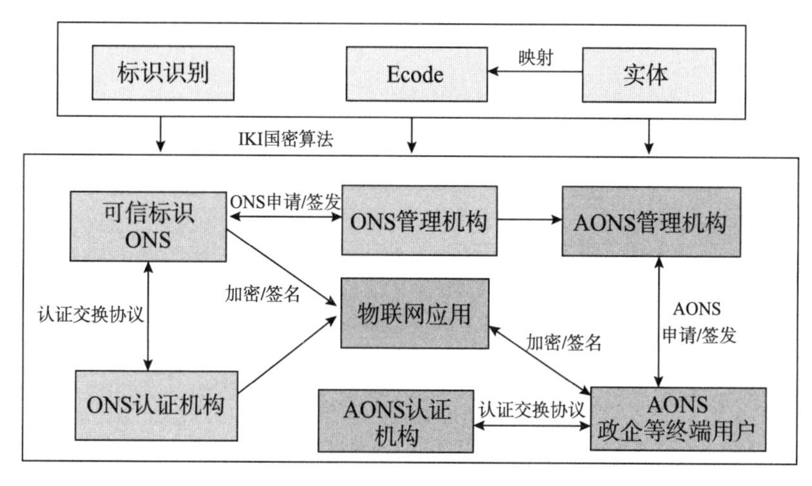

图 2－23　IKI 加密技术总体架构

使用 ONS 作为实体身份标识计算生成，其生命周期可分为申请、更新、恢复、挂起、解挂和吊销状态。根据场景对 ONS 进行申请、恢复、挂起、解挂、认证、更新操作，如图 2 - 24 所示。

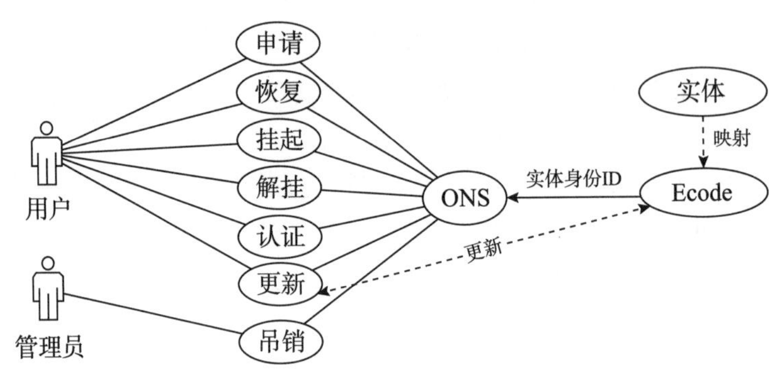

图 2 - 24　ONS 生命周期

Ecode 可引入 IKI 国密技术，形成“物品—实体标识（Ecode）—可信标识（ONS）—应用标识密钥（ANS）”的完整信任链，不仅可以实现网上一品一码及网络凭证的认证，还可以在实体认证完成后为后续网络应用提供可信应用环境，包括基于标识密码的加解密和签名验签。

（四）Ecode 编码技术

1. 编码原理

Ecode 编码数据结构由版本（Version，简称 V）、编码体系标识（Numbering System Identifier，简称 NSI）和主码（Master Data，简称 MD）构成。其中，V 和 NSI 定义了 MD 的结构和长度，由 Ecode 管理机构统一分配；MD 为标识对象代码，由标识对象管理方分配。

2. 编码规则

如表 2 - 10 所示，就编码结构来讲，Ecode 编码是一个三段式的结构，分为通用编码和兼容编码模式，有非常灵活的编码规则可以满足各种应用活动，有了物品的身份证，从而实现物物相联和互联互通。

表 2 - 10　Ecode 的编码结构

物品编码 Ecode			最大总长度	编码字符类型	备注
V	NSI	MD			
1	4 位	≤20 位	25 位	0～9 数字字符	字符集为 0～9
2	4 位	≤28 位	33 位	0～9 数字字符	NSI 的十进制取值为 0000～4096

表 2-10（续）

物品编码 Ecode			最大总长度	编码字符类型	备注
V	NSI	MD			
3	5位	≤39位	45位	V、NSI为数字字符，MD编码字符集	V、NSI字符集为0～9；NSI取值为00000～65536
4	5位	≤47位	53位	V、NSI为数字字符，MD字符集为Unicode字符集	
5～9	预留				
注1：以上4个版本的Ecode依次命名为Ecode-V_1、Ecode-V_2、Ecode-V_3、Ecode-V_4。V和NSI定义了MD的结构和长度。 注2：最大总长度为V的长度、NSI的长度和MD的长度之和。					

3. 载体技术

同一个编码可以用条码、二维码与RFID等不同的载体表示，如图2-25所示。

图 2-25　编码的不同载体表示

一维条码、二维码与RFID各有如下特点。

①一维条码：多用于对物品的标识，技术成熟，价格低廉，几乎“零”成本，应用广泛；

②二维码：多用于对物品的描述，信息量大，有纠错功能，可脱机使用；

③RFID：具有非接触、成批识读等特点，但成本还比较高，技术可靠性还有待提高。

4. 一维条码技术

一维条码可以用多种符号表示，如EAN/UPC条码、ITF-14条码、UCC/EAN-128条码和GS1 DataBar条码。

根据 GB/T 35419—2017《物联网标识体系　Ecode 在一维条码中的存储》，Ecode 的一维条码标识采用 128 条码表示，从左往右依次为左侧空白区、起始符、Ecode 起始符、Ecode 终止符、右侧空白区。符号结构应符合 GB/T 18347—2001《128 条码》。

5. 二维码技术

根据 GB/T 35420—2017《物联网标识体系　Ecode 在二维码中的存储》，Ecode 在二维码中的存储分为两种方式：基本存储结构和 Ecode 解析网址的存储结构，根据应用需要选择其中一种方式。

Ecode 在二维码中存储时，从逻辑结构上依次分为唯一标识区、属性区和用户区。Ecode 在二维码中存储的逻辑分区中唯一标识区为必选，属性区和用户区为可选。

6. RFID 技术

根据 GB/T 35421—2017《物联网标识体系　Ecode 在射频标签中的存储》，射频标签数据采用二进制存储，分段存储于访问控制区、物品标识区、标签标识区、用户数据区 4 个区域。该标准规定了 Ecode 在不同类型射频标签中的存储结构，适用于采用 RFID 标签作为数据载体的 Ecode 物联网应用。

载体体系如图 2 - 26 所示。

图 2 - 26　载体体系

第三章　追溯设备与追溯系统

第一节　追溯设备

一、追溯设备概述

追溯设备（retrospective equipment）是一种通过扫描识读被追溯产品上的条码或其他标识来获取产品追溯相关信息的电子产品。追溯设备是追溯系统实现数据采集的终端产品，通过追溯设备来完成对产品的全程追踪。

1. 种类与用途

追溯设备包括条码识读设备、条码印制设备、射频识别（RFID）读写设备3类。

2. 条码识读设备

条码识读设备从原理上可分为光笔、CCD（电荷耦合器件）和激光3类，从形式上有手持式和固定式两种。一般需要使用驱动的那些识读设备，需要与计算机直接连接，然后在计算机中运行相关的驱动，便可进行条码的读取。

3. 条码印制设备

条码印制设备是一种专门打印条码的打印机，以热为基础，以碳带或热敏纸为打印介质，来完成条码的印制。

4. 射频识别读写设备

按照工作频率的不同，射频识别（RFID）系统可分为低频（LF）、高频（HF）、特高频（UHF）和微波等不同频段的系统，低频与高频系统较成熟，特别适用于非接触采集数据，并可以通过无线局域网、互联网等传送数据。

5. 构造与原理

追溯设备是通过数据识别装置采集被追溯产品上的标识信息，将条码符号或RFID标签所表示的信息，通过光学装置、无线传输单元等，采集到追溯设备中，转换成相应的电子数据信息。条码符号和RFID标签是数据载体，条码识读器和RFID读写器是读取装置。

条码印制设备是指可以将条码生成软件生成的条码符号打印或刻制出来的电子产品。现在大部分条码印制设备可通过USB线与电脑相连进行打印，也有部分条码印制设备可以通过无线网络与电脑相连进行打印，还有些更高级的条码印制设备不仅可以打印普通条码还可以将信息打印在RFID标签的表面上。

6. 适用范围

追溯设备的应用范围非常广泛，主要应用在物流、身份识别、交通、防伪、资产管理、食品、信息统计、图书管理、档案管理和安全控制等方面。

在农产品质量安全追溯系统中，应用RFID设备识读产品上的RFID标签，能够实现非接触远距离采集数据，与条码扫描器相比，效率更高、效果更好。

7. 发展前景

随着自动识别技术的不断发展，追溯设备的小型化、无线化、便捷化是其必然的发展趋势。特别是通过智能手机即可轻松扫描一维条码和二维码，有些手机还可识读NFC（近场通信）标签，取代专用的PDA（掌上电脑），为农产品追溯的普及提供了强有力的技术支撑。

二、条码识读相关设备

（一）条码识读设备

条码识读设备（barcode reading equipment）是用来读取条码信息的电子产品。条码识读设备通过光学系统扫描条码符号，经译码器将条码符号表示的信息还原为计算机数字信息。条码识读设备主要应用于仓储运输、超市销售、产品追溯等。

1. 构造和原理

条码识读设备由扫描系统（扫描器）、信号整形部分、译码部分（译码器）3个部分组成，如图3-1所示。

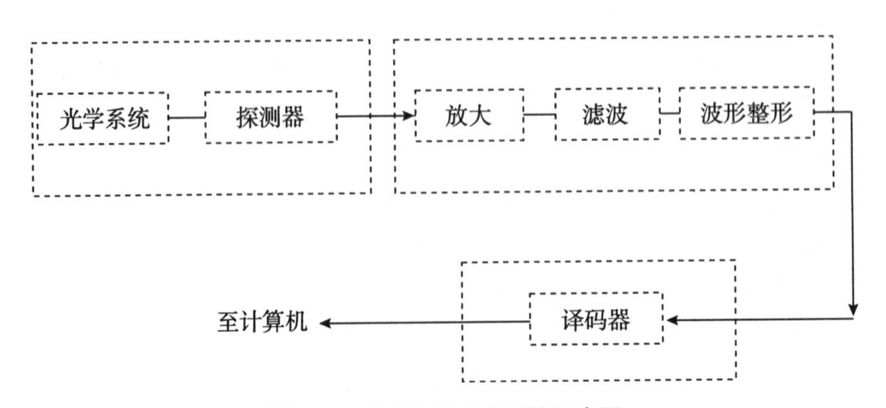

图3-1 条码识读设备结构示意图

2. 扫描系统

由光学系统及探测器即光电转换器件组成。它完成对条码符号的光学扫描，并通过光电探测器，将条码的条空图案的光信号转换成为电信号。

3. 信号整形部分

由信号放大、滤波和波形整形装置组成。它的功能在于将条码的光电扫描信号处理成标准电位的矩形波信号，其高低电平的宽度与条码符号的条空尺寸相对应。

4. 译码部分

一般由嵌入式微处理器组成。它的功能就是将条码的矩形波信号翻译为数据，并将结果通过接口电路输出到条码应用系统中的数据终端。

条码符号的识读涉及光学、电子学和微电子处理器等多种技术。要完成正确识读，必须满足以下几个条件：①建立一个光学系统并产生一个光点，使该光点在人工或自动控制下能沿某一轨迹做直线运动且通过一个条码符号的左侧空白区、起始符、数据符、终止符及右侧空白区。②建立一个反射光接收系统，使其能够接收到光点从条码符号上反射回来的光。同时要求接收系统的探测器的敏感面尽量与光点经过光学系统成像的尺寸相吻合。③要求光电转换器将接收到的光信号不失真地转换成电信号。④要求电子电路将电信号放大、滤波、整形，并转换成电脉冲信号。⑤建立某种译码算法，将所获得的电脉冲信号进行分析和处理，从而得到条码符号所表示的信息。⑥将所得到的信息转储到指定的地方。上述的前四步一般由扫描器完成，后两步一般由译码器完成。

5. 种类

目前市场上常见的条码识读设备可分为激光条码识读设备、CCD 条码识读设备、图像条码识读设备等。

数据采集器按处理方式分为在线式数据采集器和批处理式数据采集器；按产品性能分为手持终端、无线型手持终端、无线掌上电脑、无线网络设备。

6. 应用

在农产品质量安全追溯系统中，要根据不同的应用场景，选择相应的条码识读设备。在一些固定应用的场合，如入库核查、终端销售等，可选用在线式条码识读设备；在一些移动场合，如仓库盘点、货物匹配等，选用无线（局域网）条码识读设备；在室外作业时，如在途运输、田间地头等，选用无线（广域网）数据采集器。应根据实际情况选择激光、CCD、图像式条码识读设备，需要高速扫描识别条码时，选用激光式识读设备，如在快递传送带上连续高速扫描快递单据条码，一般情况下选择 CCD 或图像式识读设备即可。此外，还应综合考虑性价比、应用环境等因素。

7. 发展前景

条码识读设备的小型化、无线化是必然的发展趋势。条码印制技术的发展，也促进了条码识读设备的升级，兼容识读一维条码和二维码已成为条码识读设备的基本选项，手机识读条码拓宽了条码的应用范围。激光蚀刻条码、生产线上快速识读条码等，都需要专用的条码识读设备。

（二）激光条码识读器

激光条码识读器（laser barcode reader）是一种采用激光扫描技术从条码标签上识别和获取数据的电子产品。激光扫描条码识读器由于其独有的大景深区域、高扫描速度、宽扫描范围等突出优点，被大量应用在各种自动化程度高、物流量大的领域。

1. 构造和原理

激光条码识读器一般由光源、光学透镜、扫描模组、模仿数字变换电路和塑料外壳组成。激光条码识读器应用的是激光扫描技术和光学成像数字化技术。激光扫描技术的基本原理是先由激光条码识读器产生一束激光（通常是由半导体激光二极管产生的），再由转镜将固定方向的激光束形成激光扫描线（类似电视机的电子枪扫描），激光扫描线扫描到条码上再反射回激光条码识读器，由条码识读器内部的光敏器件转换成电信号。其工作原理如图 3－2 所示。

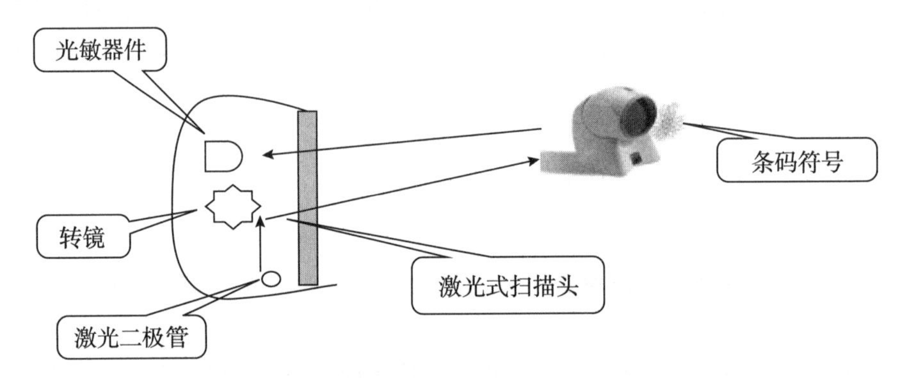

图 3－2　激光条码识读器工作原理

激光式扫描头工作流程如图 3－3 所示。

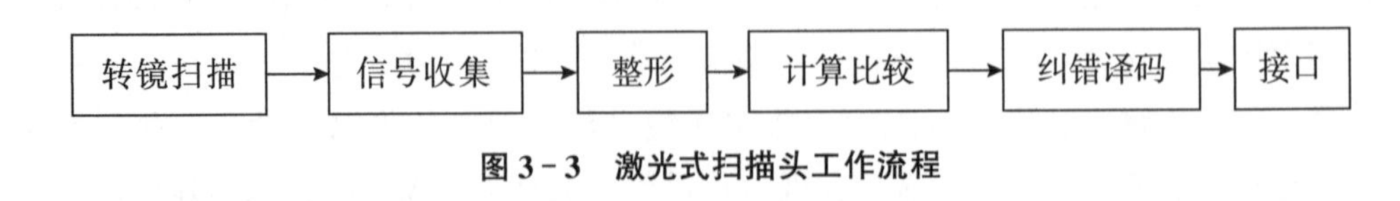

图 3－3　激光式扫描头工作流程

激光扫描识读器的优点是识读距离适应能力强，具有穿透保护膜识读的能力，识读的精度和速度较高。缺点是对识读的角度要求比较严格，而且只能识读层排式二维码（如 PDF417 码）和一维条码。

手持激光扫描器的扫描动作通过转动或振动多边形棱镜等光学装置实现。这种扫描器的外形结构类似于手枪，又称激光枪。手持激光扫描器比激光扫描平台具有方便灵活、不受场地限制的特点，适用于扫描体积较小且对识读率要求不是很高的对象，具有接口灵活、应用广泛的特点。

2. 种类与应用

激光条码识读器按扫码类型可分为一维激光条码识读器和二维激光条码识读器。一维激光条码识读器可以识读标准的一维条码，主要用于超市、商场、仓储等（见图 3-4）。二维激光条码识读器除了可以读取标准的一维条码外，还可以读取二维码，此类设备主要用于超市结账、商场、餐饮、珠宝等（见图 3-5）。

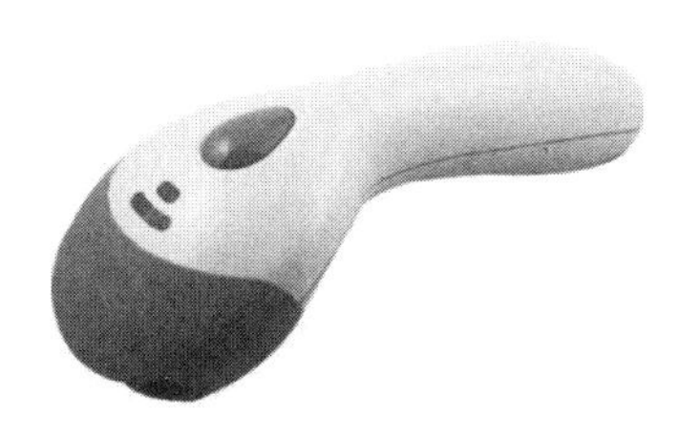

图 3-4　一维激光条码识读器

图 3-5　二维激光条码识读器

激光条码识读器按照扫描方式可分为手持式激光条码识读器和固定式激光条码识读器。手持式激光条码识读器多为一维条码识读器，主要用于收银。固定式激光条码识读器多为二维条码识读器，主要用于自助结账或流水线等场景（见图 3-6）。

图 3-6　固定激光条码识读器

3. 发展前景

随着自动识别技术的发展，激光条码识读设备小型化是必然趋势，便携式、无线式激光条码识读设备在农产品追溯系统中的应用将会越来越多，特别适用于农产品追溯中需要识读追溯条码数量多、工作距离较远的场合。

（三）CCD 条码识读器

CCD 条码识读器（CCD barcode reader）是一种采用电荷耦合装置（Charge Coupled Device，CCD）从条码标签上识别和获取数据的电子产品。CCD 是一种电子自动扫描的光电转换器，也叫 CCD 图像感应器。它可以代替移动光束的扫描运动机构，实现对条码符号的自动扫描。CCD 条码识读器无任何机械运动部件，性能可靠，寿命长；按元件排列的节距或总长计算，可以进行测长；价格比激光条码识读器便宜；可测条码的长度受限制；景深小。CCD 条码识读器主要应用在农产品运输、仓储和销售环节，通过扫描农产品上的条码，记录农产品当时状态，并将信息发送到追溯平台供追溯查询。通常用于固定场所，在线近距离扫描识读条码。

1. 构造和原理

CCD 技术是利用光学镜头成像，转化为时序电路，实现将 A/D 转换为数字信号。CCD 元件采用半导体器件技术制造，通常选用具有电荷耦合性能的光电二极管和 CMOS 电容制成，可将光电二极管排列成一维的线阵和二维的面阵。用于扫描条码符号的 CCD 识读器通常选用一维的线阵，而用于扫描平面图像的通常选用二维的面阵。一维 CCD 的构成如图 3-7 所示。条码符号将光路成像在 CCD 感光器件阵列（光电二极管阵）上，由于条和空的反光强度不同，映在感光器件上，产生的电信号强度也不同，通过扫描电路，把相应的电信号经过放大、整形输出，最后形成与条码符号信息对应的电信号。

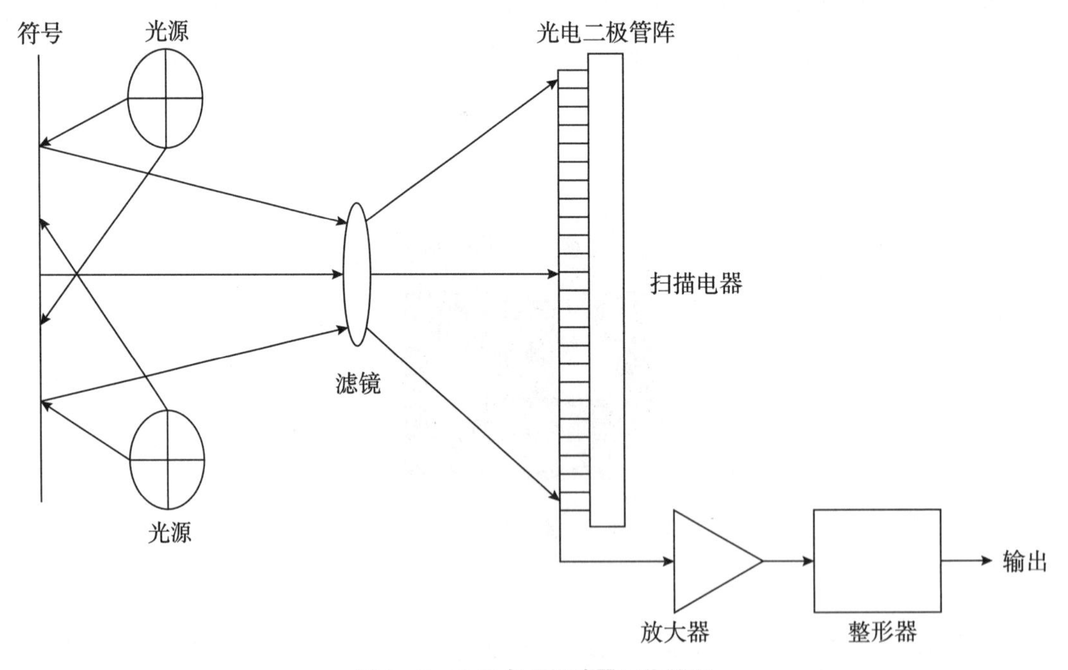

图 3-7　CCD 条码识读器工作原理

2. 主要参数

CCD 条码识读器有两个主要参数：①景深。由于 CCD 条码识读器的成像原理类似于照相机，如果要加大景深，相应的要加大透镜，这样会使 CCD 条码识读器体积过大，不便操作。②分辨率。如果要提高 CCD 条码识读器的分辨率，必须增加成像处光敏元件的单位元素。低档 CCD 条码识读器一般是 512 像素，识读 EAN（European Article Numbering，欧洲商品编码）、UPC（Universal Product Code，统一商品代码）等商品条码已经足够，对于其他码制则较难识读。中档 CCD 条码识读器以 1024 像素居多，有些能达到 2048 像素，能分辨最窄单位元素为 0.1mm 的条码。

3. 种类与应用

CCD 条码识读器包括手持式 CCD 条码识读器和嵌入式 CCD 条码识读器两种。

使用手持式 CCD 条码识读器时，使用者手持条码识读器工作，通过数据线与设备相连接，体积小、质量轻、功耗低，但扫描距离短，主要在商场、超市仓库中使用（见图 3-8）。

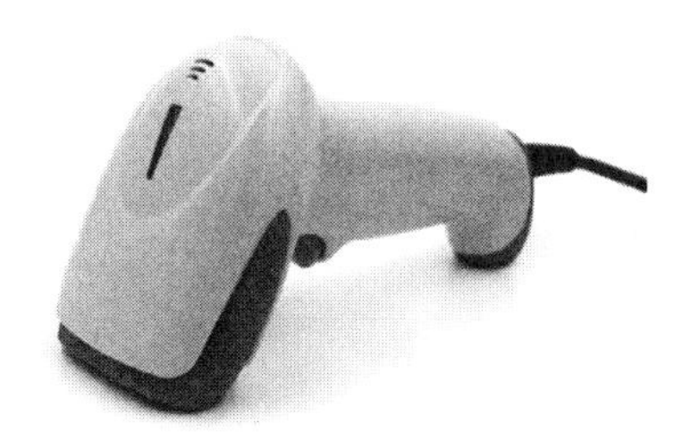

图 3-8　手持式 CCD 条码识读器

嵌入式 CCD 条码识读器是一种智能识别条码的可嵌入设备，企业可以根据自身的业务需要，在设备上嵌入 CCD 条码识读器，使用该设备扫描条码时，识读器不做任何移动，通过人工或其他自动化装置的操作，让条码符号与识读器做相对运动，从而采集到相关数据，多应用于大型的配送中心、超市、仓库等（见图 3-9）。

图 3-9　嵌入式 CCD 条码识读器

4. 发展前景

CCD 条码识读设备具有较好的性价比，适用于大多数室内应用场合，在农产品质量安全追溯中，其价格优势将会持续相当长一段时间。

（四）图像条码识读器

图像条码识读器（image barcode reader）是采用面阵电荷耦合装置（CCD）摄像方式将条形码图像摄取后进行分析和解码的识读设备。可识读一维条码和二维码，主要应用在农产品运输、仓储和销售环节，通过扫描农产品上的条码，记录该产品当时的状态，并将信息发送到监管平台供追溯查询。

1. 构造和原理

图像条码识读器由照明光源、面阵 CCD 传感器、光学透镜、图像处理系统和塑料外壳组成。图像条码识读器通过照明光源发出的扫描光线，照射二维码图像，再反射回面阵 CCD 传感器形成图像，并将图像数据送到嵌入式计算机系统处理。处理的内容包括图像处理、解码、纠错、译码，最后处理结果通过通信接口（如 RS232）送往个人计算机（PC），如图 3－10 所示。拍摄方式的原理如图 3－11 所示。拍摄方式图像传感流程如图 3－12 所示。

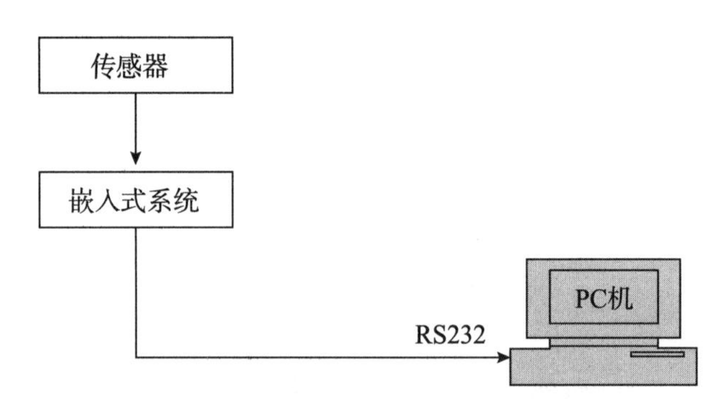

图 3－10　拍摄方式采集器的工作流程

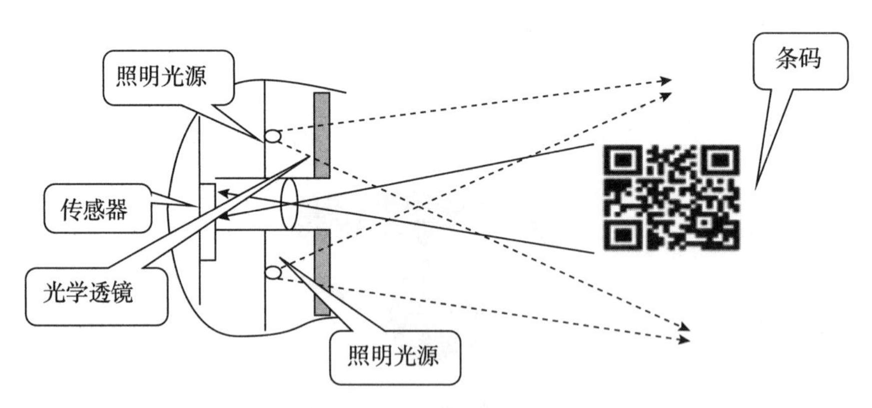

图 3－11　拍摄方式的原理

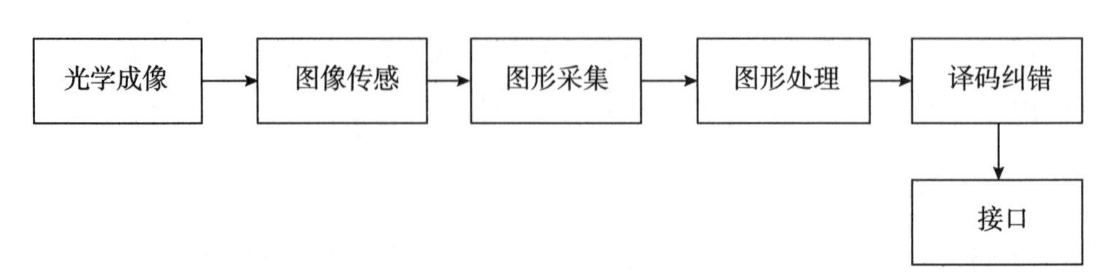

图 3－12　拍摄方式图像传感流程

2. 设备分类

图像条码识读器包括手持式图像条码识读器和桌面式图像条码识读器两种。两种识读器的构造原理是一样的，只是在外观上有所不同。为了方便握持，手持式图像条码识读器做成手枪握柄的形状，可以识别一维条码和二维码，主要应用于超市、商场、仓库等（见图 3-13）。

图 3-13　手持式图像条码识读器

桌面式图像条码识读器有一个固定底座，帮助识读器固定位置，可以读取一维条码和二维码，主要应用于超市、商场、传送带等场所（见图 3-14）。

图 3-14　桌面式图像条码识读器

3. 发展前景

图像条码识读器是高速成像所青睐的技术。高速图像传感器有三大发展趋势，一是向极高速方向发展，二是向片上特性集成方向发展，三是向通用高速图像传感器方向发展。

三、条码印制相关设备

（一）条码印制设备

条码印制设备（bar code printing equipment）是将软件生成的条码符号打印或刻制出

来的电子产品。条码印制设备最常见的就是条码打印机，也称为标签打印机或标签机，是一种以不干胶标签、POSTEK 标签、PET 标签、吊牌、水洗布等为打印介质，能够大量、快速打印条形码（包括流水号）、文字、符号、图片的专业打印设备。追溯中常用的条码印制设备主要有热敏打印机和热转印打印机两种。1971 年，易迈腾（Intermec）公司推出第一台现场条码打印机。条码印制设备可给每件农产品赋予一个单独的条码，通过识别该条码实现农产品质量与安全追溯。

1. 构造和原理

热敏打印机主要由机箱、电源、主板、打印头、接口电路、伺服系统以及人机界面系统组成。机箱和机架的外壳通常由工程塑料或金属制作而成，塑料外壳的条码打印机多用于桌面或商业环境，金属外壳的条码打印机多用于工业或流通领域。主板通常包括进行图形数据处理和变量数据处理的中央处理器（CPU），存储条码打印机的主程序、启动程序、字库的只读存储器（Flash ROM），用于 CPU 和只读存储器信息交互的随机存储器（RAM）内存。内存越大，任务处理的速度越快，响应时间越短。打印头是条码打印机的核心部件，该部件上有一排矩形发热单元。通过控制每一个单元的发热，打印出相应的图形。

热敏打印机和热转印打印机的工作原理基本相似，都是通过加热方式进行打印，统称热式打印机。热敏打印机采用热敏纸进行打印，热敏纸在高温及阳光照射下易变色，用热敏打印机打印的标签在保存及使用上存在一些问题，但因为其设备简单、价格低，广泛应用于打印临时标签。热转印打印机最常见的是所谓“熔解型”的。这种打印机采用热熔性色带，色带采用聚酯薄膜作为带基，表面涂上蜡质固体油墨。印制时，微处理器控制热敏头中的发热体加热，从而使薄膜色带上的热熔性油墨熔化，进而转印到普通纸张上，形成可长期保留的图形。由于热转印技术是通过色带进行印制的，因此，对承印物的要求较低，可以通过热转印技术在各种承印物上印制。

2. 分类与适用范围

条码印制设备基本可以分为通用打印机、专用条码打印机、特殊条码打印机和便携式打印机 4 类。在农产品追溯系统中，广泛使用专用条码打印机打印追溯标签，便携式打印机适用于室外环境下的现场打印或移动打印。

通用打印机即普通办公类打印机，这类打印机又可细分为针式打印机、激光打印机和喷墨打印机。这几种打印机可在计算机条码生成程序的控制下方便灵活地印制出小批量的或条码号连续的条码标识。其优点是设备成本低，打印的幅面较大，用户可以利用现有设备操作。但通用打印机不是为打印条码标签专门设计的，因此使用不太方便，实时性较差。

专用条码打印机主要指热式打印机，包括热敏打印机、热转印打印机、热升华打印机等，因其用途单一、设计结构简单、体积小、制码功能强，在条码技术各个应用领域普遍使用。其优点是打印质量好、速度快、方式灵活，使用方便，实时性强（见图 3-15），主要用于生产企业、物流企业、销售企业等，适用于条码标识要求较高，用量较大的行业。

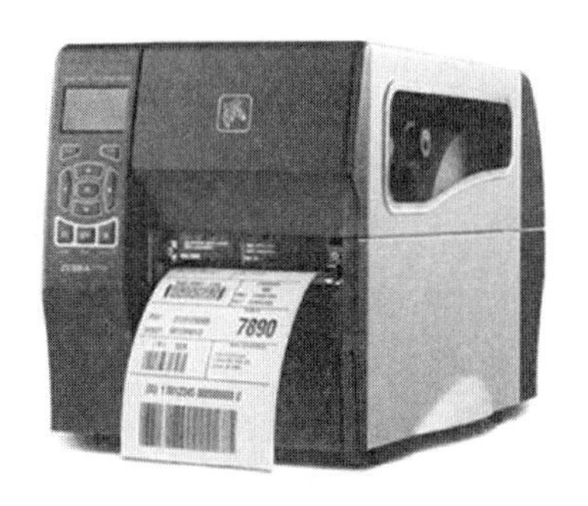

图 3-15　热敏/热转印打印机

特殊条码打印机不是通过一般的印刷技术，而是利用激光蚀刻技术，由激光打码机在经过特殊工序处理的金属铭牌上刻印条码，也可将条码符号直接刻印在金属部件上的高新技术产品（见图 3-16）。

图 3-16　条码雕刻样品

便携式打印机是指体积小巧、易于携带的打印机，主要是为满足用户在移动途中的打印需要而设计（见图 3-17）。

图 3-17　便携式打印机

3. 发展前景

随着条码印制技术的不断发展，条码印制设备不仅可以在工厂、超市、火车站、仓库等场所使用，也可以在田间地头使用。我们把刚采摘的农产品在田间即刻打印条码标签，通过互联网将农产品信息发送到追溯平台，当消费者扫描产品条码时，就能得到该产品的详细信息。通过移动互联网平台，实现远程生成条码，可在任意网络节点印制条码，必将给条码印制设备市场带来一轮新的发展生机。

（二）喷墨打印机

喷墨打印机（inkjet printer）是采用喷墨技术，由计算机控制将条码符号打印到载体上的专用电子产品。按照喷墨头工作方式，喷墨打印机可分为压电喷墨和热喷墨两大类型。喷墨打印机是目前印制产品追溯标签的主流产品，在农产品追溯系统中广泛应用，通过追溯标签上的追溯码，可给每件农产品赋予一个单独的条码，通过识别该条码实现农产品质量与安全追溯。

1. 构造和原理

喷墨打印机一般由墨盒匣、电机、感应器、打印喷嘴、电路板、进纸机构和墨水系统组成。喷墨打印机采用压电喷墨技术，将许多小的压电陶瓷放置到喷墨打印机的打印头喷嘴附近，在电压作用下压电陶瓷发生形变，进而对喷墨孔管路内产生压力，把专用墨水压入振荡盒内，因振荡盒内有一个晶体振荡器，频率大约为每秒 10 万次，使喷嘴喷出的墨水成点。墨水在通过静电区域时，由电脑控制使每个墨点带上一定的电量（墨点在每个位置所需的受电量是不同的），在电场作用下，墨点产生偏移，使每个墨点移至特定位置，形成字符。

热喷墨技术的工作原理是通过喷墨打印头（喷墨室的硅基底）上的电加热元件（通常是热电阻），在 3μs 内急速加热到 300℃，使喷嘴底部的液态油墨气化并形成气泡，该蒸气膜将墨水和加热元件隔离，避免将喷嘴内全部墨水加热。加热信号消失后，加热陶瓷表面开始降温，但残留余热仍促使气泡在 8μs 内迅速膨胀到最大，由此产生的压力压迫一定量的墨滴克服表面张力快速挤压出喷嘴。随着温度继续下降，气泡开始呈收缩状态。喷嘴前端的墨滴因挤压而喷出，后端因墨水的收缩使墨滴开始分离，气泡消失后墨滴与喷嘴内的墨水就会完全分开，从而完成一个喷墨过程。热喷墨技术的工作过程如图 3－18 所示。

2. 应用

喷墨打印机适用于产品追溯、仓储运输管理、超市、贸易出口等领域。在农产品质量安全追溯系统中，主要应用于各类单据的打印。

（三）热式打印机

热式打印机（thermal printer）是通过加热方式，由计算机控制将条码符号印制在载体上的专用电子设备。热式打印机可以分为热敏打印机和热转印打印机。在农产品质量安全追溯中，用于打印产品追溯标签。

1. 热敏打印机

热敏打印机一般由机箱、电源、主板、热敏打印头、接口电路、伺服系统组成。在热

a）初始阶段

b）接受指令后电阻加热，液体被立即蒸发形成蒸汽泡

c）蒸汽泡增至最大，使墨水自喷嘴喷出

d）蒸汽泡破碎，喷嘴恢复至初始状态

图 3-18 热喷墨技术的工作过程

敏打印中，打印的对象是热敏纸。热敏纸是在普通纸上覆盖一层透明薄膜，此薄膜在常温下不会发生任何变化，而随着温度升高，薄膜层会发生化学反应，颜色由透明变成黑色，在 200℃以上高温条件下这种反应仅在几十微秒内完成。

热敏打印机的加热效应是由热敏打印头中的电子加热器完成的。电子加热器也叫热敏片，分厚膜型、薄膜型、半导体型 3 种。热敏片是由多个长方形的小发热体横向排列组成，每个发热体实际是厚膜型热敏电阻，通电即可发热。每个发热体的横向宽度一般为 0.1mm～0.2mm，可以通过驱动电路分别控制。热敏头中除热敏片外还包括驱动电路、选通电路、锁存电路等。热敏打印机通过微处理器控制热敏头，使其根据微处理器提供的数据，通过驱动电路有选择地控制各加热点的通断，各加热点与热敏纸接触，使热敏纸表面得到加热；同时，控制进纸机构，改变加热点与热敏纸接触的位置，即可按存储器中的点阵数据形成所需的图形。

热敏打印机具有结构简单、体积小、成本低等优点。但是，热敏打印机需采用特殊的热敏纸，而热敏纸受热或暴露在阳光下易变色的特点使其不易保存，因此，热敏打印机一般用于室内环境或打印临时标签，如图 3-19 所示。

2. 热转印打印机

热转印打印机一般由机箱、电源、主板、热打印头、色带操作系统、接口电路、伺服系统组成。热转印技术是热传递理论与烫印技术相结合的产物，在打印头控制这一方面与热敏打印技术基本相似，只是与热敏片接触的对象换成了热转印色带。在根据这种技术制造的热转印条码打印机中，最常见的是所谓“熔解型”的热转印条码打印机。这种打印机采用热熔性色带，色带采用聚酯薄膜作为带基，表面涂上蜡质固体油墨。印制时，微处理

图 3-19　热敏打印机

器控制热敏头中的发热体加热，从而使薄膜色带上的热熔性油墨熔化，进而转印到普通纸张上形成可长期保留的图形。由于热转印技术是通过色带进行印制的，因此，对承印物的要求较低，选择不同的色带可以通过热转印技术在各种承印物上印制。人们可以根据用途选用不同的碳带进行打印，例如，蜡基碳带最经济实惠，但是打印的字或图容易被蹭掉，一般打印载体只能是铜版纸；混合基碳带耐刮擦，价格稍贵，打印载体为铜版纸、合成纸、PET（聚对苯二甲酸乙二醇酯）、PVC（聚氯乙烯树脂）等；树脂基碳带耐刮，耐溶剂，耐高温，价格最贵，打印载体为合成纸、PET、PVC 等。

（四）激光打码机

激光打码机（laser printer）是由计算机控制的用激光束在各种不同的物质表面打上永久标记的打印设备，又称激光打标机、激光喷码机。在农产品质量安全追溯中，用于打印产品追溯标签。

1. 构造和原理

激光打码机主要由激光器、激光电源、振镜场镜扫描系统、计算机控制系统、聚焦系统和打码控制软件组成。①激光器是激光打码机的核心配件。根据机型不同，通常有光纤、紫外、二氧化碳（CO_2）、钇铝石榴石晶体（YAG）、半导体等系列激光器。②振镜场镜扫描系统是由光学扫描器和伺服控制两部分组成，是一个高精度、高伺服控制系统。③计算机控制系统是整个激光打码机的控制和指挥中心，同时也是软件安装的载体。通过对声光调制系统、振镜扫描系统的协调控制完成对工件的打码处理。④聚焦系统的作用是将平行的激光束聚焦于一点。⑤打码控制软件用来控制打码参数，调试应用界面，操作打码全部动作。

激光打码机是将激光以极高的能量密度聚集在被刻标的物体表面，通过烧灼和刻蚀，将其表层的物质气化，并通过控制激光束的有效位移，精确地灼刻出图案或文字（见图 3-20）。

2. 适用范围

激光打码机的打印速度非常快，激光功率大，可以在电子元器件、集成电路（IC）、电工电器、手机通信、五金制品、工具配件、精密器械、眼镜、钟表、首饰饰品、汽车配件、塑胶按键、建材、PVC 管材等物品和材质表面打码，标记清晰，不易磨损。激光打

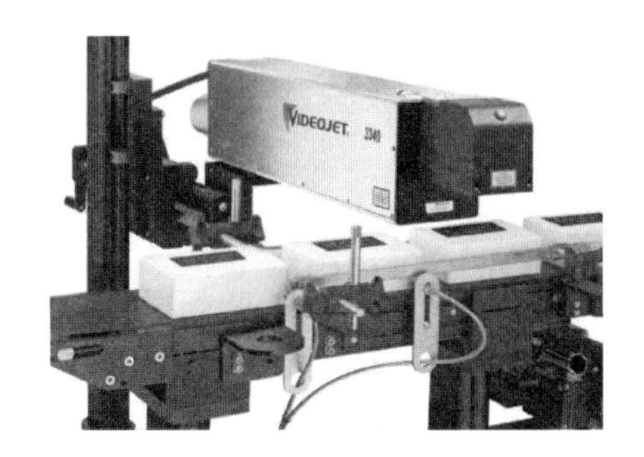

图 3-20　激光打码机

码具有无耗材、标识永久的特点，适合产品追溯、产品召回、仓储、物流、全程供应链管理标记打码。

3. 发展前景

随着激光打码技术的不断发展和成熟，激光打码机使用量逐渐增多。激光打码机作为新兴的激光标记设备，将在标识行业中占据更为重要的位置。未来随着技术水平的不断发展，激光打码机将趋向于小巧型和便携型。

四、射频识别（RFID）读写设备

射频识别（RFID）读写设备是一种通过射频信号自动识别目标对象并获取或写入相关数据的电子产品。射频识别读写设备是将标签中的信息读出，或将所需要存储的信息写入标签的装置。其原理为读写设备与标签之间进行非接触式的数据通信，达到识别目标的目的。根据使用的结构和技术不同，射频识别读写设备可以是识读或写入装置。射频识别读写设备具有适用性、高效性和唯一性的特点。射频识别技术被广泛应用于物流、交通、身份识别、防伪、资产管理、视频安全和信息统计领域。在农产品质量安全追溯中，用于识别目标对象并获取或写入追溯数据。

1. 构造和原理

射频识别读写设备的基本构成通常包括收发天线、频率产生器、锁相环、调制电路、微处理器、存储器、解调电路和外设接口。射频识别读写设备在一个区域内发送射频信号形成电磁场，区域的大小取决于发射功率。在射频识别读写设备覆盖区域内的标签被触发，发送存储在其中的数据，或根据阅读器的指令修改存储在其中的数据，并能通过接口与计算机网络进行通信。

射频信号是通过调成无线电频率的电磁场，把数据从附着在物品的标签上传送出去，以自动辨识与追踪该物品。某些标签在识别时从读写器发出的电磁场中就可以得到能量，无须电池供电；也有的标签本身拥有电源，并可以主动发出无线电波（调成无线电频率的电磁场）。标签包含了电子存储的信息，数米之内都可以识别。与条码不同的是，射频标签不需要处在读写器视线之内，也可以嵌入被追踪物体之内，识别过程如图 3-21 所示。

每个标签都有唯一的电子代码，系统对识读到的代码进行判断，即可与标签所在物品一一对应，广泛应用于各种产品追溯系统中。

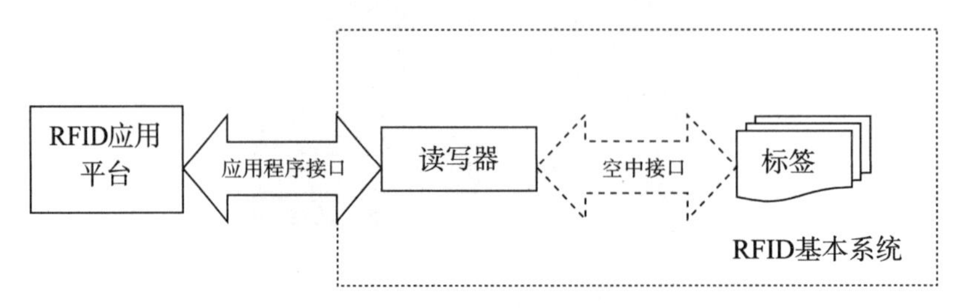

图 3-21 射频识别过程

2. 分类与应用

射频识别（RFID）读写设备按应用频率的不同分为低频（LF）、高频（HF）、超高频（UHF）等。相对应的代表性频率分别为低频 135kHz 以下、高频 13.56MHz、超高频 860MHz～960MHz。

射频识别（RFID）读写设备按照能源的供给方式分为无源、有源、半有源 3 种。无源射频识别读写设备读写距离近，价格低；有源射频识别读写设备可以提供更远的读写距离，但是需要电池供电，成本要更高一些，适用于远距离读写的应用场合。

射频识别标签被粘贴在需要识别或追踪的物品上，如货架、汽车、自动导向的车辆、动物等，也可用于交通运输（汽车和货箱身份证）、路桥收费、保安（进出控制）、自动生产和动物标识等方面。其他应用包括自动存储和补充、工具识别、人员监控、包裹和行李分类、车辆监控和货架识别。在农产品质量安全追溯系统中，由于电子标签能够无接触地快速识别，在网络的支持下可以实现对附有 RFID 标签的农产品跟踪，并可清楚了解到农产品的移动位置。

低频射频识别读写设备是通过电感耦合的方式进行工作的，也就是在读写器线圈和感应器线圈间存在着变压器耦合作用。通过读写器在感应器天线中感应的电压被整流，可作供电电压使用。低频射频识别读写设备的工作频率为 120kHz～134kHz。除金属材料影响外，一般低频能够穿过任意材料的物品而不缩短读取距离。低频读写设备在全球没有任何特殊的许可限制。低频读写设备相对于其他频段的设备数据传输速率比较慢（见图 3-22）。

高频射频识别读写设备的工作频率为 13.56MHz，该频率的波长大约为 22m。除了金属材料外，该频率的波长可以穿过大多数材料。该频段在全球都得到认可并没有特殊的许可限制，能够产生相对均匀的读写区域，可以同时读取多个电子标签，可以把某些数据信息写入标签中。数据传输速率比低频要快，价格适中（见图 3-23）。

超高频射频识别读写设备的工作频率为 860MHz～960MHz，具有能一次性读取多个标签、穿透性强、可多次读写、数据的记忆容量大等特点。超高频射频识别系统通过电场

图 3 - 22　低频射频识别读写设备

图 3 - 23　高频射频识别读写设备

传输能量。该频段读取距离比较远，无源可达 10m 左右，主要是通过电容耦合的方式实现自身短暂供电。超高频段的电波不能通过许多材料，特别是金属、液体、灰尘、雾等悬浮颗粒物质，环境对超高频段的影响很大。该频段有较好的读取距离和较高的数据传输速率，在很短的时间内可读取大量的电子标签（见图 3 - 24)。

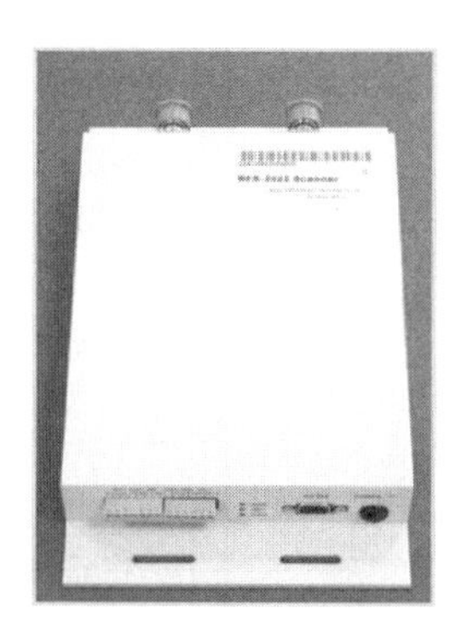

图 3 - 24　超高频射频识别读写设备

3. 适用范围

射频识别读写设备在网络的支持下可以实现对附有射频识别标签的产品跟踪，并可清楚地了解物品的移动位置。通过射频识别读写设备可以实现农产品生产智能化追溯管理。在种植大棚中增加射频识别温湿度传感设备，当大棚中温湿度过低或过高时，设备可以自动发出信息，告知管理人员，并可以自动通过相应设备进行调节，可实现射频识别的地标自定义编码和站点信息管理。在产品追溯系统中，射频识别读写设备适用于对被追溯产品的数据自动采集，还可应用于仓库资产管理、供应链自动管理以及医疗等领域。

4. 发展前景

随着射频识别技术的理论不断丰富和完善。单芯片电子标签、多电子标签识读、无线可读可写、无源电子标签的远距离识别、适应高速移动物体的射频识别技术与产品正在成为现实并走向应用。射频识别技术作为物联网发展的关键技术之一，其应用前景可期。

五、射频识别（RFID）标签

射频识别（RFID）标签由耦合元件及芯片组成，具有信息存储功能、能接收读写器的电磁场调制信号并能返回响应信号的标牌。每个射频识别标签具有唯一的电子编码，附着在物体上标识目标对象。在农产品质量安全追溯中，可以对农产品进行有效的信息标识，借助信息技术进行数据采集、分析和处理。

1. 构造和原理

射频识别标签进入磁场后，接收到射频识别系统发出的射频信号，凭借感应电流所获得的能量发送出存储在芯片中的产品信息（Passive Tag，无源标签或被动标签），或者主动发送某一频率的信号（Active Tag，有源标签或主动标签）；待射频识别系统读取标签发出的信息并解码后，发送至中央信息系统进行数据处理。

射频识别标签一般由天线、调制器、编码发生器、时钟及存储器组成，如图 3－25 所示。

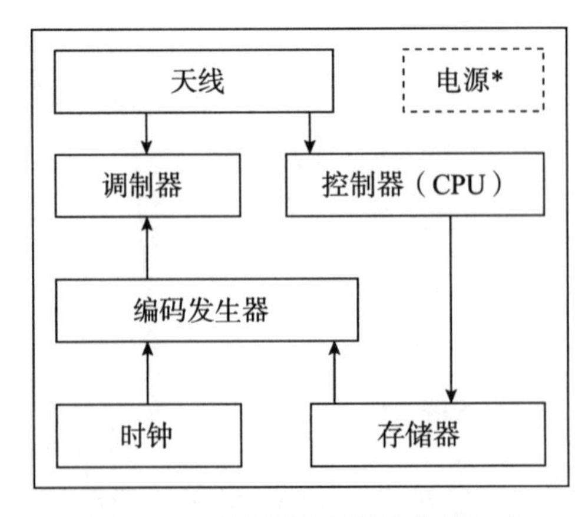

图 3－25　射频识别标签构造示意图

时钟把所有电路功能时序化，以使存储器中的数据在精确的时间内传输至读写器，存储器中的数据是应用系统规定的唯一性编码，在标签安装在识别对象（如集装箱、车辆、动物等）前就已写入。数据读出时，编码发生器把存储器中存储的数据编码，调制器接收由编码发生器编码后的信息，并通过天线电路将此信息发射/反射至读写器。数据写入时，由控制器控制，将天线接收到的信号解码后写入存储器。

2. 分类

射频识别标签可分为有源追溯标签和无源追溯标签。有源追溯标签又称主动标签，标签的工作电源完全由内部电池供给，同时标签电池的能量也部分地转换为电子标签与阅读器通信所需的射频能量。无源追溯标签本身不带电池，依靠阅读器发送的电磁能量工作。

射频识别标签还可以按照工作频率分为低频射频识别标签、高频射频识别标签和超高频射频识别标签等。

低频射频识别标签一般为无源追溯标签，其工作能量通过电感耦合方式从阅读器耦合线圈的辐射近场中获得。标签与阅读器之间传送数据时，需位于阅读器天线辐射的近场区内。低频射频识别标签的阅读距离一般小于 1m。低频射频识别标签的典型应用有产品追溯、动物识别追踪、容器识别、工具识别、电子闭锁防盗（带有内置应答器的汽车钥匙）等。低频射频识别标签有多种外观形式，应用于动物识别的有项圈式、耳牌式（见图 3－26)、注射式、药丸式等。

图 3－26　低频射频识别标签（耳牌式）

高频射频识别标签一般也是通过电感（磁）耦合方式从阅读器耦合线圈的辐射近场中获得工作能量。标签与阅读器进行数据交换时，必须位于阅读器天线辐射的近场区内。高频射频识别标签天线设计相对简单，一般制成标准卡片形状，应用在产品追溯、电子车票、电子身份证等领域（见图 3－27)。

图 3－27　高频射频识别标签

超高频与微波频段的射频识别标签，简称微波电子标签，其典型工作频率为：

433.92MHz、862（902）MHz～928MHz、2.45GHz、5.8GHz。微波电子标签可分为有源标签与无源标签两类。工作时，标签位于阅读器天线辐射场的远区场内，标签与阅读器之间的耦合方式为电磁耦合方式。阅读器天线辐射场为无源标签提供射频能量，将有源标签唤醒。相应的无线射频识别系统阅读距离一般大于1m，典型情况为4m～7m，最大可达10m以上。阅读器天线均为定向天线，只有在阅读器天线定向波束范围内的微波电子标签可被读/写。微波电子标签的典型应用包括产品追溯、移动车辆识别、电子身份证、仓储物流应用等（见图3-28）。

图3-28 超高频射频识别标签

3. 适用范围

射频识别标签以标牌形式存在，标签被粘贴在需要识别或追踪的物品上，如货架、汽车、动物等。由于射频识别标签具有可读写能力，对于需要频繁改变数据内容的场合尤为适用。射频识别标签能够在人员、地点、物品和动物上使用。

射频识别标签能够无接触地快速识别，在网络的支持下可以实现对附有射频识别标签物品的跟踪，并可清楚地了解物品的移动位置。在供应链自动管理领域，射频识别标签可用于货架、出入库管理、自动结算等各个方面。

4. 发展前景

随着物联网的发展，射频识别标签在未来会得到更加广泛的应用，如酒业、药品、服装等制造业。特别是随着射频识别标签价格的下降，将给零售、物流等产业带来革命性的变化。

第二节 追溯系统建设

一、产品追溯系统主要特征

产品追溯系统包含以下两层含义：一方面是产品质量相关信息的追踪，即对于生产过程中主要环节的信息进行记录存档；另一方面是产品质量相关信息的溯源，即能够根据产品生产记录信息逆向回溯到产品的源头，如图3-29所示。

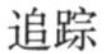

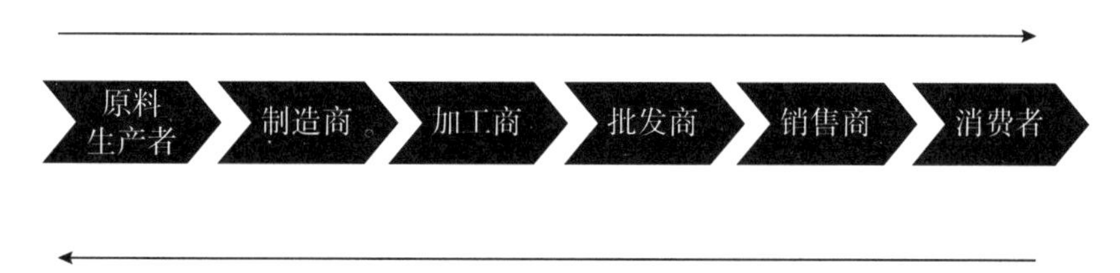

溯源

图 3-29　供应链上“追溯”的内涵

1. 追溯性质划分

站在产品制造商角度，产品追溯系统可以分为外部可追溯系统和内部可追溯系统，如图 3-30 所示。外部可追溯系统关注产品从供应链的一个环节转移到下一环节的相关信息，内部可追溯系统建立在产品制造商内部，更加关注的是从原材料采购到形成最终产品全过程的信息可追溯。外部追溯系统的产品信息源始于内部追溯系统的产品信息尾。

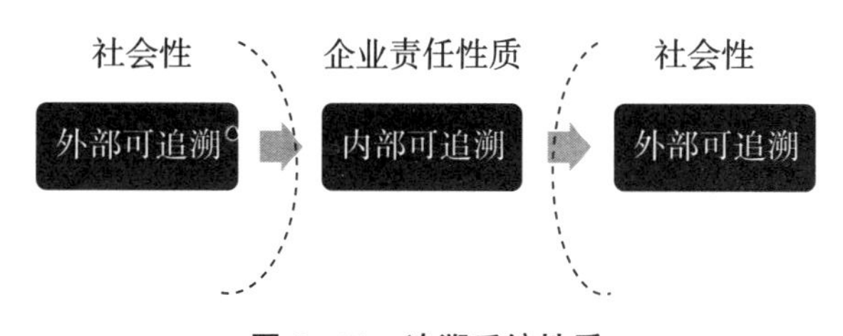

图 3-30　追溯系统性质

内部可追溯一般是针对企业而言的，与企业内部的管理系统相联系，而外部可追溯则是消费者以及监管部门较为关注的。与此相对应的追溯系统的性质也可分为两类，一类是社会性的追溯系统，另一类是企业责任性质的追溯系统。而消费者较为关注的是社会性追溯系统提供的追溯信息，同时，社会性的追溯是以完善的企业性的追溯为基础的。

2. 追溯模式分析

按照马士华教授的观点，供应链是围绕着核心企业，通过对信息流、物流、资金流的掌控，从原材料采购开始，产成中间产品以及最终产品，最后经由销售渠道网络把产品送到消费者手中的将供应商、制造商、分销商、零售商直至最终用户连结成一个整体的功能网链结构模式（见图 3-31）。

供应链由联盟内所有的节点企业组成，内有一个核心企业，节点企业在需求信息的指引下通过供应链的职能分工与协作（生产、分销、零售等），以资金流、物流或服务流为中介实现整个供应链的价值。

从马士华教授的观点可以看出，供应链的流程是围绕核心企业进行的，当选择不同的节点企业为核心企业时，可以形成不同阶段的供应链。整个流程是产品的供应链，当在不

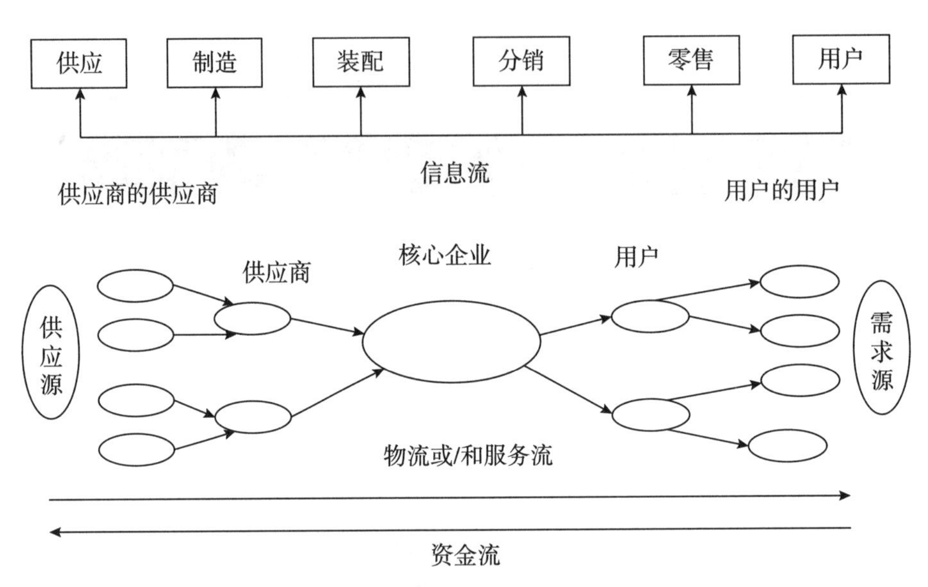

图 3-31　以制造业为核心企业的供应链示意图

同阶段选取核心企业时，又可以形成多个供应链阶段，而且供应链节点企业在不同供应链阶段扮演着不同的角色。从图 3-31 可以看出，该供应链以制造商为核心企业，由于每个阶段都有新的产品形成，因此，这里的制造商主要指每个阶段产品的制造源。在供应链的最后阶段的终端消费者，在整个供应链中扮演着需求源的角色。以下以马士华教授的供应链理论为基础，以供应链不同阶段企业的多重角色为依据，讨论两种不同的产品追溯系统模式：点对点追溯模式和贸易追溯模式。

二、点对点追溯模式

点对点追溯即由消费者（需求源）追溯到该阶段产品制造商（制造源）的过程，目的是找出该阶段产品的原产地的过程（这里我们定义，某个阶段的产品的制造商为该阶段产品的原产地）。如图 3-32 所示，黑色箭头代表追踪，红色箭头代表溯源，浅色圆点代表节点企业，深色圆点代表核心企业。本模式将不同阶段的制造商（制造源）作为核心企业。在供应链阶段 N 中，终端消费者是终端产品最终达到了消费者手中，到此为止，商品停止流通，消费者通过追溯，能够追溯到该终端产品的制造商 A（阶段 N 的产品的制造源），而且从供应源到消费者中间的任何节点企业也能够追溯到该产品的制造商 A（阶段 N 的产品的制造源），这属于点对点追溯。在供应链阶段 M 中，阶段 N 中的制造商成为了阶段 M 的需求方，代表了需求源的角色，通过追溯，能够追溯到该阶段产品的制造商 B（阶段 M 的产品的制造源），其中，处于该阶段的供应源和需求源中间的任何节点企业也能够追溯到该阶段的制造商（阶段 M 的产品的制造源）。以此类推，整个产品的供应链都能实现这样的追溯，这就是点对点追溯。

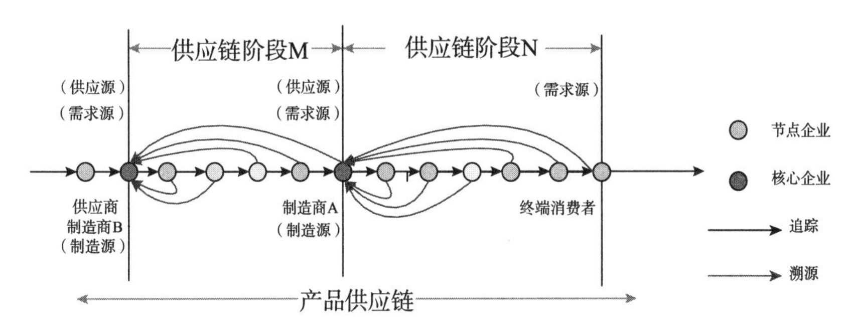

图 3-32 点对点追溯模式

三、贸易追溯模式

贸易追溯模式是指追溯请求者通过追溯系统能够追溯到该产品责任主体的过程，这里的贸易追溯模式主要满足以下两点要求：①产品的所有权发生改变；②产品质量的责任主体发生变更。对于一般的供应链而言，产品在贸易过程中，只要按照合同的要求，相关款项等要素已交付完毕，合同已经生效，那么产品的所有权就发生了改变，在整个过程中，所有权的改变是随着贸易合同的执行而转移的，而且，其中存在两种不同的属性：①所有权改变，产品质量的责任主体未变更；②所有权改变，产品质量的责任主体也发生了变更。

贸易追溯模式一如图 3-33 所示。该图以马士华教授的供应链理论为基础，该模式是为了找出不同阶段的产品质量责任主体，因此，以多级供应商的多级供应链的某个阶段 P 为对象，以制造商 1 为阶段 P 中的核心企业，其中黑色箭头代表追踪，红色箭头代表溯源，浅色圆点代表节点企业，深色圆点代表核心企业。在多级供应链中，供应商有多个，这些供应商将从不同的上级供应商购买原材料提供给制造商，当贸易合同生效后，该产品的所有权发生变化，产品从供应商转移到制造商，制造商由于要对该产品进行加工生产制造，因此，产品制造商是这个阶段产品的质量责任主体。此时，作为产品制造商承担了双重责任：产品的所有者和产品的质量责任主体。当产品制造商将该产品卖给下游节点企业，如分销商，贸易合同生效后，该产品的所有权转移到了分销商，但是由于分销商只是对原产品进行销售，产品的质量责任主体并未改变，仍是产品制造商。因此，当分销商将物品卖给下一个节点企业或者消费者，该节点企业或者消费者提出追溯请求，并进行追溯时，那么该追溯能够追溯到的质量责任主体始终是产品制造商，供应链上的其他节点企业并不承担产品的质量责任。即使该产品经过制造商 2 进入到供应链下一个阶段 P+1，制造商 2 及其后面的节点企业只是进行产品的销售，那么该产品的质量责任主体仍然是制造商 1。目前，国内产品追溯系统建设较为成功的均为这种模式。

以药品追溯为例，不同的药材供应商提供药材给制药企业，贸易合同生效后，药材的所有权已经转移到制药企业。制药企业负责将药材加工生产制造成药品销售。只要企业对

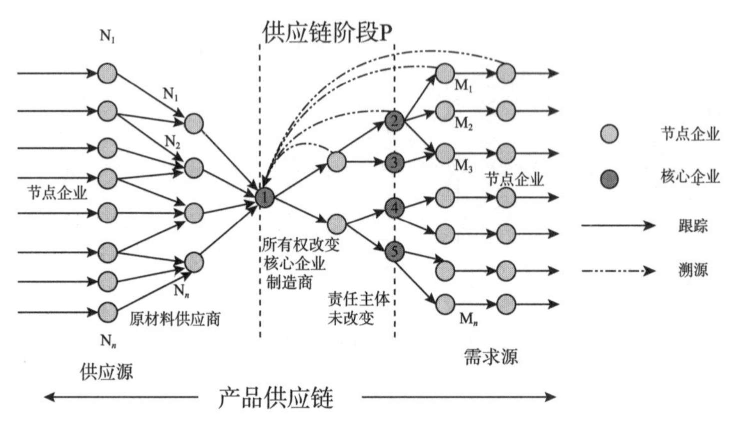

图 3-33 贸易追溯模式一

药品质量起着关键作用，该阶段药品的质量责任主体是制药企业。当药品从制药企业出厂并销售给零售药店时，贸易合同生效后，药品的所有权转移至药店，药店只是卖药，并非药品的质量责任主体，一旦消费者提出追溯请求并进行追溯时，只能追溯到药品的责任主体——制药企业。

在肉类蔬菜追溯中，虽然产品所有权从养殖转移到加工再转移到批发又转移到商店，但是人们始终将产品的质量责任主体锁定在菜农或养殖场。

贸易追溯模式二如图 3-34 所示。该图以图 3-33 为基础，该模式仍以制造商 1 为阶段 P 中的核心企业，制造商 2 为 P+1 阶段的核心企业。制造商 2 从其上游采购产品，当贸易合同生效后，该产品的所有权发生变化，产品所有权转移到制造商 2。制造商 2 由于要对产品进行深加工或重新组配或再生产，例如，将不同制造商的同一产品再次包装，形成新的包装单元；又如，将不同制造商的不同产品加工后组装，形成新的产品单元。因此，制造商 1 是 P 阶段产品的质量责任主体，产品制造商 2 是 P+1 阶段产品的质量责任主体。

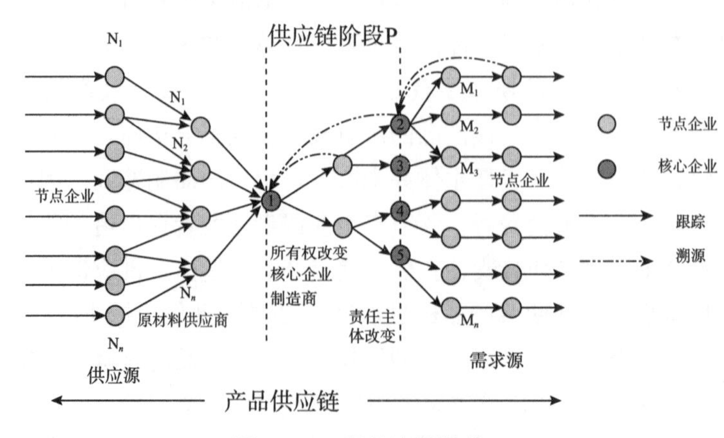

图 3-34 贸易追溯模式二

在中药材追溯中，同一种药材由不同的药农采摘并售给药材交易市场，药材交易市场对采购到的药材没有进行任何处理，直接售给了中药制药企业，这批中药材的质量责任主体就是药农。在实际工作中，药材交易市场有时必须将采购到的药材再次包装，如打成50kg的同一包装，在这一包装中的药材可能采购自不同药农，虽然仍然是同一药材，但是由于再次包装后无法区分产品的供应商，在界定质量责任主体时就只能认定药材交易市场为责任主体。在国内产品追溯系统建设中，“经营者”一般就是指这种情况。同理，当不同的中药材进入到某一中药制药企业后，经过加工提炼出一种新的中成药，一般意义上我们可以理解成是供应链的下一阶段，该中成药的质量责任主体一定是中药制药企业。即使可能是其中某一中药材有问题，也应该由中药制药企业先行承担质量责任，再由其溯源至药农或药材交易市场。

值得一提的是，所谓的贸易追溯模式，只是以供应链上的主要节点企业为对象，并未涉及运输、仓储等物流作业环节。运输、仓储主要是起到产品交通运输或储存作用，特别是交由第三方物流公司完成时，主要是通过物流服务合同条款予以约束，物流企业并非产品的质量责任主体。就现实中的运输、仓储来看，肯定会对产品的质量产生影响，特别是冷链物流的产品，如鲜鸡蛋、乳制品等，这些物品在运输和仓储时，必须保证适宜的温度，如果温度过高就可能损害物品的质量。所以，一个完整的追溯系统也应该考虑到供应链中物流企业的责任。本书讨论的追溯系统模式仅仅基于供应链上参与贸易企业的局限性，今后还有待进一步提出包含物流等服务性企业在内的更加全面的产品追溯系统模式。

四、系统价值链分析

单纯从追溯的功能上看，它可以实现多种目的，如支持产品安全和（或）质量，满足顾客要求，确定产品的来历或来源，便于产品的撤回和（或）召回，识别责任组织，验证有关产品的特定信息，与利益相关方和消费者沟通信息，提高组织的效率、生产能力和盈利能力，满足当地、区域、国家或国际法规政策等。不同的企业实施追溯时，会根据具体的追溯目标，确定需要记录的追溯信息，并确定信息的保存和链接方式，从而采用与之相适应的运行模式。

目前市场上已建立的追溯系统中有的是以企业为主导，有的是政府或主管部门为了加强监管建立的，以下对两种不同的主导模式进行分析。

我们仍以马士华教授对供应链的定义为前提，以一个单一的供应链、一个核心企业为基础的供应链为对象，介绍两种不同部门主导的追溯模式：一种是以企业为主导的追溯模式，另一种是以政府为主导的追溯模式。

两种模式图是一个单一的完整的供应链，在这条供应链中存在着一个核心企业——制造商，并在以制造商为主体的供应链上存在着种植养殖户、批发商、加工商、运输商、分销商、零售商直到终端消费者的完整的供应链流程。在该供应链流程中，存在着正向、逆向及双向流动的物流、资金流和信息流等。

1. 企业主导的追溯模式

企业主导的追溯模式是指企业在追溯中是主导部门，信息的跟踪和溯源是通过企业间的信息系统实现信息的提取和共享的，并通过企业间的信息系统实现整个链条的信息的追溯以及信息追溯者的要求。如图 3－35 所示为企业主导的追溯模式，具体追溯流程如下：当消费者提出追溯请求时，向供应链上游企业零售商发出追溯请求，零售商根据自己的信息系统查询，之后再向上游企业提出追溯请求，以此类推，直至追溯到原料地，追踪则是与溯源是逆向的过程。在追溯中，企业都是根据自己的信息系统，逐级向上游企业发出追溯请求，然后再将信息反馈给追溯请求者，这种追溯系统完全是由企业自己管理的，属于企业主导的追溯模式。

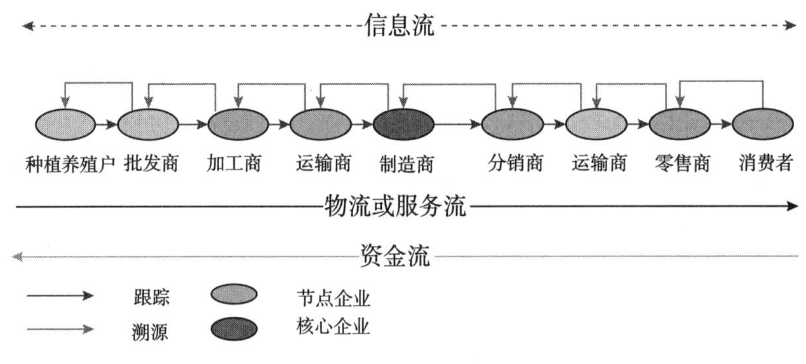

图 3－35　企业主导的追溯模式

2. 政府主导的追溯模式

政府主导的追溯模式是指政府在追溯中起着主要的监管作用，供应链上的节点企业都将信息提供给追溯的子系统平台，子系统在中央公共平台上聚集，实现信息的完整有效的收集和提取。追溯子系统和中央平台都是政府在监管。如图 3－36 所示，在追溯者发出追溯请求时，节点企业在接到追溯请求后，不能在自己的信息系统中进行信息的提取，而必须通过向子系统发出请求（子系统将追溯请求向中央平台申请），审核通过后，中央平台再将追溯请求下发到子系统，子系统将信息及时有效地提供给下游的子系统，同时，将相关信息保存到中央平台。类似追溯流程，直到实现从消费者到原料制造商的全流程的追溯。同时，供应链上的任何节点企业都可能是追溯请求者，具体流程仍和上述流程类似，而追踪的过程则是与溯源逆向的过程，但是信息的提取和交互仍必须经过政府的子系统和中央平台。这种主导模式，政府起着举足轻重的作用，一方面，审核追溯请求，各个企业在得到追溯请求者的要求时，必须向子系统查询，得到政府相关部门的获准，才能获取信息；另一方面，必须对信息进行监管和保存，并保证信息的及时有效。这也是我国主要的追溯模式。

不同主体建立的产品追溯系统所关注的价值并不相同，其价值链模式示例如图 3－37 所示。

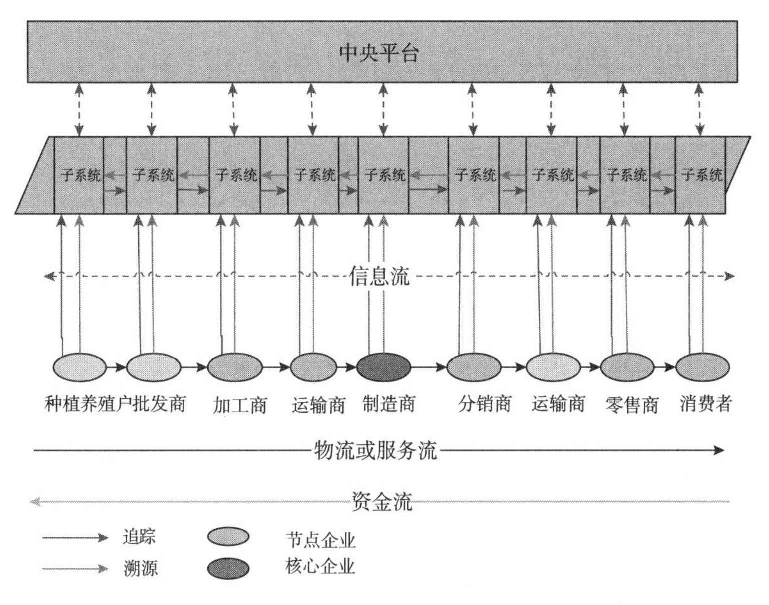

图 3－36　政府主导的追溯模式

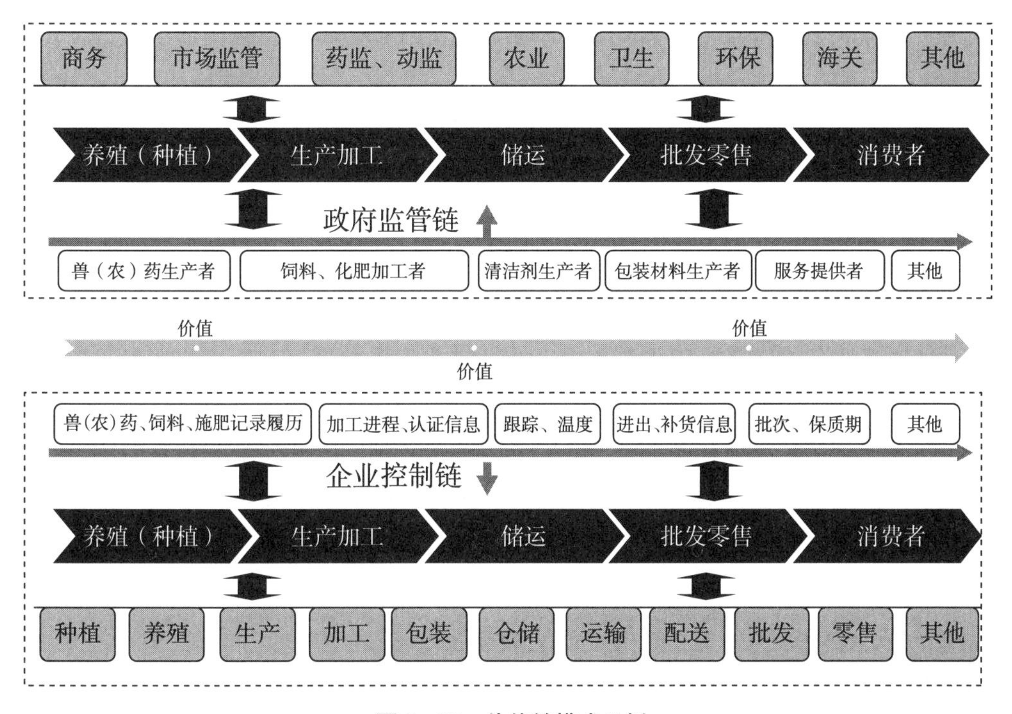

图 3－37　价值链模式示例

不同主体出于不同目的建立的产品追溯系统，对系统的目标要求不同，所能提供的价值也有所差异。

第三节　编码标识在追溯系统建设中的应用

近年来，产品质量与安全事件的不断发生严重威胁着人们的身体健康与安全，而建立完整的产品追溯体系是有效解决这类问题的必要手段。对于企业而言，产品追溯系统能解决其生产经营过程中的质量管理问题，有助于企业提高产品质量，提升客户满意度。对于社会而言，追溯系统的广泛应用可以有效实现产品质量监管，防止产品质量问题对社会造成不良影响。而在产品追溯系统中，为了能唯一地标识各个产品，就需要对产品的追溯码进行编写，因此要用到物品编码标识体系的相关知识。

一、单一产品追溯系统编码标识分析

在产品追溯系统中，有一类是具有很强区域性的针对特定的单一产品的追溯系统。这种产品追溯系统由于品种单一，所以产品追溯编码与标识较为简单。而这类追溯系统中，由新疆标准化研究院主持建立的新疆哈密瓜追溯系统已经开始运营并且较为成熟，以下我们就对哈密瓜追溯系统编码标识进行分析。

新疆哈密瓜追溯系统依据新疆维吾尔自治区地方标准《农产品追溯编码及标识应用规范》，采用 GS1 系统提供的用于供应链中标识物品和服务的一个完整的编码及标识体系，对哈密瓜的生长、检验、包装、储藏及零售等供应链环节的信息进行标识并实现无缝链接，一旦哈密瓜出现质量安全问题，可以通过这些标识进行追溯，准确地缩小问题范围，查出出现问题的环节，及时妥善处理。

哈密瓜质量安全追溯信息系统以水果初级产品为研究对象，以企业为基本模式，运用国际通用的 UCC/EAN－128（34 位）条码技术，从生产企业、消费者的不同角度设计该系统。哈密瓜质量安全追溯信息系统以企业为基本单位进行管理和配置，并保存在企业端数据库中，同时各企业端定期上传数据到追溯中心数据库；在产品包装时，通过一定的编码规则，生成带有产品档案信息的条码；产品进入市场的同时，完整的档案数据已经在追溯中心数据库中形成；消费者买到带有条码的水果产品时，可以通过质量追溯系统中的网站、超市扫描机等不同平台输入追溯码，即可实现产品追溯。

1. 追溯系统流程

消费者可以通过追溯平台得到所购买哈密瓜的一些相关信息，追溯流程见图 3－38。

消费者登录追溯系统的页面平台后，追溯页面截图见图 3－39。

该追溯平台的企业登录界面见图 3－40。

通过点击“哈密瓜”，得到的哈密瓜追溯查询界面见图 3－41。

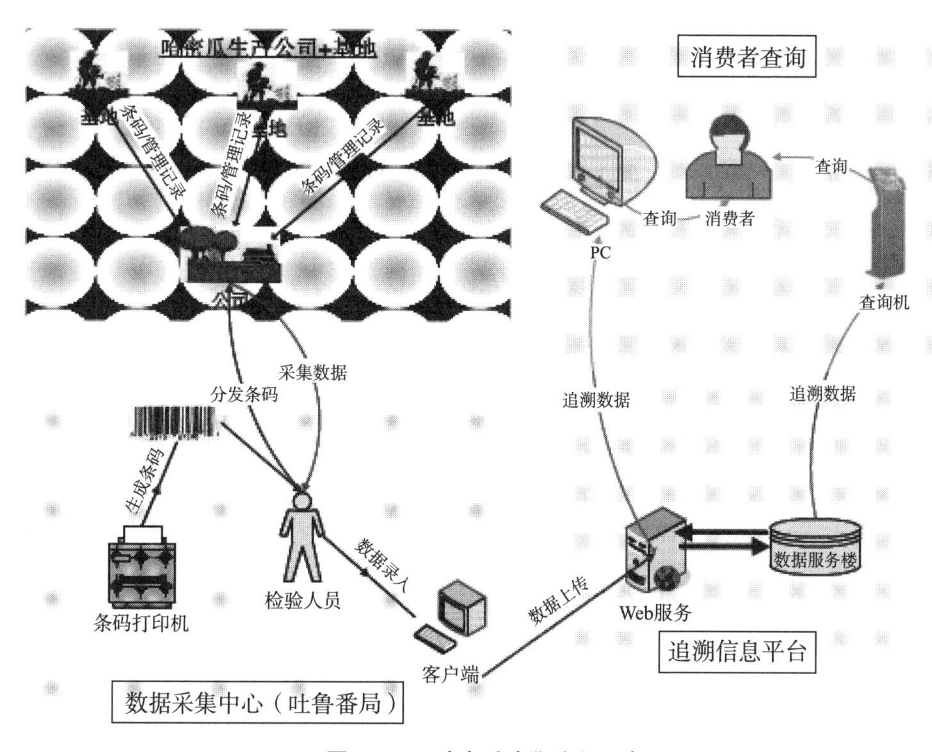

图 3-38 哈密瓜追溯流程示意

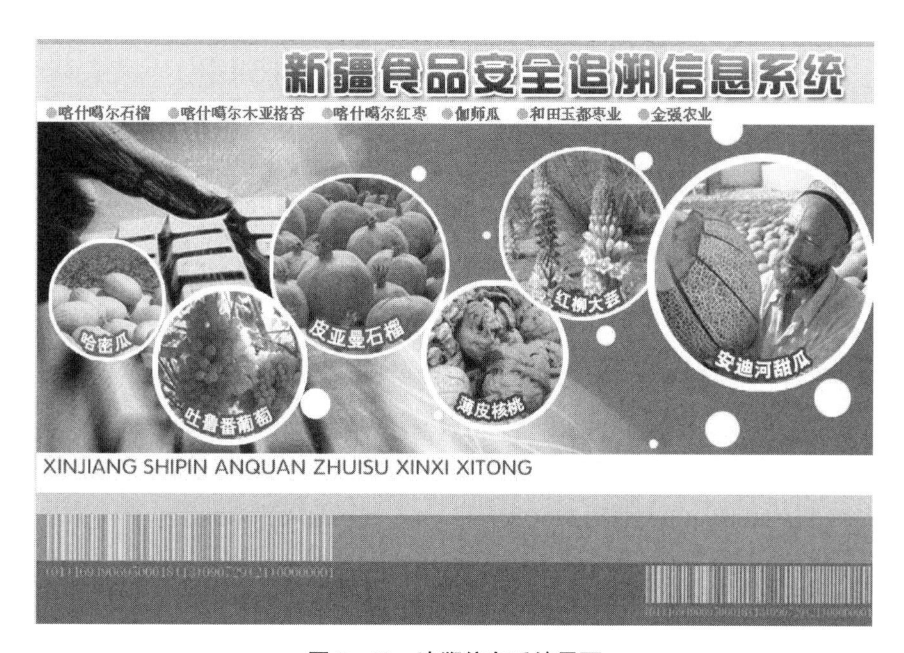

图 3-39 追溯信息系统界面

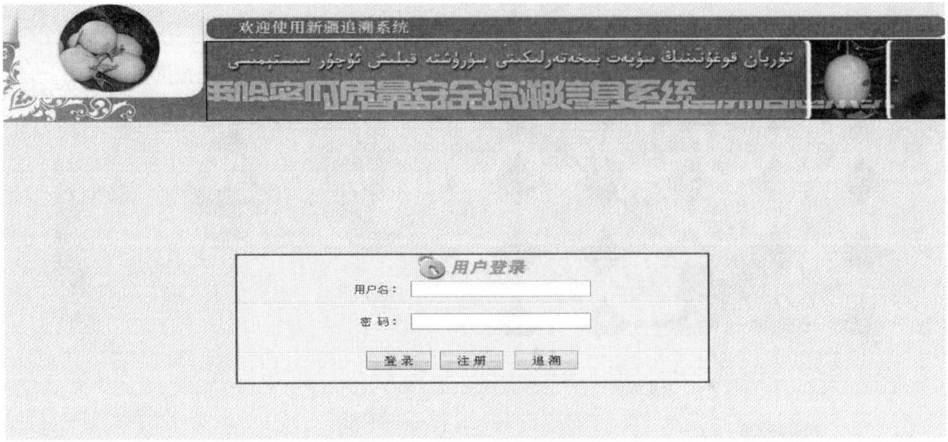

图 3-40　企业登录界面

图 3-41　哈密瓜追溯查询界面

2. 编码方法

哈密瓜质量追溯编码方案以 GS1 系统的编码为基础，以一个哈密瓜追溯单元对应一个编码，一个编码只唯一表示一个追溯单元为编码原则，选用 UCC/EAN-128 条码作为数据载体，并配合使用相应的应用标识符对哈密瓜进行标识。一般来说，要给每个贸易产品（如一个零售包装的哈密瓜在 POS 点零售）或一个贸易产品的集合体（如一箱包装不同的哈密瓜从仓库送到零售点）分配一个全球唯一的代码，这个代码就是 GTIN（全球贸易项目代码）。但是，GTIN 一般不包含产品的特定信息，只是一个标识代码。除 GTIN 外还需要产品的属性信息，如产品的批号、质量、有效期等。在哈密瓜产品供应链中，UCC/EAN-123 条码符号可以用于表示产品的属性信息，如原产地、农田代码等。

采用 UCC/EAN－128 条码表示 GTIN 及属性信息代码，给每一个零售包装的哈密瓜分配一个全球唯一的标识代码，除 GTIN 外，采用哈密瓜的包装日期、系列号等代码来表示哈密瓜的属性信息，所以在追溯码 GTIN 后需要加入包装日期和系列号的代码信息，见表 3－1。

表 3－1　编码信息

AI	GTIN			验证码	包装日期	AI	系列号
	指示符	厂商识别代码	商品项目代码				
01	N1	N2…N9	N10…N13	14	N15…N20	21	N21…N28

注：AI 为应用标识符，应用标识符为 01 则表示其后数据段的含义为全球贸易项目代码（GTIN）（不含校验位）；指示符 0～8 用来标识定量贸易项目，9 用来标识变量贸易项目。

3. 编码标签示例

以哈密瓜种植企业 2009 年 5 月 20 日采收的特级金龙哈密瓜为例，其条码符号标识见图 3－42。

图 3－42　哈密瓜追溯码

图 3－42 中，(01)、(13)、(21) 为应用标识符。

(01) 指示后面的数据为全球贸易项目代码（GTIN）。指示符 9 表示哈密瓜的包装规格为变量（每个哈密瓜的质量不同）；GTIN 中的“69412345”是由中国物品编码中心分配给哈密瓜种植企业的厂商识别代码（8 位数字）。厂商识别代码后面的 4 位数字“0001”是获得厂商识别代码的哈密瓜种植企业为哈密瓜分配的产品品种代码（商品项目代码），如特级金龙哈密瓜。对每个不同等级不同品种的哈密瓜都要分配一个唯一的商品项目代码。商品项目代码后的 1 位数字“1”是校验码。

(13) 指示后面的数据为此产品的包装日期。

年：以 2 位数字表示，为必备要素。例如：2009 年为 09。

月：以 2 位数字表示，为必备要素。例如：9 月为 09。

日：以 2 位数字表示，为必备要素。例如：20 日为 20。

如果只标识年份，那么包装日期的最后 4 位数字为 0（如只标识 2009 年年份的哈密瓜，则应标识为 090000）；如果只标识年、月，那么包装日期最后 2 位数字为 0（如标识 2009 年 6 月的哈密瓜，则应标识为 090600）。

(21) 指示后面的数据为哈密瓜的序列号，由 8 位数字组成。

二、多品种产品追溯系统编码标识分析

多品种产品追溯系统是指追溯系统中包含了多品种的追溯对象，而每个品种的追溯对象所对应的追溯码也各不相同。其中，比较有代表性的是奥运食品追溯系统和乳制品追溯系统中的追溯码。

(一) 奥运食品追溯系统编码标识分析

为保障奥运食品安全，2008 年北京奥运会建立了奥运食品可追溯系统，对所有奥运食品进行统一编码，综合运用 RFID、GPS、温度、湿度自动记录与控制、加密通信等技术，对奥运食品的生产、加工、运输、储存等全程进行追踪和信息记录，在重要节点设立质量监测点对食品质量进行检测并记录检测信息，实施从生产基地到加工企业、物流配送中心直至最终消费者的全程监控，实现奥运食品可追溯。奥运食品可追溯系统对食品供应链上的所有环节实施监控，能够实现奥运食品的可追溯和信息透明化，保证奥运食品安全。

奥运食品可追溯系统首先要对奥运食品进行编码、标识，然后以编码为索引，进行可追溯信息的采集、储存和传递。这里的标识技术运用的是 RFID 技术，由于 RFID 标签的数据储存量很大，因此编码只需用来确定食品的“身份”。在确定食品编码后，以此编码创建档案文件，收集、储存其在食品供应链各个阶段和环节的详细信息。在追溯编码中不但要表示生产厂商和产品种类，还要能够反映产品的属性信息，如生产日期和生产源头。而在奥运食品中又主要分为蔬菜产品和畜禽产品，追溯系统的这两类追溯码如下。

1. *蔬菜产品的编码示例*

蔬菜产品追溯码示意见图 3-43。

(01) 96901234100013 (11) 070811 (251) A0000001

图 3-43 蔬菜产品追溯码示意图

(图片来源：2008 奥运会食品安全食品追溯编码规则 DB11/Z 523—2008)

由图 3-43 可知，蔬菜产品追溯码为 (01) 96901234100013 (11) 070811 (251) A0000001。

①01：应用标识符，表示后面的数据项是一个 14 位的全球贸易项目标识代码。

②9：指示符。

③6901234：厂商识别代码。

④10001：项目代码，可以是蔬菜分类代码，即表示某种规格的蔬菜。

⑤3：校验码。

⑥11：应用标识符，表示后面的数据项是一个6位，按YYMMDD格式的生产日期。

⑦070811：2007年8月11日。

⑧251：应用标识符，表示后面的数据项是一个1位～30位的编号。该编号表示蔬菜生产农田编号或大棚的编号。

⑨A0000001：蔬菜生产农田编号。

总结以上各个表示项目得出追溯码的含义为：识别代码为6901234的厂商于2007年8月11日在编号A0000001这块农田上生产的代码为10001的某种蔬菜。

2. 畜禽产品的编码示例

畜禽产品追溯码示意见图3－44。

图3－44　畜禽产品追溯码示意图

由图3－44可知，畜禽产品追溯码为（01）96901234100020（251）B0000000001。

①01：应用标识符，表示后面的数据项是一个14位的全球贸易项目标识代码。

②9：指示符。

③6901234：厂商识别代码。

④10002：项目代码，可以是肉类分类代码，表示某种规格的畜禽产品。

⑤0：校验码。

⑥251：应用标识符，指示后面的数据项是一个1位～30位的编号。该编号可以是畜禽的耳标号。

⑦B0000000001：畜禽的耳标号。

总结以上各个表示项目得出追溯码的含义为：识别代码为6901234的厂商生产的耳标号为B0000000001的畜禽上的产品代码为10002的某种规格的畜禽产品。

经过整体分析得出奥运食品追溯编码的方法有以下几种。

①GTIN＋批号/系列号，适用按批次生产产品的编码。

②GTIN＋生产日期或包装日期＋源实体参考代码，适用蔬菜、水产品的编码。源实体参考代码可以是蔬菜种植农田、水产品养殖场所的编码，农产品产地编码也可按NY/T 1430的要求进行编码。

③GTIN＋源实体参考代码，适用畜禽产品的编码。源实体参考代码可以是畜禽的耳标号或脚环号等。

④农产品追溯编码也可按 NY/T 1431 的规定执行。

那么追溯码在追溯系统中是如何运用的呢？以猪肉为例，一头猪在养殖场时，耳朵上就会被植入一个标签，里面是一个 RFID 标签，标签中记录了它的产地、生长发育的过程信息，每个电子耳标标识唯一一头生猪。送到屠宰场以后，这些信息会自动转存到系统中，在生猪变成白条肉以后，会产生一个新的唯一标识，记录前面的信息以及屠宰场的信息。超市购入白条肉，并对其进行分割、出售。对于每一份分割品，超市也会赋予其一个唯一标识作用的追溯码，这个追溯码会同分割包装一同交到消费者手上，这时候消费者就可以通过超市的终端进行相关信息查询。这样就构成了一份猪肉完整的食品安全追溯链条，我们就可以查到这头猪从哪里来、在哪里屠宰，每个环节都可以查到。

（二）乳制品追溯系统编码标识分析

我国是世界上乳品生产和消费量最大的国家之一，但是乳品的质量与安全水平还不太高，导致了乳品安全事件频繁发生。特别是“三聚氰胺”事件、黄曲霉素超标事件等一系列乳制品质量安全事件的发生，引发了消费者对国内乳制品市场的“恐慌和愤怒”，进而导致了整个社会对乳制品行业的信用危机，给正在高速发展的中国乳制品行业带来了致命冲击。近年来，从国家到整个乳制品行业都在积极推广乳制品追溯系统，使乳制品追溯系统高速发展。

虽然乳制品追溯系统众多，但是大部分都是各自发展，针对追溯编码并没有一个固定详细的标准。其中，一部分乳制品追溯系统追溯编码使用的是商品条码（GTIN）＋生产日期和商品条码（GTIN）＋批次两种追溯码方式。

乳制品追溯码数据结构 1 的表述方法见图 3－45。

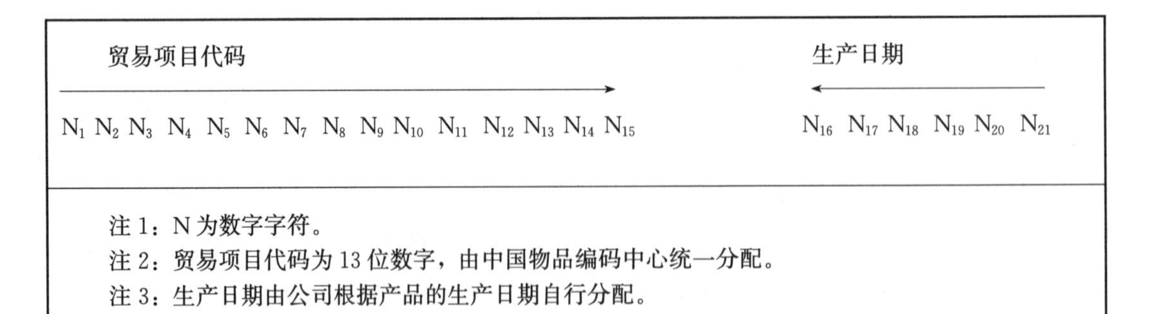

图 3－45　乳制品追溯码数据结构 1

乳制品追溯码数据结构 2 的表述方法见图 3－46。

数据结构	
贸易项目代码 →	← 批次号
N_1 N_2 N_3 N_4 N_5 N_6 N_7 N_8 N_9 N_{10} N_{11} N_{12} N_{13}	N_{14} N_{15} N_{16} N_{17} N_{18} N_{19}
注 1：N 为数字字符。 注 2：贸易项目代码为 13 位数字，由中国物品编码中心统一分配。 注 3：批次号由生产企业根据产品的批次号自行分配。	

图 3－46 乳制品追溯码数据结构 2

而在一些企业的乳制品追溯系统中，追溯码是依据企业自身产品的实际情况进行编码。如明一集团为了达到对明一奶粉及时有效的跟踪与追溯，实现明一奶粉溯源中各节点系统之间的信息采集，运用条码技术对所有生产节点中的包装进行赋码，并在包装过程中将产品信息和箱码关联信息写入数据库中，消费者就可以通过听装和袋装的追溯码在追溯系统中查到产品在整条供应链上的信息。在明一奶粉追溯系统中，追溯码编码规则如下。

1. 奶粉包装条码（袋装、盒装、罐装）

（1）规则

采用二维码（20 位长度，均由数字和字母组成），即：

校验码（2 位）＋包装特征码（2 位）＋包装打码日期（8 位）＋流水码（8 位）。

（2）样例

如图 3－47 所示，二维码表示的一维条码为 01A11001100000100000。

图 3－47 袋装奶粉的二维码样例

如图 3－48 所示，二维码表示的一维条码为 02A21001200000100000。

图 3－48 盒装奶粉的二维码样例

如图 3－49 所示，二维码表示的一维条码为 03A31001300000100000。

图 3－49　罐装奶粉的二维码样例

2. 包装箱条码

（1）规则

采用一维条码（20 位长度，均由数字和字母组成），即：

批次号码（8 位）＋有效期（2 位）＋包装特征码（2 位）＋流水码（8 位）。

（2）样例

包装箱条码样例如图 3－50 所示。

图 3－50　包装箱条码样例

从上述示例可以看出，编码标识虽然在各个追溯系统中广泛使用，但是这些追溯编码由于没有采用统一的标识系统，因此存在不规范、不统一、不兼容的问题，极易形成一个个信息“孤岛”，而且还会出现一种商品上有好几种追溯码的情况，这些都将会增加整个追溯系统的运行成本，引发时间和资源浪费等问题。因此，为了有效解决这些问题，还要加大物品编码标识体系的宣传力度，进一步完善以物品编码标识系统为基础的追溯标准化体系。

第四章　国内外食品农产品质量安全追溯体系

第一节　美国食品农产品追溯体系

从2003年起，美国准备建立家畜追溯体系，要求所有牛、羊和其他家畜一旦出生就要戴上耳标直至终生，并计划最终由电子微芯片取代耳标。2003年5月，美国食品与药物管理局（FDA）颁布《食品安全跟踪条例》，要求所有涉及食品流通的企业都要进行全过程跟踪记录，并且在2006年年底所有企业都必须建立食品质量可追溯制度。美国的众多食品企业采取自愿性可追溯体系，并由政府作为导向全程监控。

一、美国食品农产品监管部门及分工简介

美国政府对食品安全高度重视，由多个联邦部门管理食品安全，法律条例达几十种，白宫以及参议院委员会监督这些法令。在美国的这种多部门联合监管模式下，主要监管部门对所负责的农产品均实行“从农田到餐桌”的全程性监管，管理环节涵盖了各自所管辖农产品的生产、加工、销售及进出口等各个阶段。从整个管理体制上看，美国实行多部门联合监管的模式，但从特定农产品的角度看，则实行单一部门监管的管理模式。

（一）美国食品安全监管部门

美国农产品质量安全管理体系涉及农产品（食品）安全管理的部门主要有农业部（USDA）、卫生和公众服务部（HHS）下属的食品与药物管理局（FDA）以及国家环境保护署（EPA）。

1. 农业部（USDA）

农业部属于联邦内阁13个组成部分之一，是重要的经济管理部门，在农产品质量安全管理和行政执法中担负着十分重要的责任，负责农产品质量安全标准的制定、检测与认证体系的建设和管理。承担农产品质量安全管理的主要机构有食品安全检验局（FSIS）、动植物健康检验局（APHIS）和农业市场局（AMS）的新鲜产品部（FPB）。

食品安全检验局（FSIS）：负责制定并执行国家残留监测计划，肉类及家禽产品质量安全检验和管理，并被授权监督执行联邦食品动物产品安全法规。负责肉类、家禽和蛋类加工产品（包括含有肉、家禽和蛋成分超过3%的食品）的质量检测。

动植物健康检验局（APHIS）：负责对动植物及其产品实施产品出口认证，审批转基因植物和微生物有机体的《濒危野生动植物种国际贸易公约》（CITES）等。

农业市场局（AMS）的新鲜产品部（FPB）：主要负责向全国的承运商、进口商、加工商、销售商、采购商（包括政府采购机构以及其他相关经济利益团体提供检验和分级服务，并收取服务费用；颁布指导性材料及美国的分级标准，以保持分级的统一性；现场实施对新鲜类农产品分级活动的系统复查；在影响食品质量及分级的官方方法与规定方面，它还作为与食品与药物管理局、其他政府机构、科学团体的联络部门；定期监督检查计划的有效性，考察是否遵守公民平等就业机会和公民权利的要求。

2. 食品与药物管理局（FDA）

食品与药物管理局（FDA）负责除肉、家禽、蛋外的所有食品、瓶装水、酒精含量低于7%的葡萄酒饮料的食品安全。

3. 国家环境保护署（EPA）

国家环境保护署（EPA）在农产品（食品）安全管理方面的主要使命是保护公众健康、保护环境不受杀虫剂强加的风险、促进更安全的害虫管理方法，主要监管饮用水和由植物、海产品、肉和禽类包装食品，以及新的杀虫剂和毒物、垃圾方面的安全管理，制定农药、环境化学物的残留限量和有关法规。

美国联邦政府食品安全政府机构与职能分工如图4－1所示。

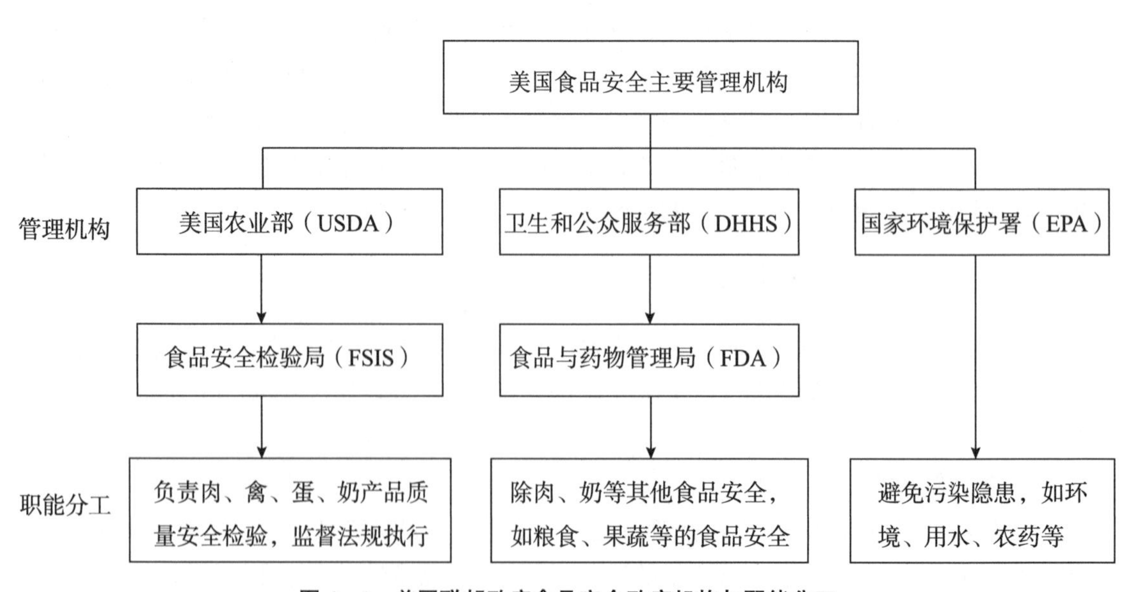

图4－1　美国联邦政府食品安全政府机构与职能分工

美国政体的3个分支：立法、执行和司法机构联合作用。议会颁布确保食品安全的法律，并建立国家范围的保护体系。行政部门和机构负责执行法律，为有效执行它们还会发布相应的法规。美国政府部门还非常重视与企业、消费者以及各相关利益方的联系，通过网上公布和出版小册子等多种形式向公众广泛宣传相关食品法规。对政府发布的所有法规草案，均要求在网上发布并组织听证。美国食品安全计划以风险管理为基础，确保公众健康不受不安全食品的影响。

美国管理机构中与食品追溯相关的机构如表4-1所示。

表4-1　美国关于食品追溯的相关机构

管理机构	下属机构	监管范围	职责权限
卫生和公众服务部	食品与药物管理局	除家禽和肉类外的食品、瓶装水、非酒类饮料和酒精含量小于7%的葡萄酒饮料	检查储存仓库，对样本进行抽检；检测食品添加剂、动物饲料、进口食品的安全性；检查用药对食品的安全性；制定相应的法规和行业生产标准；监督对检测不合格产品的回收
	疾病控制与预防中心	所有食品	对食品传染病进行研究；调查食品传染病的来源；对检测人员进行培训
农业部	食品安全检验局	肉类及相关产品、蛋类及其相关产品	检测肉类、蛋类、生产商的食品添加剂以及生产工艺；对进口和国内生产的样本进行分析；资助相关研究工作；监督对检测不合格产品的回收
	各地区的服务中心和信息中心	—	监管区域内的相关食品；制定以消费者为中心的研究宣传计划；建立相关资料库供消费者查询
国家环境保护署	—	饮用水	制定饮用水安全标准；监管废料等进入环境以及消费体系情况；监督区域内的饮用水安全并制定治理办法；测定和监督杀虫安全
商业部	国家海洋和大气管理局	鱼类及相关海产品	检测鱼类及相关海产品的生产、加工、销售环境的卫生情况
财政部	烟酒火器管理局	除发酵果汁外的所有酒精饮料	检测生产和销售过程是否符合相关标准；检查假冒伪劣酒类产品
	海关总署	所有进口食品	检测是否符合美国进口食品卫生许可标准

表 4-1（续）

管理机构	下属机构	监管范围	职责权限
司法部	—	所有食品	起诉伪劣食品的生产销售人员；扣押所有上市或未上市的不安全食品
联邦贸易委员会	—	所有食品	执行各种行业标准和法律规范；取缔虚假宣传
州及地方政府	—	区域内所有食品	监督区域内所有生产企业和销售企业的生产环境；取缔区域内的不安全食品

（二）美国食品安全监管体系

美国食品安全监管体系主要由多个政府部门和其他民间机构组成，这些部门和机构在制定食品安全标准、实施食品安全监管、进行食品安全教育等方面各司其职，形成了一个对食品安全实行“从农田到餐桌”的全程监管体系，联邦州和地方行政部门在食品和食品加工设施管理方面对保证食品安全起到相互补充和互相依赖的作用。

美国的食品安全监管体系分为联邦、州和地区 3 个层次，主要监管机构有 20 多个。在联邦层面上，负责食品安全的机构主要有：卫生和公众服务部下属的食品与药物管理局（FDA）以及疾病控制与预防中心（CDC），农业部下属的食品安全检验局（FSIS）以及动植物健康检验局，环境保护署与全国海洋和大气管理局。州和地区机构的职责是配合联邦机构执行各种法规，检查辖区内的食品生产和销售点。

在这些监管部门中，FDA 的管辖范围最宽，涉及肉类和家禽以外的所有食品；肉类、家禽和相关产品由 FSIS 负责；动植物健康检验局（APHIS）在食品安全方面的主要职责是负责动物疫病的诊断、防治、控制以及对新发疫病的监测，保护和改善美国动物和动物产品的健康、质量。EPA 监管饮用水的安全性以及食品中的农药残留问题；海洋和大气管理局监管鱼类和其他海产品的卫生状况；CDC 监管所有食源性疾病的调查和防治。

二、美国食品农产品追溯法律法规与管理办法

（一）法律法规体系建设

2002 年，美国国会通过了《公共健康安全与生物恐怖应对法》（Public Health Security and Bio-terrorism Preparedness and Responses Act），将食品安全提高到国家安全战略的高度，提出“实行从农田到餐桌的风险管理”。政府对食品安全实行强制性管理，要求企业必须建立产品可追溯制度。

目前，美国涉及食品安全的联邦法规有30多部。其中，涉及农产品产地环境安全的有《食品质量保护法》（FQPA）、《联邦食品、药品和化妆品法》（FFDCA）、《联邦杀虫剂、杀菌剂和杀鼠剂法》（FIFRA）和《植物保护法》等，主要制定农药、环境污染物残留限量标准及安全使用方法，并对农药和食品中的农药残留进行调整和管理。

美国食品安全相关法律如表4-2所示。

表4-2　美国食品安全相关法律

美国法案	主要内容与追溯条款	备注
《联邦食品药品化妆品法案》	对食品与药物管理局进行了授权；在加工生产环境和卫生条件、企业资质认证、标准监管程序、食品掺假和贴标错误、紧急召回食品控制等方面制定了详细规则	奠定了美国食品安全体系的基础
《公共安全和生物恐怖主义防备和反应法案》（简称《生物反恐法案》）	主要包含生物恐怖和公共健康突发事件的国家防备、加强控制危险生化试剂和毒素、保障食品药品安全、饮用水安全和附加条款等5个部分内容，其中第306节为食品记录建立、保持与检查制度，要求食品从业者对所有生产、加工、包装、运输、分销、接收、储存或进口环节建立并维持食品来源和流向记录等	将食品安全提升到国家安全战略的高度，提出“从农田到餐桌的风险管理”，于2003年12月12日施行
《基于生物反恐法案的建立与保持记录最终条例》	基于《生物反恐法案》具体规定了所需建立和保持的记录中要求的各项信息、建立食品运输记录的对象，以及记录的保留格式、可及性、可豁免部分、保持时限、保密性，满足条例要求的替代方法、遵守日期等	2003年5月9日提出草案，2005年2月7日生效
《美国2009年食品安全强化法案》	内容包括食品安全的预防、干预和反应3个部分。其中，第106节涉及检查过程中和远程的记录获取，规定记录获取的权限、范围、提交方式等以及农场记录获取的限制。第107节建立美国本土和输入美国食品的追溯系统，确定追踪食品流通史的技术和方法，保持食品原料的完整谱系；相关法规的制定以及豁免和限制。第110节内容涉及问题食品的禁止销售、召回及后续行动。第202节对原产国标注进行了规定	对《联邦食品药品化妆品法案》进行了修订
《食品安全现代化法案》	包含预防控制、进口食品安全、检测、遵守和应对、加强合作等方面内容。其中，第101节准许食品相关部门在适当时间、范围和方式下查阅并复印保留所有从生产、加工、包装到配送以及进口从业者的记录。第204节要求加强食品追溯和记录保存，涉及制定和演示快速、有效跟踪和追溯食品的方法；追溯数据收集；各种追溯技术的成本、收益及在不同规模和领域企业的适用性；制定产品追溯体系；高风险食物的额外记录保持要求等。第206节加强FDA在必要时执行强制性食品召回权限	对《联邦食品药品化妆品法案》进行重大修订，是美国食品监管体系的重大变革，标志着美国食品安全监管从单纯依靠检验为主过渡到以“预防为主”

表 4-2（续）

美国法案	主要内容与追溯条款	备注
《建立、保持和提供记录：修订记录可用性要求临时最终例》	主要是扩大记录访问权限。将原有针对特定可疑食品成分的原记录访问权扩大到卫生与公共服务秘书处认为有可能受类似影响的，除特定可疑食品成分记录之外的任何其他食品记录；准许 FDA 读取秘书处认为食品的使用及暴露存在着严重威胁健康或导致人/动物死亡可能的相关食品记录及可能会受相同影响的任何其他食品记录	对《联邦食品药品化妆品法案》进行了修订；提高 FDA 应对和遏制威胁健康的食品安全事件的能力
《牲畜跨州移动追溯最终法案》	建立对跨州移动牲畜进行追溯的最简化官方标识和文档需求；除特别豁免外，牛、禽、马、羊等牲畜，在跨州移动时必须进行官方标识并附有州际兽医检验证书及相关文档；详细规定了每种牲畜官方认可的标识形式，也允许一些其他形式的标识	旨在提高疫病中跟踪牲畜的能力，于 2013 年 3 月 11 日施行
《鲜活农产品法》(PACA)、《联邦谷物标准法》(USGSA)、《蛋品检查法》(EPIA)、《联邦肉品检查法》(FMIA)、《禽类产品检查法》(PPIA)	对蛋类、肉品、禽类等具体产品形式的卫生、包装、屠宰、认证、销毁、处罚标准进行了详细规定	—
《正确包装与标签法》(FPLA)、《食品运输卫生法》(SFTA)、《联邦进口乳品法》(FMA)	对食品流通过程中的各个环节进行具体规定，包括工具使用、检查、管理、处罚、豁免等	—

（二）产品可追溯制度

美国对食品安全实行强制性管理，要求企业必须建立产品可追溯制度。其主要做法体现在以下几个方面。

①FDA 规定明确了种植和生产企业必须建立食品安全可追溯制度，在种植环节推行良好农业操作规范（Good Agricultural Practice，GAP）管理体系，在加工环节推行良好

生产操作规范（Good Manipulate Practice，GMP）管理体系，以及危害分析与关键点控制（Hazard Analysis and Critical Control Point，HACCP）食品安全认证体系。无论在哪个环节出现了问题，都可以追溯到责任者。

②FDA 规定明确了企业建立食品安全可追溯制度的实施期限，即大企业（500 名雇员以上）在法规公布 12 个月后必须实施，中小型企业（11 名～499 名雇员）在法规公布 18 个月后必须实施，小型企业（10 名雇员以下企业，在法规公布 24 个月后必须实施，即到 2006 年年底所有与食品生产有关的企业必须建立产品质量可追溯制度。

③FDA 根据《公共健康安全与生物恐怖应对法》拟订了“食品企业注册管理规定”并向 WTO 通报（G/SPS/N/USA/691），征求各成员的意见。该规定要求制造、加工、包装或仓储供美国境内人或动物食用的食品企业在 2003 年 12 月 12 日前须经由 FDA 注册，无论该企业在美国国内或在国外。

④FDA 根据《公共健康安全与生物恐怖应对法》拟订了《建立与保持记录管理条例（草案）》，要求制造、加工、包装、运输、分销、接受、保存或进口食品的国内人员及某些制造、加工、包装或保存用于在美国消费的人类或动物食品的国外企业应建立和保持记录。要求记录食品的上一直接供货方及下一直接收货方。

⑤FDA 颁布了《食品安全跟踪条例》，要求所有涉及食品运输、配送和进口的企业必须建立和保全有关食品流通的全过程记录。此条例不仅适用于美国食品进出口企业，而且也适用于国内从事食品生产、包装和贮运企业。

⑥FDA《颁布了食品安全现代化法》，在食品领域制定实施试行方案，以探索、评估能够快速、有效识别食品追溯信息的方法，以便能够有效预防或减少因食品掺假（食品、药品和化妆品联邦法规 402 部分）或食品标签错误［食品、药品和化妆品联邦法规 403（W）部分］导致的食源性疾病暴发及有效处理人类和动物健康实质性威胁。

三、美国食品农产品追溯实施现状

（一）从“农田到餐桌”的全过程追溯监管

美国在食品安全监管方面十分强调从“农田到餐桌”的全过程有效控制，其监管环节包括生产、收获、加工、包装、运输、贮藏和销售等；监管对象包括化肥、农药、饲料、包装材料、保鲜和贮藏方式、运输工具、食品标签等。

为确保农产品和食品的质量安全，美国不仅对终端产品的监管给予明确且详细的法律规定，而且对农业生产资料的监管制定了相应的法律法规。此外，美国就如何保证农产品在生产、加工、包装、储运等环节的安全，也制定了很多法规、标准或规则。其中，最典型的是 GAP（良好农业管理规范）、GMP（良好生产管理规范）、HACCP 等有关法规或标准。为了保证食品原料生产的安全，美国在农业生产种植、养殖环节中积极推行 GAP，在农产品加工环节则重点采用 GMP 和 HACCP 管理。从“农田到餐桌”的全程监管有效地防范了食品安全风险，也为问题食品的追溯奠定了基础。

在可追溯系统建设方面，美国主要采用国际物品编码协会（EAN）推出的 ENA·UCC 编码系统，对食品原料的生产、加工、贮运及零售等供应链各管理对象进行标识，通过条形码和人工可识读方式相互连接，实现对食品供应的跟踪和追溯。

（二）预防为主与美国广泛推行的 HACCP 管理体系

在 20 世纪 70 年代以前，美国对农产品和食品的监管主要是采用感官检查（标签）终端产品的检测方式。随着食品工业的迅速发展，食品种类以及加工方式越来越多，食品安全的风险也越来越大，政府监管的相对滞后情况也越来越显现。为了加强对食品生产的全过程监管，从 20 世纪 80 年代起，美国开始逐步推行 HACCP 管理，强调预防为主的食品安全管理理念。

HACCP 制度是用来辨认和防止食品加工过程中有害物质污染风险的一种过程控制制度。HACCP 的推广和运行有以下几个特点。①政府鼓励企业运用 HACCP 系统进行食品安全管理，并在部分行业强制推行 HACCP 管理方式。②政府采取支持和监管两种方式推行 HACCP 管理。一方面，政府对实行 HACCP 管理方式的企业给予支持；另一方面，对肉类、禽类、水产品、果蔬汁等强制 HACCP 管理的企业进行监督检查，核实企业是否实行了 HACCP 食品安全管理。③客户审核推动生产企业实施 HACCP 管理。主要是食品营销企业，如超市、采购商等，为保证所采购食品的安全性能对生产企业 HACCP 管理系统进行考核。一般有两种方式：一是采购商内部 HACCP 专家对生产企业进行考核；二是如果采购商内部没有专家，可委托具有公信力的第三方 HACCP 专业机构进行考核。④企业为提高产品竞争力主动实施 HACCP 管理。一是通过生产操作者定期对生产过程中关键控制点进行纠偏；二是企业成立 HACCP 小组对企业实行 HACCP 进行评价；三是聘请第三方机构对企业实行 HACCP 管理的情况进行审核、评价。

（三）美国食品农产品追溯实施分析实例

美国农业部筹建国家动物标识系统（NAIS），主要目的在于开发和实施一个综合信息系统，用于持续增强动物疾病监测、监督、诊断、反应能力；在外来动物疾病暴发或国内出现可能导致严重经济、社会或公众健康后果的动物疾病时联邦和州政府能快速反应、有效应对；随时识别自然灾害（如飓风）中失散或损失的动物；确保发放国际、州际、州内动物转移证书的联邦和州政府掌握动物的健康状况。NAIS 的最终目的是在动物疾病暴发的 48 小时内，识别出所有与疾病有直接接触的动物和饲养场地，以备做到实施对动物疾病及其威胁的早诊断、早围堵、早根除。

NAIS 采用逐步推进的方式建立，主要包括以下关键组成。

①饲养场标识：这是 NAIS 的基础和起点。每个参加到 NAIS 中的饲养场注册后，将获得一个唯一的 7 位字符标识码，即场地标识码（PIN）。

②动物标识：动物标识分为个体动物标识码（AIN）和群体动物标识码（GIN），将动物和饲养场地联系起来，提供了动物的起源或出生地。

③动物追溯：将动物从一个饲养场转移到另一个饲养场时，AIN 或 GIN 将与新的 PIN 联系起来。动物转移记录的百分比直接关系到 48 小时的追溯目的达到与否，需要相当的基础设施投入，因此需要数年来建立此系统。

1. 动物标识码

在 NAIS 的组成中，动物标识是最为关键的。官方动物标识码（即 AIN）是美国农业部认可的一种 15 位数字的代码系统。此种 AIN 前 3 位是美国国家代码 840，例如：840 123 456 789 012。另外，现时使用的由国际动物记录委员会（ICAR）分配的以“USA”开头结合制造商代码的动物标识码将逐步被取消。在 CFR 中规定的早期的数字系统仍然有效。

标识设备可因动物种类不同而异，例如：牛用的典型设备是耳标，而马、羊驼等则用植入式标识。耳标是最普遍使用的标识设备，AIN 耳标或采用 AIN 码的设备是官方的（正式的）动物标识设备（official identification devices）。

2. 动物标识设备的管理——AIN 管理系统

AIN 管理系统以网络为基础，对 AIN 耳标制造商、管理者和分销商进行管理。他们应该在公司总部注册地通过场地注册系统获得一个唯一的 7 位数字的 NPN 码。

AIN 耳标管理者是向另一个耳标管理者、分销商或饲养场地提供 AIN 耳标的个人、单位或公司。AIN 耳标管理者必须与 AIN 耳标生产者签订销售协议。为了成为一个合法的 AIN 耳标管理者，个人或公司应该遵守以下要求：完成 USDA 提供的 AIN 耳标管理者培训；只向取得 PIN 码或 NPN 码的饲养场或实体分发 AIN 耳标；向代自己发运 AIN 耳标的单位提供有效的 PIN 或 NPN 码；保留从合法 AIN 耳标生产者，或其他合法的 AIN 耳标管理者接受到的耳标清单记录，或饲养场退还的耳标记录，当 USDA 需要时向 USDA 提供；在耳标装运后 24 小时内（或下一个工作日结束时），根据签订的协议，向 AIN 管理系统提交装运记录。

AIN 耳标管理者运用 AIN 管理系统，在线确定已与特定的 AIN 耳标生产者签订促销协议。USDA 在确认了该协议并在 AIN 耳标管理者完成培训后，将认可其（无论是个体或实体）为 AIN 耳标管理者。

第二节　加拿大食品农产品质量安全追溯体系

加拿大最重要的农业区是通常所说的“大草原地区”，即阿尔伯塔、萨斯喀彻温和曼尼托巴三省，那里的土壤以肥沃的棕壤和黑土为主，保肥性状良好，是国家的粮仓，不利条件是雨水不够充足。另外一个重要的农业区是“中部地区”，即安大略省和魁北克省。

中部地区是加拿大人口最密集的工业区，农业主要集中在河流盆地，南端是重要的畜牧业基地，主要种植肥料作物。“大西洋沿岸”各省的农业集中在沿岸地区，它的西部地区多山，农耕作业大部分局限于高地及盆地，主要有养牛业和肥料作物。太平洋地区只有不列颠哥伦比亚省，大部分是高山和森林，木材蓄积量占全国的 2/5，但耕地只占全省面积的 2%。农场集中在温哥华岛上，这个省是全国最大的苹果生产基地，花卉、园艺等优势产品也较重要。加拿大的“北部地区”位于北纬 55°以北，商业性的农场为数不多，但是该地区发展农业有很大潜力。据估计，该地区拥有 120 万公顷（$1hm^2=10000m^2$）可供开垦的耕地及辽阔的放牧地。

加拿大牛肉产业的追溯由加拿大牛只标识协会（Canadian Cattle Identification Agency，CCIA）、加拿大牲畜标识协会（Canadian Livestock Identification Agency，CLIA）和 Can-Trace 机构负责。1998 年 12 月，加拿大牛只标识机构宣布实施加拿大牛只标识计划（The Canadian Cattle Identification Program），以市场需求为导向，发展牛只标识和可追溯系统的国家策略，并通过《联邦动物健康法》对牛及其身份提供法律支持。加拿大强制性的牛只标识制度于 2002 年 7 月 1 日正式生效，要求所有的牛采用 29 种经过认证的条形码、塑料悬挂耳标或两个电子纽扣耳标来标识初始牛群。2004 年 1 月，加拿大羊只协会开始实行羊只标识计划（Canadian Sheep Identification Program，CSIP）；养猪业于 2006 年开始全面实施标识计划，并于 2009 年 10 月开始分发耳标；2006 年 1 月，CCIA 推出全国性的牲畜追溯系统（Canadian Livestock Tracking System，CLTS），该系统对牛、羊、野牛从出生到屠宰进行标记识别，并在之后又对猪和山羊进行了注册和标记。生鲜方面，加拿大与美国于 2002 年开始共同推动生鲜农产品追溯行动计划（Produce Traceability Initiative，PTI）。

加拿大农业和农业食品部将追溯定义为沿着一个物品或者一组物品，如动物、植物、农产品或原材料等从供应链一端找到另一端的能力。这种追溯一个动物整个生命周期的能力对应对动物卫生突发事件非常重要；同时，可以限制这些突发事件带来的经济、贸易、环境和社会影响。

加拿大政府和行业多年来使用的传统标识手段有烙印、刻痕、耳缺、纹身等永久性标记和涂色、项圈、套环等临时性标识。近现代的标识技术有条形码标识、电子标识、视网膜识别、DNA 标识技术等。加拿大的追溯系统建立在以下 3 个方面的基础之上：动物/产品标识、产地识别和动物/产品流动追踪等。

一、加拿大食品农产品监管部门及分工简介

加拿大联邦食品安全管理的机构主要涉及 9 个部门，包括加拿大食品检验局（Canadian Food Inspection Agency，CFIA）、卫生部（Health Canada，HC）、边境服务局（Canada Border Services Agency，CBSA）、公共卫生局（Public Health Agency of Canada，PHAC）、农业与农业食品部（Agriculture and Agri-Food Canada，AAFC）、外交事务和

国际贸易部（Foreign Affairs，Trade and Development Canada，DFAIT）、环境部（Environment Canada，EC）、渔业与海洋部（Fisheries and Oceans Canada，DFO）、工业部（Industry Canada）下属的计量院（Measurement Canada，MC），其中最主要的是 CFIA、HC、CBSA、PHAC 这 4 个部门。

（一）加拿大食品检验局（CFIA）

加拿大食品检验局（CFIA）于 1997 年 4 月成立，由加拿大农业与农业食品部、卫生部、工业部、渔业与海洋部 4 个联邦机构的相关部门整合而成。总部设在首都渥太华，下分 4 个大区，18 个地区办公室，185 个实地办公室，408 个企业办公室，21 个实验研究室，现有全职编制 5500 个（包括专业人员和管理人员），由农业与农业食品部长负责主管，实行局长分工负责制，分地区按不同专业管理运作。从 2013 年起，CFIA 不再向加拿大农业与农业食品部部长报告工作，调整为向加拿大卫生部部长报告工作。

CFIA 作为加拿大联邦政府最大的食品安全管理机构，其组织机构如图 4－2 所示。

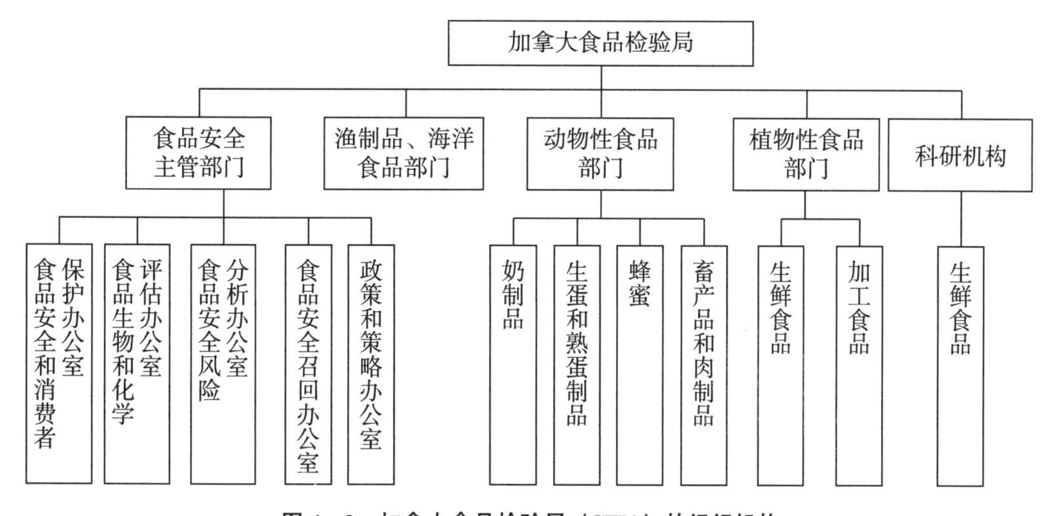

图 4－2　加拿大食品检验局（CFIA）的组织机构

CFIA 的主要职责是负责加拿大食品安全、动物卫生和植物卫生的监督管理。其中，食品安全项目包括鱼类、乳制品、蛋类、肉类、蜂蜜、新鲜水果和蔬菜、加工产品、食品安全调查、公平标签行为 9 个方面。

此外，CIFA 专门设立两个部门来对食品安全进行追溯管理，包括新鲜水果和蔬菜管理处（Fresh Fruit and Vegetable Program）和消费者食品产品管理处（Consumer Food Products Program）。

（二）卫生部（HC）

卫生部是帮助维护和改善加拿大国民健康、提供公共服务的联邦机构，主要职责如下：

①执行《食品药品法》及其条例中食品安全相关规定；

②制定食品安全法规和指南；

③制定食品安全及食品营养成分的国家标准；

④进行健康风险评估，对物理、化学和微生物污染、天然毒素、食品添加剂等进行评估，保护公众免受食品相关健康风险的危害；

⑤在没有指南的情况下，为 CFIA 提供指导，以确定其健康风险；

⑥对新奇食品及转基因食品进行安全评价；

⑦食品添加剂的审批；

⑧对兽药的安全性、质量和有效性进行评估对兽药的使用进行审批并制定兽药残留限量标准；

⑨在科学评估的基础上，对农药进行登记并制定农药残留限量标准；

⑩在食品安全问题上，代表加拿大政府参与制定国际标准、指南和建议等。

（三）边境服务局（CBSA）

主要职责是在进境口岸负责食品、农业投入品和农产品的初步检查，核查所需的进口许可证、证书等相关文件，实施货物检查以确保货证相符。

（四）农业与农业食品部（AAFC）

主要职责是为企业提供信息和指导，帮助企业理解食品相关政策和法律法规要求，以满足新食品进入市场的要求。

（五）环境部（EC）

所辖的加拿大野生动植物服务处，负责管理濒危野生动植物物种国际贸易公约的所有产品，包括采用该公约名录中的动植物物种为原料生产的食品。根据每个物种的濒危程度，通过国际许可证体系，在进出口和过境过程中实施对所列的各种植物和动物物种的保护。CFIA、CBSA 和加拿大皇家骑警协助环境部执行 CITES 的规定。

（六）渔业与海洋部（DFO）

通过《鱼类健康保护条例》管理鲑鱼物种（如三文鱼、鳟鱼和白鲑），包括活的和未去内脏的养殖鲑鱼、生存在加拿大不同省和地区的野生及未去内脏的养殖鲑鱼产品、鱼卵（包括受精卵或配子）。

（七）计量院（MC）

隶属工业部，依据加拿大《度量衡法》及其条例的规定，为按计量单位出售的商品制定净含量要求；适用于面向商业、工业企业或机构的食品、零售中的大宗商品及由售货员售卖的商品。

二、加拿大食品农产品追溯法律法规与管理办法

（一）法律法规体系建设

加拿大是联邦制国家，联邦制定国家级法律法规，法律由国会通过，法规由各部门制定实施。除国家立法外，省级制定地方性法规、标准，例如，安大略省公共健康标准、安大略省食品经营场所条例等。但是，地方立法要遵循国家立法的原则，具体条款也不能与国家法律法规相冲突。

加拿大农产品法律体系健全，基本涵盖了所有的农产品种类，包括《加拿大农产品法》(Canada Agricultural Products Act)、《食品药品法》(Food and Drug Act)、《消费品包装和标识法》（Consumer Packaging and Labelling Act)、《加拿大谷物法》（Canada Grain Act)、《加拿大食品安全法案》(Safe Food for Canadians Act)、《加拿大食品检验局法》(Canadian Food Inspection Agency Act)、《肉类检查法》(Meat Inspection Act)、《植物保护法》(Plant Protection Act)、《动物健康法》(Health of Animals Act)、《鱼类检查法》(Fish Inspection Act)、《饲料法》(Feeds Act)、《化肥法》(Fertilizers Act)、《种子法》(Seeds Act）等法律。这些法律都是食品安全的基本要求和一般规定。主要法律及条例见表 4－3。

表 4－3　加拿大主要农产品质量安全法律及条例

序号	法律法规/管理办法名称	内容摘要（适用范围、解决的问题等）
1	《食品药品法》(Food and Drug Act)	对食品、药物、化妆品和医疗器械作出具体规定，包括禁止的食品和广告、食品的进口与省际移动，食品的检查、查封和没收
2	《食品与药品条例》(Food and Drug Regulations)	按照具体的产品对食品外观、成分、浓度、功效、纯度和质量作出详细规定，并制定限定食品中含有农药、兽药、微生物、有害金属和非金属及其化学物残留、食品添加剂和抗生素的最大允许含量等
3	《加拿大农产品法》（Canada Agricultural Products Act)	规定了在联邦登记注册的企业农产品的基本原则，以及国内贸易和对外贸易中的农产品质量标准
4	《消费品包装和标识法》（Consumer Packaging and Labeling Act)	防止包装食品和非食用产品在包装/标识/进口和广告方面出现欺诈

表 4-3（续）

序号	法律法规/管理办法名称	内容摘要（适用范围、解决的问题等）
5	《消费品包装标签条例》（Consumer Packaging and Labelling Regulations）	对产品（包括农产品）的标记和标签作出了明确的规定
6	《加拿大谷物法》（Canada Grain Act）	对大宗谷物、油料种子、水果蔬菜、牲畜、乳酪等农产品制定了详细的等级标准
7	《加拿大谷物条例》（Canada Grain Regulations）	对谷物范围予以明确
8	《加拿大食品安全法案》（Safe Food for Canadians Act）	要求建立适用于所有食品的更为一致的食品检验体制；加大处罚力度；加强进出口食品的监管，推行进口许可证制度；强化食品追溯能力
9	《新鲜水果蔬菜条例》（Fresh Fruit and Vegetable Regulation）	规定国内和进口新鲜水果蔬菜的等级以及各等级的具体要求
10	《加拿大食品检验局法》（Canadian Food Inspection Agency Act）	规定进口食品的原则，向消费者提供食品供应信息
11	《肉类检查法》（Meat Inspection Act）和《肉类检查条例》（Meat Inspection Regulations）	规定肉制品在其生产过程中应注意的安全事项和需要达到的标准，要求肉制品出售时的标识进行标准化操作
12	《植物保护法》（Plant Protection Act）和《植物保护条例》（Plant Protection Regulations）	对如何防止进口有害植物、控制和消除植物疾病、对植物进行认证作出规定
13	《动物健康法》（Health of Animals Act）和《动物健康条例》（Health of Animals Regulations）	防止动物疾病从国外传入，防止对人类身心健康及国内畜牧业造成危害的动物疾病在国内传播
14	《鱼类检查法》（Fish Inspection Act）和《鱼类检查条例》（Fish Inspection Regulations）	有关鱼类产品和海洋植物的捕捞、运输和加工，以及进出口贸易中的鱼类产品和海洋植物产品应达到的标准和要求
15	《肥料法》（Feeds Act）和《肥料条例》（Feeds Regulations）	对牲畜肥料的生产、销售和进口等环节进行监督与管理
16	《化肥法》（Fertilizers Act）和《化肥条例》（Fertilizers Regulations）	保证化肥及营养补充产品的安全性，同时保证标识的准确性
17	《种子法》（Seeds Act）和《种子条例》（Seeds Regulations）	规定种子在进出口和销售中的质量标准、标识标准和登记注册标准

表 4-3（续）

序号	法律法规/管理办法名称	内容摘要（适用范围、解决的问题等）
18	《农业和农产品行政货币处罚法》（Agriculture and Agri-Food Administrative Monetary Penalties Regulations）	对违反质量安全标准的企业进行罚款，强制性执行对消费者的赔偿

（二）加拿大的 HACCP 体系

加拿大政府对食品安全与质量控制高度重视，在建立与推进 HACCP（危害分析和关键控制点）管理体系工作中积累了丰富的实践经验，形成了相对完善的 HACCP 系统培训理论。

目前，在加拿大推行实施两套 HACCP 体系。一套是由加拿大食品检验局（CFIA）推行的 HACCP 计划，另一套是安大略省农业部（OMAFRA）建立的 HACCP 优势计划。两者的主要区别有 3 点：一是 CFIA 针对全国范围内的大型跨省销售及出口的食品企业，OMAFRA 针对安大略省的中小企业；二是 CFIA 全部由自己的人员进行现场检查、考核合格后认证，OMAFRA 由中立的第三方现场检查，考核合格后由 OMAFRA 认可；三是 CFIA 对肉禽类、水产品实施强制性认证，其余食品为自愿认证，而 OMAFRA 对全部食品实行自愿认证。另外，CFIA 的 HACCP 计划与安大略省的 HACCP 优势计划总体是一致的，但是安大略省农业部的 HACCP 优势计划更具可操作性。

为更有效地实施政府宏观调控，提高工业界的效率和食品安全性，支持与国际市场接轨，由加拿大联邦政府与工业界共同负责，建立了基于科学风险分析的食品安全系统。从 20 世纪 90 年代早期开始，加拿大联邦政府依据食品法典先后制定实施了 3 项 HACCP 计划：质量管理计划（QMP）、食品安全促进计划（FSEP）、农产品食品安全认证计划（OFFSRP）。

三、加拿大食品农产品追溯实施现状

（一）加拿大食品安全三级管理模式

加拿大的农产品质量安全监管部门总体上按照分级合作、广泛参与的原则划分，实行联邦、省、市三级管理的模式。

①联邦政府：由卫生部根据《食品与药物法》制定拟在本国销售食品安全及其营养质量标准，并负责评价加拿大食品检验局进行食品安全性检验的执行结果；加拿大食品检验局负责对在联邦政府登记的屠宰场和食品加工厂检验监测，并实施与食品有关的法律。

②各省区政府：各省区政府有关部门负责对其管辖区域内加工、运输和销售的食品进行检验监督。

③市县级地方政府：市县地方政府负责对当地食品服务及食品零售业进行抽查检验。

这些与食品安全相关的各级政府部门之间既有分工又有协作，各自工作重点不同，相互协调配合，共同维护加拿大的食品安全。

（二）检验机构

加拿大检验机构是加拿大食品质量安全监督得以有效实施的有力保证。加拿大食品检验局设有22个国家级实验室，以及400多个与实验室衔接的办公室，这些机构分布于全国。

加拿大实验室分为官方实验室和私营实验室，在检测中承担着不同任务。

1. 官方实验室

官方实验室承担政府下达的涉及食品安全和动植物健康的检测任务。政府实验室不营利、不收费，仅做政府下令的相关工作，不做企业的委托检验。专门进行检测技术的研究，对加拿大食品标准的制定提供技术保障。

加拿大的食品安全实验室检测范围广，涉及食品、药品、功能性食品、天然产品。实验室的检测设备齐全。样品前处理设备及辅助设备数量多，实验室耗材种类丰富且大部分避免重复使用，是国内实验室所无法相比的。实验室在设计上充分考虑了检测人员的劳动保护和安全，真正体现了以人为本的原则。

CFIA下设22个实验室，主要负责动植物安全、样品分析等科研工作。这22个实验室配置不完全相同，各有侧重点。例如，哥伦比亚省实验室做水果病虫害研究工作、渥太华实验室做动物特殊疾病的研究工作等。

2. 私营实验室

私营实验室承担其他种类的检测任务。私营实验室除了获得ISO 17025认证资格外，还需获得政府的认可，才能具有相关的检验资格。

加拿大政府对检验机构的管理主要通过强制认证方式进行规范，承担政府检验任务的检验机构必须通过ISO 9000质量管理体系和ISO 17025认证。在制定国家监督抽查计划时，对承检机构的资质和能力提出了严格要求。在招标过程中，对投标的实验室进行严格考评，私营实验室中标后，要与CFIA签订合同，检验任务完成后，CFIA再对检验结果进行认定。

CFIA不仅委托其自有实验室承担食品检验，还以严格的条件选择大专院校和私人实验室承担检验任务。自有实验室和其他实验室检验任务的区别主要有两个：一是检验任务的类型不同，对食品实施全面监测的国家监督抽查检验任务的分配通过招标形式完成，其中大部分由私营实验室承担，针对在监督抽查中发现的特定食品或特定区域的直接抽样和针对被怀疑的特定样品进行的符合性检验由政府自有实验室承担；二是检验项目，对于某些关键项目和需检验技术比较高的项目只由政府自有实验室承担。

（三）召回体系

1. 设有食品召回办公室

加拿大食品检验局（CFIA）负责全联邦高风险生产加工食品的监管工作。CFIA 设有食品安全和召回办公室，负责食品安全风险的评估和召回的发布。办公室位于加拿大食品检验局运转实施部内，授权工作职责包括就食品召回在国内进行协调、确保决策连贯性、确保及时达到服务标准（全天候、一周 7 天），是国际同行的唯一联系机构，派驻在 4 个区域的员工向食品安全和召回办公室提供派驻地生产企业情况和当地的技术特色，食品安全和召回办公室依据完整性、适当性、连贯性和及时性的指导原则开展工作。

2. 食品召回中的合作伙伴

内部伙伴即加拿大食品检验局设有运营实施部、食品安全检验员、执法和调查服务（EIS）、项目部、技术专家和商品专家、项目网络和总部、法律服务处、公共和法规事务处（沟通）和实验室服务处，外部伙伴有加拿大卫生部、加拿大公共卫生局、行业工作人员、各省、地区、市级机构和外国政府。

3. 召回过程

引发调查和召回的物质有化学制品、微生物、国外（外来）材料、变应原和其他物质。召回过程如图 4－3 所示。

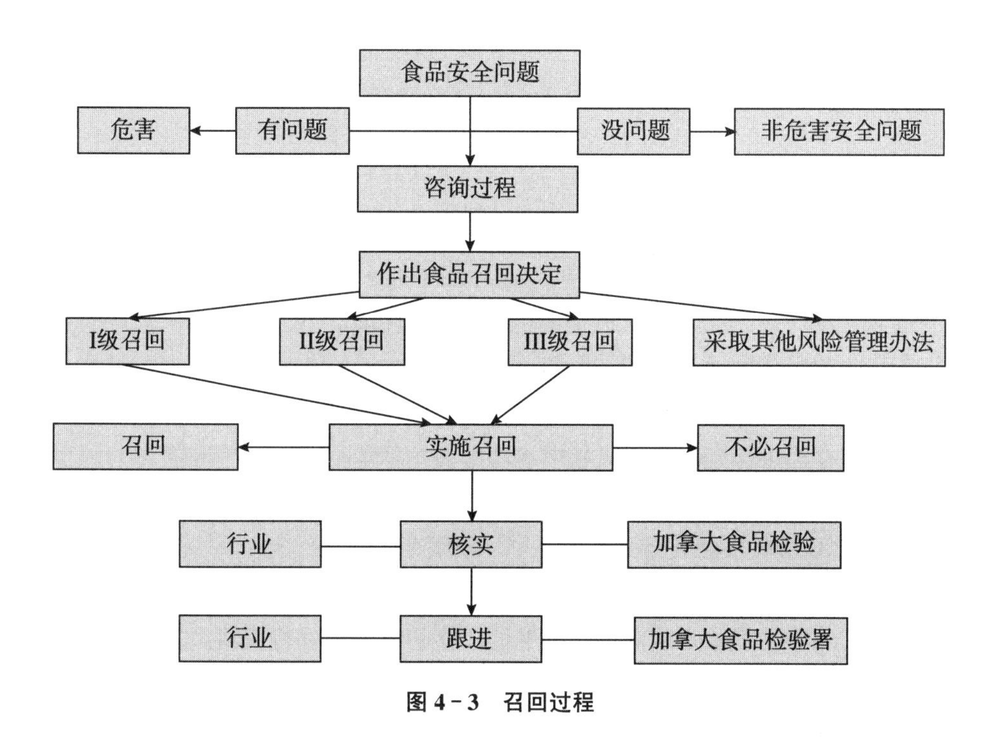

图 4－3　召回过程

4. 召回等级

Ⅰ级召回：适用于使用缺陷产品或处于缺陷产品危害威胁之下时，存在严重危害健康甚至导致死亡的合理的可能性的情形；一般要发布公共警报。

Ⅱ级召回：适用于使用缺陷产品或处于缺陷产品危害威胁之下时，有可能造成短期内有害健康的后果或者造成严重危害健康后果的可能性较小的情形；可以发布公共警报。

Ⅲ级召回：适用于使用缺陷产品或处于缺陷产品危害威胁之下时，基本不会产生有害健康的不良后果的情形；一般不需要发布公共警报。

5. 沟通

全天候、一周 7 天的沟通，如举行记者招待会/新闻发布会、模板沟通、翻译服务、向新闻媒体发布消息、在加拿大食品检验局网站上公布消息、发放食品应急响应手册和召回宣传手册。

四、加拿大食品农产品追溯实施分析实例

1. 国家农业和食品可追溯系统（NAFTS）

加拿大农业产业和政府合作开发了国家农业和食品可追溯系统（National Agriculture and Food Traceability System，NAFTS），专注于家畜和家禽的质量安全追溯。

2006 年，联邦、省和地方农业部共同努力创建了 NAFTS，开始了家禽、牲畜的质量安全追溯，奠定了国家在动物追溯方面的基础，同时凸显了国家在该产业的领导力和远见。NAFTS 提供了及时、准确和有效的追溯信息，增强了应急管理和市场准入能力，同时增强了产业竞争力和消费者对食品安全的信心，更好地服务于公民、政府和产业。如果消费者想要获得更多关于国家农业和食品可追溯系统的信息，需要通过其所在的行业协会、州政府、加拿大农业和农业食品部或者加拿大食品检验局与业界资讯委员会代表联系。

此外，为了更好地推进 NAFTS 的运行与发展，加拿大专门成立了业界政府咨询委员会（IGAC）。IGAC 由 22 家行业成员和 15 家代表联邦、省和地区的政府机构组成。

相关行业和政府虽然已经意识到要建立一个全国性质的追溯系统要面临许多挑战，如成本、相关企业的配合度等，但是，他们还是一直努力通过业界政府咨询委员会来克服这些挑战。如今，许多畜牧行业都奠定了坚实的可追溯性基础。例如，动物识别在联邦政府管理和推进下，在家牛、野牛和羊只领域成功实施；其他行业，如猪和家禽领域也独立开发系统收集相关的可追溯性信息。

2. 加拿大牲畜追溯系统（CLTS）

加拿大牛只标识协会（Canadian Cattle Identification Agency，CCIA）是一个为了促进和保护加拿大牛群的健康和食品安全问题而成立的非营利性行业组织。

加拿大牛标识计划（The Canadian Cattle Identification Program）以市场需求为导向，旨在通过建立有效的追溯体系和动物健康及食品安全保障体系来促进牛肉的消费。该计划采用经批准使用的耳标（见图 4－4）对所有离开其原种群的牛和野牛进行分别标识，耳标上的号码对每一头动物具有唯一性。这些独特的耳标包括 29 种标签、27 种条形码（不同

大小和颜色）标识和2种电子标识，通过识读耳标上的数据，可从零售点进入追溯系统的数据库。数据库由QC数据公司维护，只有负责追溯产品的加拿大食品检查局才能进入，其他人需要得到书面批准才能进入。

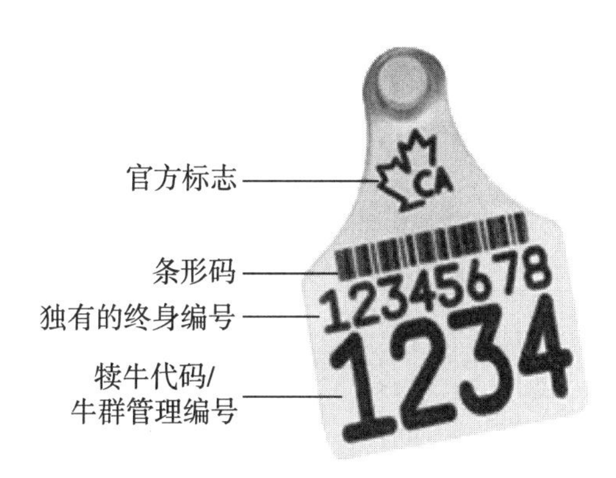

图4-4 对牛进行标识的耳标

加拿大牲畜追溯系统手册详细描述了使用牲畜追溯系统的每一个步骤。用户使用追溯系统沿着经RFID标识的牲畜的整个生命周期进行追溯的每个阶段都可以称为一个事件。例如，一个动物的出生可以成为一个“出生事件”，对该事件的描述可以在“动物事件(Animal Events)”下找到。

第三节 欧盟食品农产品追溯体系

欧洲联盟（European Union）简称欧盟（EU），总部设在比利时首都布鲁塞尔，是由欧洲共同体（European Community，又称欧洲共同市场，简称欧共体）发展而来的，初始成员国有6个，分别为法国、联邦德国、意大利、比利时、荷兰和卢森堡。欧洲理事会主席为范龙佩。欧盟委员会主席为巴罗佐。欧盟的宗旨是“通过建立无内部边界的空间，加强经济、社会的协调发展和建立最终实行统一货币的经济货币联盟，促进成员国经济和社会的均衡发展”“通过实行共同外交和安全政策，在国际舞台上弘扬联盟的个性”。

欧盟的农产品物流追溯体系最初是为应对疯牛病于1997年逐步建立起来的，2000年1月发布的《食品安全白皮书》首次将“从农田到餐桌”的全过程管理纳入食品安全体系，采用HACCP食品安全认证体系，对农产品的生产、加工和销售等关键环节进行追溯。2002年1月，欧盟颁布《通用食品法》，要求农产品经营企业对其生产、加工和销售过程中使用的相关材料也要执行可追溯标准，同时规定自2005年1月1日起，欧盟境内的农产品都要求具有可追溯性，特别是在欧盟销售的肉类食品不具备可追溯性则不允许上市交易。

目前，欧盟采用国际通用的全球统一标识系统（GS1系统）对农产品进行跟踪和追溯，旨在对农产品供应链生产过程进行有效标识，建立起对各个环节信息的管理、传递和交换，实现对农产品有效的追溯。欧盟在产品标识和可追溯方面走在世界前列。欧盟农产品全程安全管理体系如图 4－5 所示。

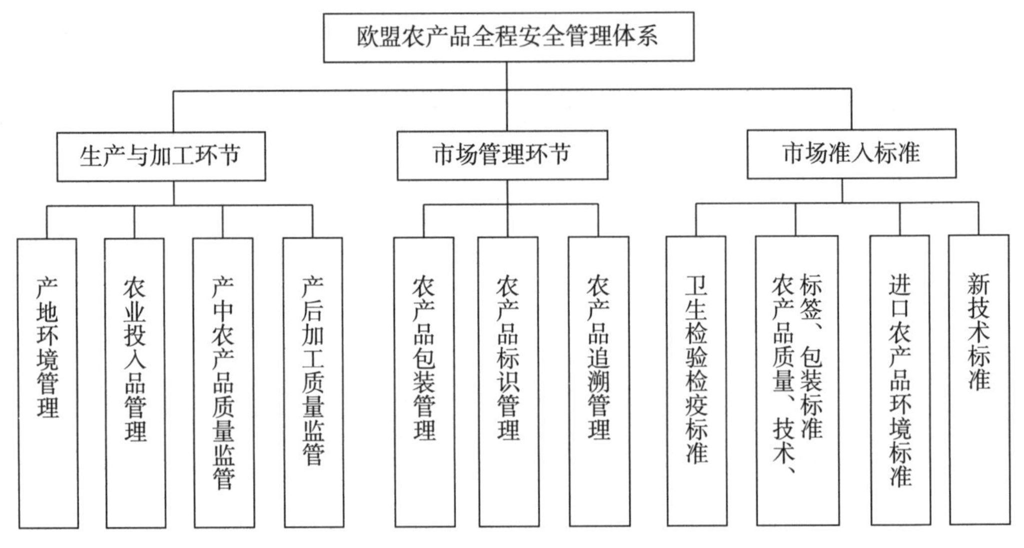

图 4－5　欧盟农产品全程安全管理体系

一、欧盟食品农产品监管部门及分工简介

欧盟是多国组织，不能行使国家主权。但是，为了确保欧盟各国“从农田到餐桌”的农产品和食品的安全控制，欧盟各国不仅建立了自己的农产品安全监管机构，而且还根据欧盟统一农产品法的基本原则与要求，欧盟委员会于 2002 年年初正式成立了欧盟食品安全管理局（EFSA），对从“农田到餐桌”的全过程进行监控。欧盟食品安全管理局不具备制定规章制度的权限，只负责监督整个食物链，根据科学家的研究成果作出风险评估，为制定法规、标准以及其他的管理政策提供信息依据。

欧盟农产品安全管理局由管理委员会、行政主任、咨询论坛、科学委员会和 8 个专家小组组成。欧盟农产品安全管理局的职责范围很广，主要任务是提供政策建议，建立各成员国农产品安全机构之间密切合作的信息网络，评估农产品安全风险，向公众发布相关信息。同时，这些机构可以对欧盟内的整个农产品链进行监控，再根据科学的证据作出风险评估，为各国政府制定政策和法规提供信息依据。

（一）食品安全决策机构

欧盟的立法主体主要有欧洲议会、欧洲理事会和欧盟委员会，其负责立法的范围不同且均有明确规定。理事会、欧盟委员会可根据条约的授权或联合法规的授权制定理事会或欧盟委员会法规、指令或决定。作为食品立法的重要机构，欧盟委员会还被赋予了简化和快速制定食品技术法规程序的权利。然而，涉及食品安全的法规一般由理事会和欧洲议会联合制定，并以联合法规形式发布，涉及除食品安全外的农业政策由欧洲理事会独立制定。所以，在食品安全的风险决策方面，欧洲理事会、欧盟委员会是主要机构，负责欧盟食品安全管理政策、法令、法规等的制定和决策，以及欧盟食品技术标准的制定。

（二）食品安全执行机构

1997 年 2 月，欧洲议会宣布了对食品安全监管机构的重组，将原隶属于农业总司的欧共体动植物检疫和控制办公室转移到隶属于消费者和健康保护总司的食品和兽医办公室（FFO）。食品和兽医办公室是欧盟食品安全政策主要执行机构，负责监控成员国和第三国是否遵守欧盟的食品卫生法和兽医、植物的相关规定。

（三）食品安全咨询机构

欧洲食品安全局主要负责监视整个食品链，根据科学的证据作出风险评估，提出独立的、透明的、开放的、并经仔细研究的科学建议，为欧盟委员会和成员国政府的立法和决策提供科学依据。

另外，在可追溯体系中，欧盟的食品链（饲料生产者、农民和食品生产者/操作者；各成员国和其他国家的主管当局；委员会；消费者）中各项主体的任务非常清楚：饲料生产者、农民和食品运作者拥有对食品安全最基本的责任；政府当局通过国家监督和控制系统的运作来检查和执行该职责；委员会集中精力对政府当局的能力进行评估，通过审查和检验促使这些系统达到国家水平；消费者必须认识到他们对食品的妥善保管、处理与烹煮也负有责任。通过这种方式，欧盟实现了对“农田到餐桌”的食品链全程控制及可追溯。

二、欧盟食品农产品追溯法律法规与管理办法

（一）法律法规体系建设

1997 年，欧盟逐渐建立农产品安全可追溯制度。为形成新的食品安全体系框架，2000 年 1 月 12 日，欧盟发表《食品安全白皮书》，将食品安全作为欧盟食品法的主要目标。要求所有的食品和食品成分具有可追溯性，其中的一项根本性改革就是首次把“从农田到餐桌”的全过程管理原则纳入卫生政策，同时引进了 HACCP 体系。2000 年 1 月，欧盟颁布 178/2002 号法案，要求从 2004 年起在欧盟范围内销售的所有食品能够进行跟踪与追溯，否则无法上市销售。严格立法建设为食品安全管理提供了保障，建立食品安全可追溯制度可在一定程度上提升食品安全管理水平。

《食品安全白皮书》规定：食品生产加工者、饲料生产者和农民对食品安全承担基本责任；政府当局通过国家监督和控制系统的运作来确保食品安全；委员会对政府当局的能力进行评估，运用先进的科学技术来提升食品安全措施的先进性；通过审查和检验促使国

家监督和控制系统达到更高的水平；消费者对食品的保管、处理与烹煮负有责任。

2000 年 7 月，欧洲议会、欧盟理事会共同推出（EC）No. 1760/2000 法案《关于建立牛科动物检验和登记系统、牛肉及牛肉制品标签问题》，旨在作为食品安全管理的措施，帮助识别食品的身份、流通环节和来源，按照从原料生产至成品最终消费过程中各个环节所必须记载的信息，确认和跟踪食品生产链相关产品的来源和去向，在发生食品质量问题时，可以查找原因，迅速召回问题产品。第一次从法律的角度提出牛肉产品可追溯性要求，并在欧盟及其成员国建立牛肉产品溯源系统。欧盟食品安全法律体系如图 4 - 6 所示。

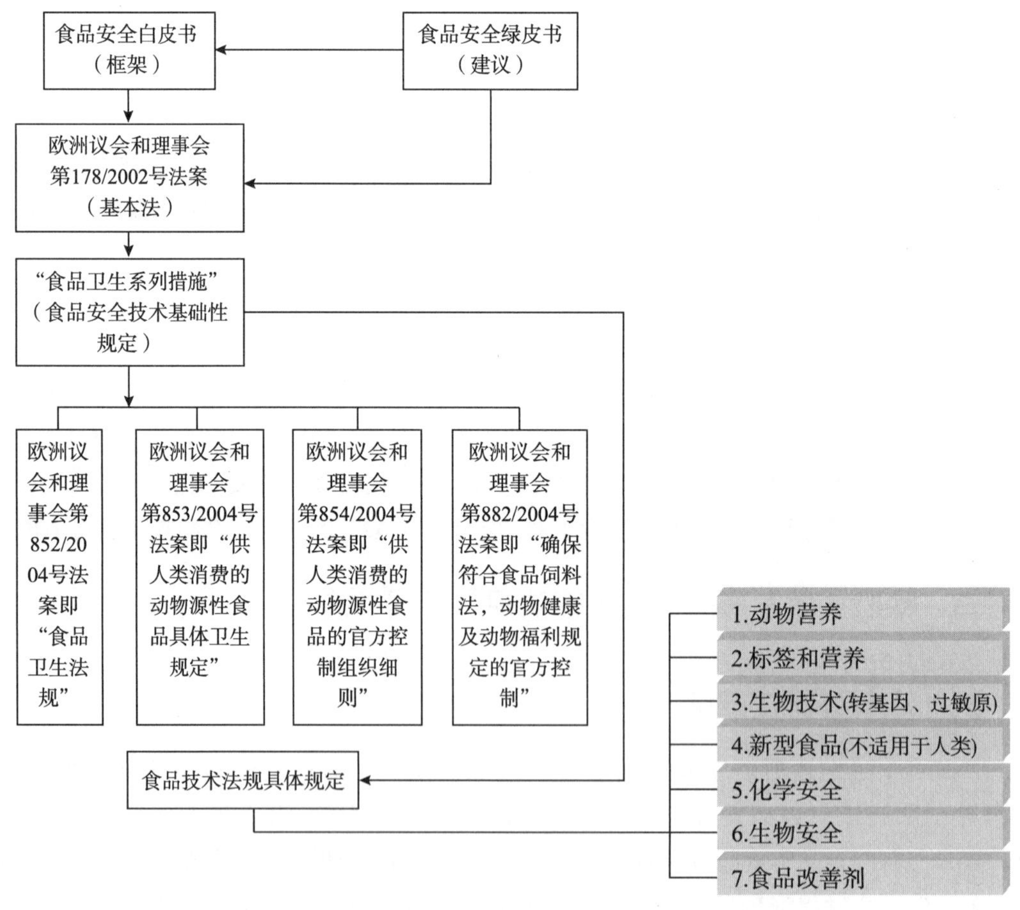

图 4 - 6　欧盟食品安全法律体系

2014 年，欧委会宣布出台新的食品安全标准。从 2014 年 12 月 13 日起，新的食品标签开始正式生效，标准中规定了消费者能够在新的标签上看到比以往更加详细的内容，其中特别注明过敏成分及食品来源等。从 2015 年 4 月起，肉类产品的标签上还需标注饲养和屠宰地。从 2016 年 12 月 13 日起，对加工食品实施强制性标注营养成分的规定也将正式生效。同时，新的食品安全标准及标签标识规定为食品经营销售商提供 3 年的过渡期。

新规定的实施是欧盟针对食品安全以及可追溯系统研究多年的工作结果，让消费者享有对所购买的食物和产品的知情权。欧盟食品安全法案如表 4-4 所示。

表 4-4 欧盟食品安全法案

序号	欧盟法案	主要内容与追溯条款	备注
1	《食品安全白皮书》	建立一个独立的欧洲食品权威机构；建立一个涵盖整个食品链（包括饲料生产）的新的食品法律框架；建立一个国际性的食品安全控制系统来保持各成员国在操作上协调一致；给消费者提供足够的食品安全和风险及其他所需的信息等	首次引入“从农田到餐桌”的概念；要求落实食物链各参与主体的任务和责任
2	《第 1760/2000 号法案》	对牛科动物建立识别和登记系统、牛肉及牛肉制品的标签以及废除第 820/97 号法案。法案要求自 2002 年 1 月 1 日起所有在欧盟国家上市销售的牛肉产品必须具备可追溯性，上市销售的牛肉产品标签上必须标明牛只的出生地、饲养地、屠宰场和加工厂	又称“新牛肉标签法”
3	《第 1825/2000 号法案》	制定了牛肉和牛肉制品标签申请的具体条款，主要涉及可追溯、禁止用的标签信息、原始标识的简单化、分组的大小、碎牛肉、审批程序、检查、第三国家获批、批准、记录、交流、过渡条款、条例的撤销及生效等内容	《第 1760/2000 号法案》的应用实施细则
4	《第 178/2002 号法案》	明确了食品与食品安全的范围和定义；确立了食品法案的基本原则和要求；决定设立欧洲食品安全局（European Food Safety Authority，EFSF）并对其使命、任务、组织、运作等作出了详细规定；建立快速警报系统，以应对危机管理，采取紧急措施；确定食品安全事务的处理流程。其中，条款 18 直接规定在欧盟销售的所有食品都必须可追溯，要求每一个农产品企业必须对其生产、加工和销售过程中所使用的原料、辅料及相关材料提供保证措施和数据，确保其安全性和追溯性	也称“欧盟一般食品法”，是欧盟食品安全相关法律体系中关于食品追溯的核心法案，于 2005 年 1 月 1 日正式生效

表 4-4（续）

序号	欧盟法案	主要内容与追溯条款	备注
5	《第 178/2002 号法案相关条款实施指南》	所涉条款包括条款 11 和 12（进出口），条款 14（食品安全要求），条款 17（职责），条款 18（追溯），条款 14、15、19 和 20（针对食品和饲料安全要求的召回和告知）。针对每一条款分别从依据、含义、贡献和影响等角度详细分析和阐述并给出实施建议	2010 年 1 月 26 日推出更新版本
6	《第 852/2004 号法案》	全面推行 HACCP 体系，订立详细卫生规范，在药剂和饲料两方面提及追溯：准确和合理地使用牲畜用药、添加剂、植物保护产品和杀虫剂以及它们的可追溯性；饲料的制备、存储、使用和可追溯性	也称“欧盟食品安全法”
7	《第 853/2004 号法案》	关于动物源性食品的特殊卫生规则，主要包括对水产品的可追溯性、产品标识、企业注册要求和双壳贝类产品暂养和净化等	—
8	《第 2200/96 号法案》	规定新鲜蔬果及某类水果干标明原产地	—
9	《第 834/2007 号法案》	对有机产品提出了追溯和标识的要求	—
10	《第 1830/2003 号法案》	详尽规定转基因产品以及用转基因原料生产的食物和饲料的追溯性和标识：供应链每次交易中，供应商必须向采购商提交书面追溯信息，包括明示转基因产品、转基因成分清单和唯一标识码，相关文件至少保存 5 年；此外，规定受转基因污染比例低于 0.9%的传统食品和使用转基因饲料所生产出的肉、奶、蛋等不适用转基因产品追溯规范	转基因生物体追溯性和标识法案
11	《第 1906/90 号法案》	规定从第三国进口的禽肉要进行原产地标识	—
12	《第 1907/90 号法案》	条款 5、7、10～13、15 规定了蛋品所需提供的相关信息、标识等	—
13	《第 2295/2003 号法案》	条款 18～20 规定了蛋品的标识；条款 25～27 详细规定了蛋品在供应链生产、分级包装及其他环节所需保持的记录信息	《第 1907/90 号法案》的实施细则
14	《第 183/2005 号法案》	订立详尽的饲料卫生规范并推行 HACCP，附件中对保持饲料追溯性的相关信息、文件作出了详细规定	饲料卫生法案

表 4－4（续）

序号	欧盟法案	主要内容与追溯条款	备注
15	《第 2065/2001 号法案》	条款 8、9 提出了鱼类和水产品的追溯要求，规定交易各环节的标识信息包括商业名称、生产方法、捕捞区域、专业名称，并在各成员国建立查核机制	—
16	《第 1224/2009 号法案》	条款 58 提出了针对鱼类和水产品的，包含最少标识信息在内的各项保证追溯的要求	—
17	《第 404/2011 号法案》	条款 66～68 详细规定了鱼类和水产品的批次信息、提供给消费者的信息；附件中定义了相关数据格式和登记表	—
18	《第 931/2011 号法案》	针对特定动物源食品，规定经销商须向下一级分销商及主管部门提供如下信息：食品的准确描述；食品的体积或数量；上一级食品经销商的名称和地址，如发货地址与上一级经销商地址不同，则须提供发货人名称与地址；该批货物的标识；发货日期。同时要求信息进行每天更新	于 2012 年 7 月 1 日起实施
19	《第 208/2013 号法案》	针对芽菜及其种子在生产、加工和销售各阶段的追溯性作出了规定，要求记录并保存的芽菜及其种子的名称、数量、批次、分销地点、分销商和次级分销商的名称地址等信息，每天予以更新并及时提交给采购商和管理部门	—

（二）欧盟的追溯管理体系

1. 农产品生产与加工环节的管理

产地环境管理：首先，从法律上规定了各种有毒重金属在食品中的最高含量，2004 年，欧盟制定法律规定了 140 多种禁止使用的各种农药和添加剂，这些农药和添加剂的残留量不允许在产品中检测出来；其次，对按照标准和原则进行生产的农户给予补贴，进行激励。

农业投入品管理：为了确保欧盟制定的食品中各类农药的最高残留的规定得以顺利实施，欧盟加强了农业投入品的管理。管理分两部分，一是欧盟的监测机构对农产品（食品）进行农药残留检测，并制定了严格的处罚机制，对违规的农场处以重罚，直至禁止其从事农业生产；二是行业协会等自律组织进行自查，各种专业委员会对下属的协会开展技术培训、规定自查措施等。

产中的农产品质量监管：在农产品的生产环节，欧盟推出了良好生产实践指南（相当于我国的标准化生产规程），农户只要按照指南进行生产即可。

产后加工环节的质量监管：对产后加工环节，欧盟采取的措施主要有：第一，所有的加工企业在加工环节必须按照工业产品的标准化生产方式；第二，所有的加工企业必须采取 HACCP 系统进行自我安全控制，并有非常良好的记录，以供随时检查；第三，所有的农产品加工企业必须注册取得执业资格，只有当局认可的企业才能开工对农产品进行生产加工，否则被视为非法生产；第四，对特殊的农产品，要求通过有机认证。

2. 市场管理环节

农产品的包装管理：包装管理的目标是确保各种食品的包装符合规定，在与食品接触的过程中不会把自身的成分转移到食品中，从而确保食品的安全。欧盟采取包装材料与物体的管理，规定了 10 种可以使用的包装材料，并同时规定凡是用于食品包装的物体或材料，应在标签上注明“用于食物”或附上“杯与餐叉”的符号。除了要求包装安全外，欧盟要求包装者要根据农产品的性质与特点，选择不同的包装材料，以保证农产品在包装后能够保持原有的风味，便于贮存、运输和较长的保质期，同时不会引入污染或对环境造成污染。

农产品标识管理：农产品标识管理的主要目标是为消费者提供详细的信息，以此促进消费者的选择，并保护消费者不被误导与欺骗。当前，欧盟的农产品标识管理分为两部分，一是通用标识，在农产品的标识中必须规定产品名称、组成成分、净重、有效日期、特殊存储条件或使用条件等内容；二是专项指令要求，即对食品的价格标识、食品成分标识、营养标识、转基因食品与饲料标识、有机农产品标识、牛肉标识等进行专项管理。

农产品追溯制度：采取农产品追溯制度有利于确定农产品的身份、历史和来源，增强通过生产和销售链追踪产品的能力，是产品质量安全管理体系成功的要素之一。该制度有以下主要要求：第一，要求所有的农产品生产、加工企业必须注册，以便采取严格的登记制度；第二，所有的生产和加工企业必须严格按照 HACCP 体系进行生产和加工，并有非常完整的记录；第三，所有上市的食品必须有严格的标识管理，所有生产信息记录在标识中；第四，严格的检测手段和快速检测方法；第五，严厉的处罚制度，或生产者如何从市场上撤回对消费者卫生存在着严重危害的产品的程序。

3. 市场准入准则

第一，严格执行动植物卫生检验检疫标准，提高进入门槛；第二，农产品的质量、技术标准、标签和包装的检验检疫必须合格；第三，实施新型的“绿色壁垒”，即进口的农产品必须符合生态环境和动物福利标准；第四，实施所谓的新技术标准，对诸如转基因产品实施更加严格的准入。此外，欧盟还通过制定农药残留指标、农产品生产的标准等措施保证其食品安全。

三、欧盟食品农产品追溯实施现状

欧盟的食品溯源信息监管形成了政府、企业、科研机构、消费者共同参与的监管模式。为了提高欧盟食品安全溯源信息监管，加强对食品供应链的控制，欧盟建立了欧洲范围内的食品安全监管机构，即欧盟食品安全管理局和食品与兽医办公室。在食品溯源信息监管中，欧盟食品安全管理局负责对食品供应链中溯源信息的监控，包括溯源信息的收集、分析、检验和发布等，从而监控溯源信息系统，保证追溯体系的有效运行。欧盟溯源信息的监管措施强调以法律的形式明确各主体关于提供溯源信息的责任。从一个产品的初级生产到出售给消费者，其间通常包含多个环节。在食品溯源信息监管的每个环节，赋予食品和饲料经营者、成员国主管当局和欧盟明确的角色和职责，并且当出现风险时，他们都能作出恰当的回应。

为了增强食品安全溯源信息的透明度，欧盟在各种溯源系统中设置了消费者查询功能，并定期公布人类与动物健康安全风险和环境风险评估结果。通过增强信息的透明度，加强公众的监督，使得溯源信息的监管多了一道保障。

欧盟农产品追溯体系包含两个功能，即追踪和追溯。追踪是指沿着供应链从开始到结尾追逐产品向下游移动的轨迹，即提供下游信息；追溯是指通过记录沿着整个供应链条向上游追踪产品来源，即提供上游信息。其中，最核心的内容是对农产品从生产到销售的整条供应链中各环节（生产、加工、储存、运输、销售等）的各种相关信息进行记录和存储，并在产品出现质量问题时，可以通过一定的信息技术手段对整条信息链进行逆向追溯，快速查出出现质量问题的根源，并进行及时有效的处理。

将食品和饲料原料分析法和信息技术系统相结合对实施有效的追踪体系是非常必要的。加工商必须确保其产品符合食品法规的要求。这就要求所有的成分来源都能够被追踪，因此生产商必须能够证明其供应商能够提供完整的追溯。如果发现了任何可疑问题，必须一直追踪到消费者。追溯适用于与食品安全有关的任何环节，如包装、加盖和封口等。追溯体系也包括产品生产包装和流通前、中、后期对产品所发生的一切事情，这涉及产品的组成、加工、检测和检测结果、环境（温度、时间和湿度）、所用资源（人、机器和刀）、运输方式及时间等。

（一）欧盟主要国家的追溯体系

1. 荷兰

荷兰建立了禽与蛋商品理事会的综合质量系统（IKB），它是一种质量控制系统，其目的是保证生产链中所有重要活动都在受控情况下进行。为此，在IKB范围内的所有涉及禽肉和禽蛋生产、加工和销售的部门都必须为其业务操作方式提供保证。这一要求适用于家禽饲养场、饲料供应商、兽医师和产品加工商。每一生产链各自都有专门的IKB规章制度。IKB最终目的是保证产品的安全性，其核心在于贯穿整个生产链的信息交换。IKB有关家禽的各种情况（一般和特殊）都有书面记录。参加IKB的公司必须在所有时间都能体现出它们是根据IKB规章制度进行操作的，也就是说它们应有记录在案，必须在任何时候接受检查。参加IKB的畜牧场只准使用来自于GMP（经过认证的供应商和动物饲料良好生产操作规范）的饲料和只准聘用认可的兽医师。兽医师应根据 GVP（良好兽医操作规范）指南开展工作。屠宰厂则必须把 GHP（良好卫生操作规范）标准与有关转运中动物福利特别条款结合起来。

其中，最主要的就是建立猪肉生产过程的可追溯制度。截至 2006 年，荷兰国内已有 95%以上的养殖户通过了 IKB 体系认定，获得 IKB 认定的荷兰猪肉制品已在欧盟乃至世界其他国家具有较高的认知度，其价格比普通猪肉高出约 10‰，实现了优质优价。荷兰猪肉追溯体系的主要环节如图 4－7 所示。

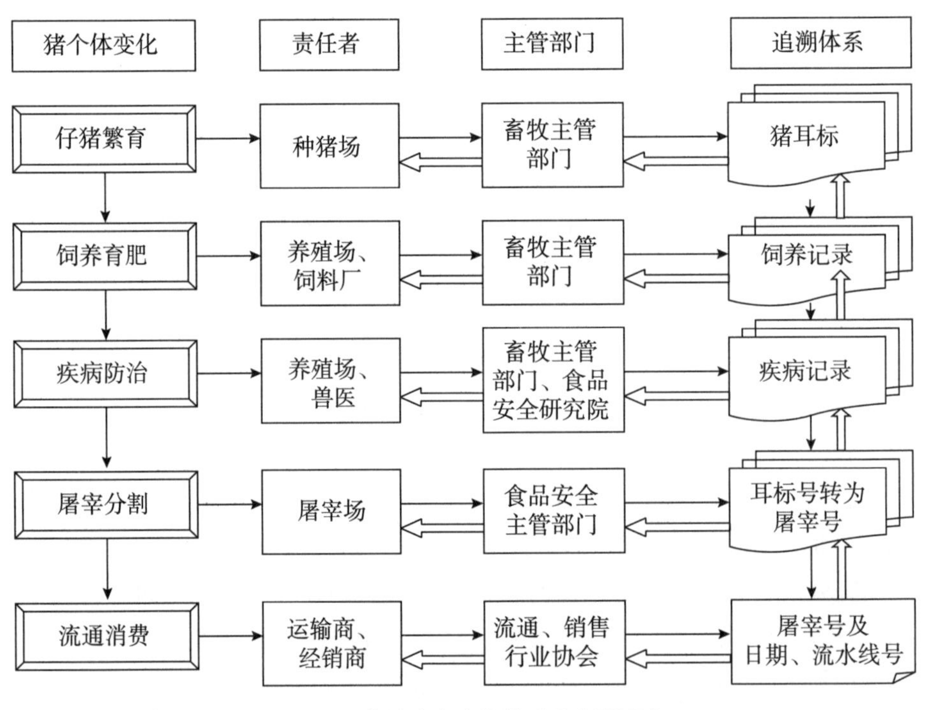

图 4－7　荷兰猪肉追溯体系的主要环节

流通链上各部门各司其职，如对于肉猪养殖户，要求建立猪的个体识别体系，从保证养殖安全的角度对动物卫生、动物福利、饲料、兽药等方面提出质量保证体系的建设要求，从而保证了猪肉的质量。

2. 英国

英国政府建立了基于互联网的家畜跟踪系统（CTS），该系统是家畜辨识与注册综合系统的四要素之一。在 CTS 中，与家畜相关的饲养记录都被政府记录下来，以便这些家畜可以随时被追踪定位。家畜辨识与注册综合系统的四要素为：标牌、农场记录、身份证、家畜跟踪系统。

①标牌：每头家畜都有唯一的号码，家畜号码一般通过两只耳朵的耳标来进行记录。

②农场记录：农场必须记录有关家畜出生、转入、转出和死亡的信息。

③身份证：1996 年 7 月 1 日出生后的家畜必须有身份证来记录它们出生后的完整信

息，在此之前的家畜由CTS来颁发认证证书。

④家畜跟踪系统：记录了获得身份证的家畜从出生到死亡的转栏情况。

农场主可以通过CTS在线网络来登记注册其新的家畜，也可以查询其拥有的其他家畜的情况。CTS系统可以查询如下信息：查询目前在栏的家畜情况；查询任意一头家畜的转栏情况；对处于疾病危险区的家畜进行跟踪；为家畜购买者提供质量担保，并以此来提供消费者对肉食品的信心。

3. 芬兰

芬兰畜产品质量安全追溯体系的具体做法如下。

（1）明确管理机构和职责

在组织结构上，芬兰建立了由农林部、食品安全局、省市为主体的，以政府主导、分段监管为模式的食品安全监管体系。将畜产品生产加工、安全卫生、运输流通、销售及消费等环节进行归口管理，农林部为主管机关，拥有在畜产品及食品质量安全方面的立法权；2006年成立食品安全局（EVIRA)，专门负责具体工作，拥有在畜产品及食品质量安全方面的执法权，承担食品质量安全监测和研究工作；下属6个食品安全省级主管部门和市级机构接受农林部和食品安全局的双重领导，负责执行相关指令。

（2）制定完备的法律法规

芬兰在食品安全方面遵守欧盟的食品安全相关法规，并在此基础上建立完善了本国的质量安全法律体系。受欧盟新《食品法》的影响，芬兰2006年3月1日更新了3种旧法案（《食品法》《卫生法》《健康保护法》）。同时，在食品安全标准和监管程序方面的条款相当详细。例如，芬兰的《食品法》明确规定了食品生产的监控和管理程序，以及生产、运输到销售过程的卫生要求。该法还明确了食品添加剂和接触食品的材料（包装和容器等）的使用限制。这些规定使政府部门的具体监管有法可依，且程序清晰。

（3）建立畜产品质量追溯中央数据库

专门建立了国家农业中央数据处理中心（ADC）作为芬兰农业信息中心，属于芬兰农林部管理，所有业务都只存在于一个中央数据库中，ADC通过信息网络方式与农场、屠宰加工厂、活畜交易场、销售市场联系，覆盖畜产品生产、加工、销售的各环节。主要业务包括牲畜识别、乳牛场管理、牛业登记和代录、牲畜繁殖信息、动物卫生和福利保障等；主要内容包括动物及畜牧场登记、畜群登记、动物卫生及福利等，同时负责定期给政府出具质量安全情况报告，每隔1个月给农场发送牲畜健康状况和质量安全风险情况报告。目前，ADC内已包括芬兰所有牛群的信息，猪和羊的信息相对较少，其他产品信息尚未纳入。

（4）实施各环节信息的分段监管和储存

芬兰的牛群管理在生产、加工、销售的各环节都有专业的软件系统和存储条件，一方面是为了将追溯信息及时报送ADC，另一方面则是为了完整保留牛群的全部信息以备监控核查。以牛群追溯为例，在农场养殖环节，农场主负责给牛只佩戴耳标进行身份标识，并在ADC上注册和登记相关信息，同时准确记录、报告和保存牛从出生到移出交易过程中的全部信息。但是，向ADC报送的追溯信息只涉及在转移发生或牛群质量安全情况发生时，如牛群的出生、转栏、移出，牛群的生病用药记录等信息，日常的更为详尽的信息记录则由农场主独立保留，以备核查。在屠宰环节，屠宰场工作人员必须通过信息系统核实牛群是否已在ADC登记（强制性），以及牛群的健康信息、屠宰前3年是否用过兽药等（非强制性），然后方能进入屠宰环节，屠宰的关键信息必须于7日内报告ADC，其他详尽信息也由屠宰场独立保存。

（5）融合质量管理认证体系与追溯

芬兰以国际通行的HACCP体系作为保障，在畜产品加工环节对原料、关键生产工序及影响产品安全的各类因素进行分析，确定加工过程中的关键环节，将关键点信息全部纳入追溯系统的控制范围之内，建立、完善监控程序和监控标准，采取规范的纠正措施，在企业加工线上的每一个关键控制点上配备专业设备和操作人员，负责生产信息的实时记录与传递，实现了追溯与质量管理认证体系的良好结合。在此基础上，芬兰正在尝试良好农业规范（GAP）的实施与管理。

（6）注重质量检验检测和风险监控

芬兰十分注重畜产品质量检验检测和对质量安全的风险监控，EVlRA主要承担了芬兰农产品特别是畜禽产品的检验检测和风险监控工作，特别是对动物的药物治疗和其他食品中的药品残留物的密切监控。EVIRA管理芬兰官方的兽医和检测员，其中市级的兽医就有400人，一方面，经过专业教育和官方认定的兽医分布在芬兰的各个区域，负责农场牲畜的诊疗和检测，以及加工屠宰过程中的检测与监控；另一方面，检疫员协助兽医在屠宰场中负责检验检疫。兽医和检疫员不仅要提供诊疗结果，而且要提出改进意见，并定期出具相关质量安全报告，将结果通报ADC记录备案。

（7）开展质量安全教育与培训

农产品质量安全监管重点在于源头管理，芬兰十分注重对农场养殖环节的指导管理。家庭农场是芬兰农业的中坚力量，芬兰88.4%的农场都为私有，农场主大部分均为夫妻两人，只有接受过良好农业教育或通过农业知识考评才有资格成为农场的管理者，在一定程度上保障了产品的质量安全管理水平。同时，政府和行业组织、农业企业共同组织一些宣传培训活动，如向农场主发放质量手册、质量安全法律与农业生产标准等，专业的兽医、检疫员和ADC也会定期给生产者出具质量安全改进意见和报告，帮助生产者提高职业操作水平。

（8）执行严格的惩罚制度

芬兰对农业有着不同的补助，补助来源一半是欧盟提供（芬兰政府每年向欧盟交费），另一半是芬兰政府供给，补助形式以每公顷固定数额支付给农户，补助资金在农场收入中的占比较大，例如，2008年农场主的收入组成的27%来自公共补助。而一旦发现农场畜产品的质量安全问题或信息记录缺失问题，政府则会以削减或取消公共补助资金的方式给生产者予以惩戒，这在很大程度上降低了生产者诚信缺失行为的发生。

（二）欧盟食品农产品追溯实施分析实例

1. 欧盟食品和饲料快速预警系统

综合快速预警系统对欧盟市场内和市场外的食品和饲料的安全性进行监控，每周发布一次预警及信息通报。在欧洲食品安全管理局的督导下，一些欧盟成员国也对原有的监管体系进行了调整，将各自国家的食品安全监管集中到一个主要部门。

欧盟要求大多数国家对家畜和肉制品开发实施强制性可追溯制度。欧盟的畜体身份和登记系统由包含唯一的个体注册信息的耳标、出生、死亡和迁移信息的计算机数据库、动物护照以及农场注册机构组成。此外，从 2002 年 1 月 1 日起，要求所有店内销售的产品必须具有可追溯标签的规定开始生效，要求所有欧盟牛肉产品的标签必须包含如下信息：出生国别、育肥国别与牛肉关联的其他畜体的引用数码标识、屠宰国别以及屠宰厂标识、分割包装国别以及分割厂的批准号和是否由欧盟成员国生产等重要信息。在欧盟，家畜标识和注册系统已经实施，提供动物产品源头追踪，饲料和饲养操作透明公开。

欧盟早在 1979 年就建立了食品和饲料快速预警系统（Rapid Alert System for Food and Feed，RASFF），在《第 178/2002 号法案》指导下完善了系统，并于 2002 年开始实施。它是欧盟成员国之间食品和饲料的风险信息的交流平台，通报食品安全预警信息，也涉及食品追溯和召回信息，并发布食品安全年度报告。欧盟 RASFF 预警系统执行流程如图 4－8 所示。

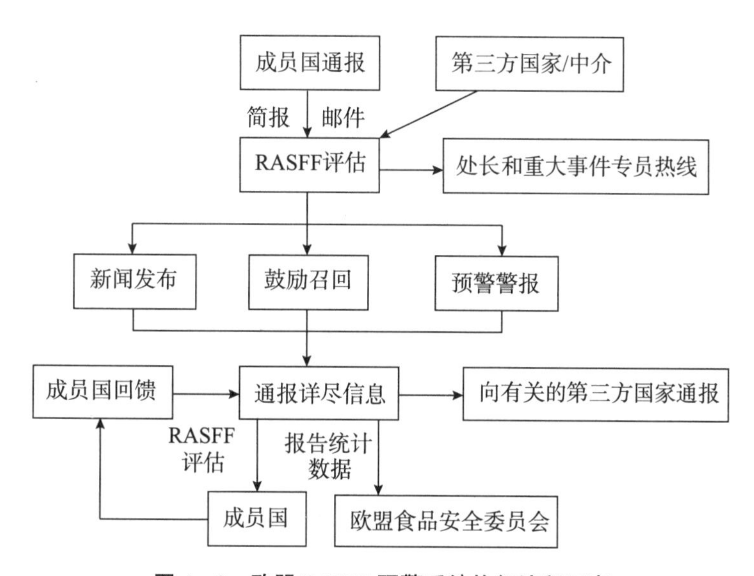

图 4－8　欧盟 RASFF 预警系统执行流程示意

2. 苏格兰农产品追溯体系

1985 年 4 月，英国肯特郡发现第 1 例有记录的疯牛病，经美国农业部科学家研究，于

1986 年 11 月正式确认此头疯牛所感染的是牛海绵状脑病（BSE），且追查感染的来源可能是饲料。欧盟由于无法否定疯牛病对人类感染的可能性，于是决定引入追溯制度，欧盟是最早采用农产品追溯制度的国家。20 世纪 80 年代末至 90 年代初，苏格兰农业面临一系列挑战，来自国际市场的竞争压力、消费者对农产品质量安全的要求以及坚持农业可持续发展的理念共同推动了苏格兰农产品质量安全追溯体系的建立。苏格兰地区农产品质量追溯体系如图 4－9 所示。

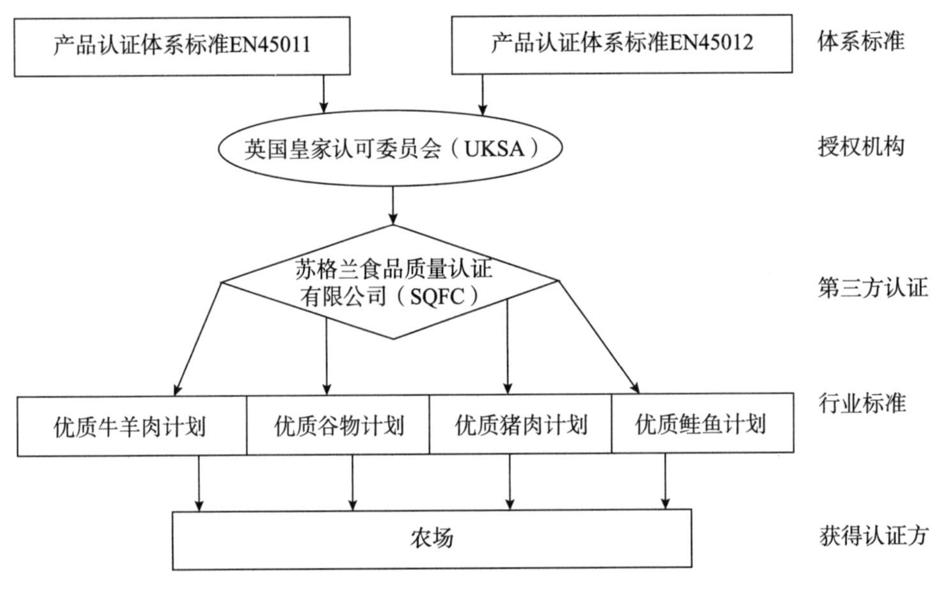

图 4－9　苏格兰地区农产品质量追溯体系

3. *丹麦猪肉追溯系统*

在丹麦，猪及猪肉在以下两个阶段进行标记和识别：农场和屠宰场。在从农场到屠宰场的生产链中不存在牲畜市场。在联合生产系统中，所有的猪场直接与屠宰场签订协议，因此，对牲畜源农场的追溯过程较为简单。在丹麦，所有的牲畜农市场都有一个农场号（称为 CHR 号码，即国家畜牧业登记号码），记录于国家农业部畜牧注册局。

在所有牧场中，接受及运出的猪只详细信息都要登记，包括供应方和接收方的 CHR 号码。丹麦大部分猪饲养于它们出生的农场中，有些仔猪在断奶后被迅速卖出，约 80％的断奶仔猪交易是根据双方（如育成猪农场与一家或几家断奶仔猪农场）签订的长期合作协议进行的，除价格之外，一般的转移协议还应包括记录在健康声明中的关于源农场防疫保健水平的信息。作为协议一部分，每群猪转移时必须带有转移文件，应载明的内容如下：

①送出和接收猪只农场的 CHR 号码、名称、地址；

②运送方的名称及地址；

③动物数量；

④转移日期。

通过只接收从一家或几家有名农场来的断奶仔猪，转移猪只的源农场一般都可以记录下来，另外约20%的断奶仔猪交易通过联营渠道实现。收购方只从几个生产农场接收仔猪（也可以通过耳签进行标记），仔猪在转移前就已经被订购，故收购方一般是事先知道的。除了农民要对转移猪只登记注册外，运载方也要登记运输日期，动物数量以及所有不是直接运往屠宰场的猪只的接收方和提供方。

4. 法国波尔多葡萄酒原产地保护

原产地保护制度起源于法国，在工业化发展过程中，葡萄酒市场由地区向国际发展，葡萄酒作伪，特别是伪冒具有高声誉产区的葡萄酒成为营利手段时，产生了保护最好葡萄酒产区声誉的需求，其目的是保护法国具有数千年历史传统、在世界市场上已具有声誉的葡萄酒产区。

在20世纪初，部分地区受根瘤蚜危机的影响，法国葡萄酒制假泛滥，逼迫政府出台了关于取缔假冒的法案（1905年8月1日）和关于产地限制的行政法规（1908年8月5日）。产地限制法规批准了第一批原产地葡萄酒，包括香槟、干邑白兰地、夏朗德白兰地、阿尔马尼亚克白兰地、班纽尔斯、蒂克莱尔特和波尔多。但是，由于当地生产者的不满，产地行政限制并没有得到落实。这又使政府不得不重新考虑产品的性质和产地对其声誉的影响。1919年5月6日出台的法案规定，对于任何直接或间接违反原产地名称使用的地方性、合法性和稳定性的个人，将给予法律制裁。该法案开启了产地司法限制的时代。

5. Arrivé 全球可追溯的信息系统

Arrivé集团于1950年在法国旺代创建，是法国市场的主要家禽加工企业之一，拥有从饲料制造到可食用新鲜、冷冻产品的全球供应和生产链条。其生产的商品种类非常丰富，涵盖了鸡、火鸡、珍珠鸡、兔子等多种产品，加工制作方法包括整鸡、鸡块、烧烤、蒸煮、填馅等。该集团生产的商品一直遵循极高的质量要求，可追溯性和安全性已深深融入企业文化中。

该集团在家禽领域面临过许多危机，如疯牛病、二噁英、禽流感等，该集团已经从这些危机中吸取经验教训，并通过设计完备的可追溯性管理体系为未来可能发生的事件做好充分的准备。可追溯性管理体系必须涵盖整个生产链：从原材料开始（涉及二噁英问题），到饲料厂（涉及沙门氏菌问题）、牲畜（涉及禽流感问题），再到最终产品（涉及召回和撤回问题）。

当受污染的产品从生产链的某一环节进入销售点，销售给消费者，并最终产生问题之后，监管和卫生机构会进行干预，要求撤回可疑产品类似的每一件产品。在发生这种典型的食品安全危机后，企业不仅需要花费大量时间确定其生产链内每件输入和输出的物品，而且需要花费大量时间向卫生监管机构提供证明，即使返回产品完全没有问题。

屡次发生的食品安全危机使得客户和消费者对产品的可追溯性期望更多，传统的纸面质量管理无法满足这些需求，因此Arrivé集团建立了能够实现全球可追溯的信息系统。

第四节 日本食品农产品追溯体系

一、日本食品农产品监管部门及分工简介

日本的监管部门主要是厚生劳动省，厚生劳动省的职责包括组织检测农产品的农药含量和制定食品的安全指标；对进口农产品的质量安全检查；国内食品工业的经营许可；食物中毒相关事件的调查处理；流通环节食品的经营许可；以《食品卫生法》为依据进行食品安全执法监督检查。为了进一步加强对食品的安全管理，2003年7月1日，日本政府成立了内阁府食品安全委员会，其主要职责是开展食品对人体健康的评价；通报与食品相关的风险信息案件；处理与食品相关的紧急事态。食品安全委员会还开设了“食品安全综合信息体系”，日本国民通过网站的检索系统可以随时检索日本国内外食品安全信息、食品安全委员会相关决定及会议资料、国内食品安全评价书、研究信息以及食品安全调查报告。为了确保包括农产品在内的食品安全和获取消费者的信赖，日本政府于2010年3月开始在全国推行“种植—加工—流通—消费”食品链（Food Chain）一体化管理体系，主要工作由农林水产省、厚生劳动省和内阁府食品安全委员会3家联合开展。具体做法如下：首先，在生产环节导入“农业生产工程管理（GAP）”，即从肥料、农药、饲料、动物防疫用药等方面入手，严格推进检查程序，确保每一种生产物资和器材的安全性；其次，在加工环节导入HACCP管理，即在全面保障食品在加工制造环节卫生达标的基础上，以《与食品制造过程管理高度化相关的临时措施法》为蓝本，通过提供长期低息贷款、普及降低食品加工环节成本方法及培养食品加工一线责任意识。

日本食品安全追溯机构分为政府机构和民间机构两类。政府机构主要是食品安全委员会、农林水产省和厚生劳动省；民间机构包括日本农业协同工会等，以及与追溯技术相关的机构和细分农产品的质量安全管理机构。

（一）政府机构

日本法律明确规定食品安全的管理部门是农林水产省和厚生劳动省，二者按照生产、加工、销售等不同环节分别确定各自管理职责，直接面向农产品的生产者、加工者、销售者和消费者。

1. 食品安全委员会

食品安全委员会（FSC）于2003年7月设立，负责食品安全的风险评估，使日本食品安全监管的风险评估与风险管理职能相互独立，并监督农林水产省和厚生劳动省的工作，以及进行风险信息沟通与公开，直属于内阁。食品安全委员会设事务局，负责日常工作，有权独立对食品添加剂、农药、肥料、食品容器以及包括转基因食品和保健食品等在内的

所有食品的安全性进行科学分析、检验，并指导农林水产省和厚生劳动省的有关部门采取必要的安全对策。

2. 农林水产省

日本农林水产省的主要职能是：①促进农林水产业的稳定发展，进一步发挥农林水产业的作用；②保障农产品的正常供给，不断提高国民的生活水平；③推动农林牧渔业及农村、山村、渔村的经济、文化建设与振兴；④保证国家的产业政策、区域政策、高技术开发及国际合作政策的实施。农林水产省对农业的产供销实行一体化管理，全面负责农产品的生产、流通、加工、进出口以及农业生产资料的供应；执行这些职能时，有相应的法律、经济、行政等多种手段，因此工作效率较高。农林水产省根据经济发展的变化，也在不断调整机构、转变职能。

3. 厚生劳动省

厚生劳动省是负责医疗卫生和社会保障的主要部门，设有 11 个局 7 个部门，主要负责日本的国民健康、医疗保险、医疗服务提供、药品和食品安全、社会保险和社会保障、劳动就业、弱势群体社会救助等职责。在卫生领域，厚生劳动省涵盖了我国的国家卫生健康委员会、国家药品监督管理局、国家发展和改革委员会的医疗服务和药品价格管理、人力资源和社会保障部的医疗保险、民政部的医疗救助、海关总署的国境卫生检疫等部门的相关职能。这样的职能设置，可以使主管部门能够通盘考虑供需双方、筹资水平和费用控制、投资与成本等各方面的情况，形成整体方案。

（二）民间机构

1. 日本农业协同工会

日本农业协同工会（JA，简称农协）是日本农民自主、自助、自治的经济组织。按《农业协同组合法》规定，农协以提高农业生产力、提高农民的社会经济地位、实现国民经济的发展为目的，是法治化的农民合作组织。农协所从事的各项事业是最大限度地为农户做奉献，不以营利为目的。据了解，日本 70%以上的农协从事的业务活动是不赚钱的，营农指导也是无偿服务，农协自身所需费用主要来自信贷、保险业务的获利。日本原有 1500 个农协，目前合并为 500 多个。这些农协广泛活跃于农村的生产和流通领域，发挥着多方面的作用。日本 90%以上的农户参加了农协，与欧美的合作经济组织相比，日本农协最大的特点是半官半民性质。在日本政府的积极扶助下，农协在日本农村举足轻重，其政治影响力巨大，经济辐射力遍及农村的方方面面和各个角落。各层级农协的帮助一方面使得农产品的质量和新鲜度有所保证，另一方面使得农产品可追溯的理念和信息采集得以便捷地宣贯。

2. 食品供求研究信息中心

食品供求研究信息中心于 1967 年 4 月由从事食品调查研究的公益法人设立（2012 年 4 月 1 日成为一般社团法人）。该中心与农林水产省为首的国家机关、都道府县、市町村及相关团体及民间企业合作，根据食品生产、加工、流通、销售及消费各个领域的不同，进行不同社会环境背景下的食品供需相关课题研究，对农产品生产和国民生活提供了较大帮助。

3. 家畜改良中心

1950年，日本发布《家畜改良增殖法》，建立起明确的以《家畜改良增殖法》为核心，以国家、都道府县行政机关与专业组织为主体，以养殖家畜为对象，统一标准，规范、科学、多层次、持久完备的家畜改良体系，经过近半个世纪的不懈努力，取得了明显的效果。2001年，独立行政法人家畜改良中心成立，根据独立行政法人通则法（平成11年法律103号）第29条，按照国家规定的中期目标实现以下业务：家畜改良及饲养管理改善；饲料作物生长所需的种苗的生产和供应；饲料作物种苗的检查；调查研究、讲习指导；家畜改良增殖法基检查等；牛的溯源法基事务等；中心的人才、资源活用外部支援。

二、日本食品农产品追溯法律法规与管理办法

（一）法律法规体系建设

在食品追溯方面，日本制定了相关的法规。食品安全可追溯制度适用于所有在日本国内流通的农产品和加工食品。

2003年4月，日本公布了《食品可追溯指南》，后来又经过2007年和2010年2次修改和完善。《食品可追溯指南》明确了食品可追溯的定义和建立不同产品的可追溯系统的基本要求，规定了农产品生产和食品加工、流通企业建立食品可追溯系统应当注意的事项。2003年6月通过了《牛只个体识别情报管理特别措施法》，于同年12月1日开始实施。继2003年日本颁布《牛肉可追溯法》并在牛肉中建立强制性可追溯制度后，2009年，日本又颁布了《关于米谷等交易信息的记录及产地信息传递的法律》（又称《大米可追溯法》），实施大米的可追溯制度。根据《大米可追溯法》，所有国内的大米经销商、生产大米制品的食品加工商以及大米种植者均应当保存交易记录以及提供关于大米及大米配料的原产地信息。该法要求各单位自2010年10月1日开始建立并保存交易记录，自2011年7月1日起开始实行产地信息的传送和公开。

日本出台的有关农产品质量安全追溯的法律法规见表4-5。

表4-5 日本有关农产品质量安全追溯的法律法规

序号	法律法规名称	摘要	发布部门
1	《食品卫生法》	日本食品安全的纲领性法律，确立食品安全的一般性原则和严格的事实标准，国际贸易所遵循的基本标准	厚生劳动省

表 4-5（续）

序号	法律法规名称	摘要	发布部门
2	《农药取缔法》	设置农药登记制度，规范农药使用	农林水产省
3	《农业标准法》又名《农林物质标准化及质量标志管理法》（JAS）	确立农产品标识制度和食品品质标识标准，在此基础上推行食品追溯系统	农林水产省
4	《植物防疫法》	对进口植物产品实行严格的检疫和卫生防疫制度	农林水产省
5	《家畜传染病预防法》	规定禁止进口的动物及其制品，实施家畜疫情预防和控制的具体措施	农林水产省
6	《转基因食品标识法》	对已经通过安全认证的大豆、玉米、马铃薯、油菜籽、棉籽 5 种转基因农产品，以及农产品为主要原料加工的食品，制定了具体的标识方法	农林水产省
7	《食品可追溯制度》	“从农田到餐桌”全程确保食品安全，提出综合推进确保食品安全的政策，制定食品供应链各阶段的适当措施，指导食品安全管理的方针	农林水产省
8	《肯定列表制度》	设定了进口食品和农产品中 734 种农药、兽药和饲料添加剂的最高残留限量标准，大幅提高了进口农产品和食品的准入门槛	日本健康劳动福利部
9	《食品安全基本法》	规定了日本食品安全行政制度的基本原则和要素，确立了消费者至上、基于科学的风险评估、食品可追溯性等原则	食品安全委员会
10	《牛肉生产履历法》	制定关于牛肉及其制品的标示和追溯制度。要求自 2003 年 12 月 1 日起在日本各大小超市，所有牛肉包装必须具有牛肉所属性别、出生年月、饲养地、加工者、零售商、无疯牛病病变说明、检验合格证等内容的履历信息	农林水产省
11	《大米可追溯法》	要求对进口农产品实施可追溯法规，对大米要追溯至原产地县级	农林水产省

（二）质量安全认证体系

日本农产品安全标准中非常重要的是日本农产品质量安全认证体系。日本农产品认证一般由中介认证机构承担，认证机构由农林水产大臣指定或认可。认证分为常规农产品认证和特殊认证，常规农产品认证主要是品质认证，特殊认证即有机农产品认证。

常规农产品认证。与其他许多自愿性标准一样，JAS也有相应的认证体系推广和促进JAS的使用。JAS标志制度是自愿认证制度，生产者可以自愿申请，可以申请的产品有400多种。如果经有资格的审核员和指定的认证机构认可，认为能够持续生产符合JAS要求的产品，就允许产品贴上JAS标志。目前，日本消费者基本上都认可JAS标志。

有机农产品认证。日本对于有机农产品的标识，尽管1992年在“有机农产品及相关说明的指南”中制定了标识的图示，但由于其并非强制性执行的制度，出现了有机农产品的加工和销售比较混乱的情况。因此，JAS法在1999年修订中，确定了有机农产品及其加工食品的特定JAS规格标准，通过检查来确定是否符合规格标准。即使未加贴JAS标志的产品，也必须有“有机纳豆”等文字标识，有机JAS标志成为有机食品的专用标志。从外国进口的有机食品如果没有加贴JAS标志，就不能冠以有机食品名称销售。进口有机食品加贴JAS标志的方法有两种：由登记认证机构认证的产品可以加贴有机JAS标志；进口商所在国有与有机JAS制度相同的检查制度，进口农产品已通过当地的国家有机农产品认证。

三、日本食品农产品追溯实施现状

（一）实施步骤与措施

在农产品可追溯系统应用方面，日本走在前列，不仅制定了相应的法规，而且在零售阶段，大部分超市已经安装了产品可追溯终端，供消费者查询信息使用。

日本在食品安全可追溯系统中采取了以下步骤与措施。

1. 先试验示范然后逐步推广

日本的食品安全可追溯制度经历了先试验示范后逐步推广的做法。在试验示范阶段，农林水产省通过“安全、安心情报提供高度化事业”项目的扶持，2002年选择蔬菜、水果、大米、鸡肉、牡蛎、水产加工品、果汁7个领域进行可追溯系统开发的试验，利用条码、ID标签、互联网等IT技术建立相应产品可追溯系统的示范项目，之后在蔬菜、水果、大米、猪肉、鸡肉、鸡蛋、养殖水产品、菌类等产品中进行了推广。与此同时，农林水产省鼓励各食品生产经营者根据产品的生产和流通特性，自主开发数据识别、数据载体、信息传递方法，并建立了适合产品特点和经营条件的食品安全可追溯系统。

在推广阶段，各单位可以根据经营产品、交易规模以及自身条件，自主确定合适的推广方法。不具备条件进行食品供应链全程实施可追溯制度的单位，也可以分阶段逐步实施。为了推广已开发的可追溯系统，农林水产省对采用食品可追溯系统的机构从资金方面进行支援，对采用可追溯系统的单位在建立数据库、购置必要的信息处理设备等方面给予补贴。具体补贴标准如下：生产阶段补贴最高可达所需费用支出的50%，流通零售阶段的最高支付率可达三分之一。

2. 建立全国统一的食品可追溯制度操作指南

由于建立食品可追溯制度需要大量前期投入和高额的维护成本，同时鉴于当初在农产品生产者、食品加工和流通企业之间尚未对食品安全可追溯制度形成统一认识的实际情况，为了顺利推动食品安全可追溯制度的建立，2002 年，农林水产省召集相关专家商讨制定统一的操作标准用于指导食品生产经营企业建立食品可追溯制度。根据指南，全国各地的农产品生产和食品加工、流通企业纷纷建立了适合自身特点的食品可追溯系统。

3. 强制性与自主性相结合

日本的食品安全可追溯制度涵盖所有生鲜农产品和加工食品。对于安全性问题严重或事关国民生命健康的重要产品，在法律约束下建立相应产品的可追溯系统。对于其他一般产品，则根据经营者的自主积极性，记录信息的内容及传播手段，由各单位自主判定，并建立相应产品的可追溯系统。

（二）追溯实施分析实例

1. 全农放心系统

各类自主开发的食品安全可追溯制度的典型代表是农协系统的“全农放心系统”。农协系统在日本是较早开展食品安全可追溯制度的试点单位之一，已建立了比较完善的食品安全可追溯制度。所谓的“全农放心系统”是以经由农协系统的所有农产品及加工食品为对象，以缩小生产者与消费者之间的距离以及保障国产农产品的生产和消费为主要目的，通过引入检查认证制度，对农产品的生产、加工、流通全过程进行跟踪与追溯的食品安全可追溯制度。它主要由生产、加工、流通阶段的信息管理、检查认证、信息公开 3 个部分内容组成。

2. 日本农产品质量安全追溯系统

（1）牛只个体识别追溯系统

农林水产省于 2003 年制定《牛肉生产履历法》，同时委托家畜改良中心开发和管理牛只个体识别追溯系统。消费者可以根据牛肉包装上的 10 位追溯码查询到牛肉生产、流通整个过程中的所有信息。

（2）seica 果蔬追溯信息系统

该系统由财团法人食品流通构造改善促进机构及开发合作者的独立行政法人农业和食品产业技术综合研究机构食品综合研究所、农林水产研究计算中心（农林水产省）共同开发管理，是日本最具影响力的果蔬追溯信息系统。生产者通过该系统注册登记，登录进入系统后可以免费编辑自己产地信息的内容，网站首页提供了详细的信息编辑流程。消费者可以通过产品包装上的8位数字、产地、栽培方式等查询产品的种植信息。查询结果包括农产品信息、生产者信息和出货信息3个项目。

（3）家禽追溯系统

该系统由一般社团法人日本肉鸡协会（Japan Chicken Asscociation，简称J.C.A）开发管理，目的是实现“放心鸡肉产品”。该社团是日本唯一正规的肉鸡管理协会，会员单位成员包括生产加工鸡肉会员、零售鸡肉会员、批发鸡肉会员等170家会员企业，集成商、医药器械供应商等29家赞助会员企业。协会组织会员单位经过认证后，将自己的生产、流通信息上传到系统中，消费者可以通过鸡肉包装上的编号或者产地查询鸡肉的生产和流通状况。

（4）青森县苹果追溯

日本青森县苹果产地导入一种新系统，消费者可以通过贴在苹果上的二维码来确认出口苹果的果农信息。这一新尝试目的在于提高产品的可追踪性，满足海外市场对食品安全的期待。即使摘自同一个果农的同一棵果树，每只苹果也都被贴上不同的二维码贴纸。购买苹果的人只要用手机扫描一下，就会显示果农的名字和照片、评价、农药使用次数等信息。这些信息用日语、中文、英语3种语言给出。给每个商品都贴上不同识别码的做法还不多见，果农们还希望在不久的将来，让消费者能够通过二维码确认苹果的流通路径。

（5）京都府全农京都米追溯

全农协会京都府为保证当地稻米的质量安全，对有品质保证的京都米信息建立了一套可以查询的系统。通过该系统可以分别从两个渠道查到大米的种植、加工混合、流通等追溯信息：一是通过商品名称和生产日期搜索；二是通过商品条码和生产日期搜索。

第五节　韩国食品农产品追溯体系

一、韩国食品农产品监管部门及分工简介

韩国采用中央、省、市、郡的多级管理体制对食品安全进行管理。中央层面涉及食品药品安全部（MFDS）、农业食品和农村事务部（MAFRA）等多个部门，地方政府机构则负责对本行政区域内食品安全问题的具体管理。这种分工方式将中央管理部门从繁杂的具体管理事务中解脱出来，有利于其集中力量研究和制定宏观政策，解决全国性、全局性问题，同时明确地方政府对本行政区划食品安全管理的首要责任，保障了食品安全管理政策在地方的贯彻。

（一）中央管理机构

1. 食品安全政策委员会（NCFSP）

该委员会于 2009 年 3 月根据《食品安全基本法》成立，为国务总理室下属的审议委员会，其主要目的是“构建食品安全促进体系，保证食品安全政策的有效性”。国务总理担任委员长，食品医药品安全部长、农林畜产食品部长官和海洋水产部长官都是该委员会的委员。其主要工作是综合协调食品安全政策，包括审议和调整食品安全基本计划、主要政策、关键法规标准、重大食品安全危害评估、重大食品安全事故处置等。该委员会还将起到避免各部门间业务混淆现象的作用。

2. 食品药品安全部（MFDS）

MFDS 于 2013 年由保健福祉部的食药厅、原农林渔业食品部的“农畜水产品的卫生、安全”业务整合而成。MFDS 下设消费者风险预防局、食品营养与膳食安全局、食品安全政策局、农畜水产品安全局、药品安全局、生物生药局、医疗器械安全局 7 个管理局。每个局下设若干课，如消费者风险预防局下设消费者风险预防政策课、交流与合作课、风险信息课、食品信息整合与服务课、实验室监察与政策课；食品安全政策局下设食品政策协调课、常规食品管理课、食品消费安全课、食品进口政策课、食品标准课、畜产品标准课、食品添加剂标准课、酒精饮料安全管理课等。此外，MFDS 建立了国立食品药品安全评估研究院，并建立了地方厅。

3. 农业、食品与农村事务部（MAFRA）

农林水产食品部的前身是农林部，成立于 1948 年。2013 年，原农林渔业食品部将其食品安全职责划入 MFDS，将其水产业务划归海洋渔业部，农林渔业食品部随之更名为 MAFRA。MAFRA 内设若干室、局和直属单位，其中计划协调室负责管理政策规划局、应急安全规划局，食物产业政策室负责管理食物产业政策局、市场与消费政策局 、再生农业食物政策局，此外还内设农村政策局、食物粮谷局、畜牧政策局、国际协调局。MAFRA 下设 5 个直属单位，分别为动植物检疫局、国家农产品质量管理服务部、农业与食物官员培训院、国立农业渔业学院、种子与多样性服务部。MAFRA 在各地设有垂直管理部门，负责监督相关政策在当地的落实情况。

4. 海洋渔业部（MOF）

海洋渔业部成立于 1996 年，曾于 2008 年被撤销，其职能划入农林水产食品部，2013 年重新接手农林食品部的水产管理业务。MOF 内设政策规划局、渔业资源政策局、海洋产业政策局、海洋环境政策局等 9 个管理局。同时，下设国立水产科学院、国际海洋调查院、东海渔业指导事务所、西海渔业指导事务所 4 个部门，另设两个研究机构，分别是国立水产品质量检察院和中央海洋安全审判院。

（二）地方管理机构

韩国地方层面的进出口食品安全监管体制主要由 3 个部分组成：一是中央机构设在各

地的垂直管理机构（分支机构或地方执法机构），监督管理政策的具体落实情况；二是地方政府机构；三是行业协会、农协等民间组织。

1. 韩国地方行政区划

韩国行政区划单位共分为四级：一级为道、特别市、广域市；二级为市、区、郡；三级为邑、面；四级为洞、里。韩国在行政区域上共分为9个道（相当于中国的省）、1个特别市（首都）和6个广域市，其中9个道由北向南依次为：京畿道、江原道、忠清南道、忠清北道、庆尚南道、庆尚北道、全罗南道、全罗北道、济州道（济州岛），一个特别市指首尔特别市，6个广域市为：仁川广域市、光州广域市、大田广域市、大邱广域市、蔚山广域市和釜山广域市。

2. 中央机构设在各地的垂直管理机构

MFDS、MAFRA和MOF等在各地均设有垂直管理机构，负责监督政策执行以及进口食品农产品的监管。如MFDS在首尔（1个进口食品检验中心）、釜山（6个进口食品检验中心，1个食品药品分析中心）、光州（2个进口食品检验中心）、大田、大邱、京仁（6个进口食品检验中心，1个食品药品分析中心）6地建立了地方厅。

3. 地方政府机构

韩国各级政府都设有较为健全的食品安全监督管理机构和相关的协会，管理各地的食品市场，随时进行抽检，甚至是强制性检测。对出现的问题，除立即向全国进行通报和责成企业收回有问题的食品外，还要对企业进行重罚，有关部门还将对其进行监督，完全符合标准后才能重新生产。如果是进口食品，则通过互联网采取应急措施。无论是在韩国的旅游商品市场或是小商品市场，所有食品都非常清洁、卫生，没有小贩叫卖或脏乱的现象。

4. 行业协会等民间组织

韩国的食品行业协会在食品安全管理过程中发挥着重要的作用，负责食品监管职能的韩国食品工业协会基本职责是检查食品及包装的安全卫生质量，协助制定相关的食品安全、卫生标准，提供信息。下属的食品研究所专门从事食品及其包装品中农药、兽药残留量的检查以及转基因食品、重金属、添加剂等的检测。

二、韩国食品农产品追溯法律法规与管理办法

（一）韩国食品农产品主要法规

1.《食品安全基本法》

该法于2008年6月13日通过，这是韩国关于食品安全的最重要的一部法律，此后经多次修订，共有6章30条和3个附则。《食品安全基本法》规定食品安全的基本原则、宗旨、目标、政策等内容，包括中央、地方政府、企业、消费者责任，食品安全管理的基本计划，食品安全政策委员会的主要职责及委员会的构成，发生重大食品安全事故时的紧急应对措施及跟踪调查，食品的危害评价和科学管理（如HACCP），信息公开，促进相关

行政机关相互协作的相关事项，消费者参与食品安全相关委员会的相关事项等。如对于HACCP，该法规定：制定以及修正关于食品等安全的标准、规格或者判断食品等是否对公民健康造成危害时，应事先实施危害性评价。对于突发应急事件，可以在事后进行危害性评价；政府部门应制定实施重点管理制度（HACCP），防止食品生产、销售过程中产生危害因素，并对采用该制度的企业予以技术及资金支持。该法是其他食品安全立法的指导性法律，性质属于政策法而非执行法。

2.《食品卫生法》

从颁布至今经过33次修订，由最初的11章47款变成现在的13章102款，分别为总则、食品和食品添加剂、器具容器和包装、标签、食品公典、检验、业务许可、烹饪饮食、食品卫生评议委员会、食品卫生团体、纠正令和撤销许可等行政制裁、补则、罚则。该法是为了保障韩国公众身体健康，防止因食品造成的卫生污染和危害，提高食品的营养质量而制定的，是对食品生产、加工、监管活动具有普遍约束力的法律。

3.《保健食品法》

该法颁布于2002年8月，共分为10章48款，主要包括总则、标准、标签、检验、良好操作规范等内容，至今已经历了9次修订，是韩国保健食品方面的专项法律，主要目的是保障保健食品安全，提高产品质量，促进保健食品合理生产和销售，以提高和保护本国消费者的健康安全。

4.《畜产品卫生管理法》

该法于2010年制定，经8次修订，共8章48条。其立法目的是规范家畜（陆生动物，包括鸡、鸭等）的饲养、屠宰、处理与畜产品（肉、蛋、奶）加工、运输、检查，加强畜产品的卫生管理，提高畜产品的质量，促进畜牧业的健康发展，提升公共卫生水平。

5.《农产品质量管理法》

该法于2001年制定，经10余次修订，对农产品质量控制机构、标准化、GAP认证、溯源、地理标志、风险评估、安全控制计划、检验等进行规定，其目的是通过质量控制保证农产品安全、提高农产品价值、增加农民收入、保护消费者。

6.《水生生物疫病控制法》

该法于2011年制定，共61条。该法对水生生物疫病防控机构、防控措施，包括疫病诊断、流行病学调查、隔离、水产企业检查、带病体的销毁、进出口检疫等进行了规定，其目的是通过对水生生物（活的动植物）疫病的防控，保证水生动植物的稳定生产、供应，保护水体生态环境，促进人类健康保护。

7.《进口食品特别管理法》

该法于2015年制定，包括总则、进口前阶段管理、进口营业管理、通关阶段管理、流通阶段管理、整改命令和登记撤销等行政制裁、补则、罚则等8章47条。该法对《食品卫生法》《保健食品法》《畜产品卫生管理法》《家畜传染病预防法》等法规中涉及进口食品安全管理的措施进行了整合，以提高法律管理的有效性和一致性。在法律层级上，该法在进口食品管理方面高于其他法律。如该法未做规定的，适用各横向法规。

韩国主要食品农产品追溯法律如表 4-6 所示。在主要追溯法律的指导下，韩国还制定了《农产品质量管理法施行细则》《水产品可追溯实施细则》《牛和牛肉追溯施行细则》等具体法规，从参与追溯的注册、登记、变更、标识、有效性、数据提交等方面详细规定了追溯实施要求。一些其他食品相关法律在修订过程中补充了追溯条款，如《健康食品法》强化了对健康食品的追溯要求。

表 4-6　韩国主要食品农产品追溯法律

追溯相关法案	追溯条款
《食品安全基本法》	第 18 条要求政府机构必须推动建立食品生产、销售过程跟踪机制，食品企业需记录并存储必要信息，及时提交以备核查
《食品卫生法》	第 49 条涉及追溯，内容包括追溯登记变更要求，可追溯合规性评估频次，明确了食品药品监管局及相关专员在追溯监管方面的权限
《优质农产品法案》	第 2 条第 7 款提出追溯定义；第 24 条～第 31 条内容涉及追溯农产品注册、注册有效性、数据提交、追溯退出机制、禁止行为、监控和纠正
《农产品质量控制法案》	第 10 条～第 11 条对追溯要求的豁免做了规定并修订了追溯登记流程顺序；第 42 条对追溯的地理位置信息作出要求
《牛和牛肉可追溯法案》	针对牛肉追溯提出了非常具体的要求，涉及牛肉标识和追溯对象、进口牛肉和分销的追溯、监督、信息公布、系统运作和处罚等内容

（二）履历管理制度

要实施农产品履历管理制度的农家，需要到农产品质量管理院申请履历追溯管理注册，之后对履历追溯管理注册者（生产、流通、销售阶段）的相关信息进行记录、保管，履历追溯农产品销售时可追溯到农产品各阶段的履历，消费者也可确认农产品履历的信息。韩国农产品履历追溯的流程模式如图 4-10 所示。

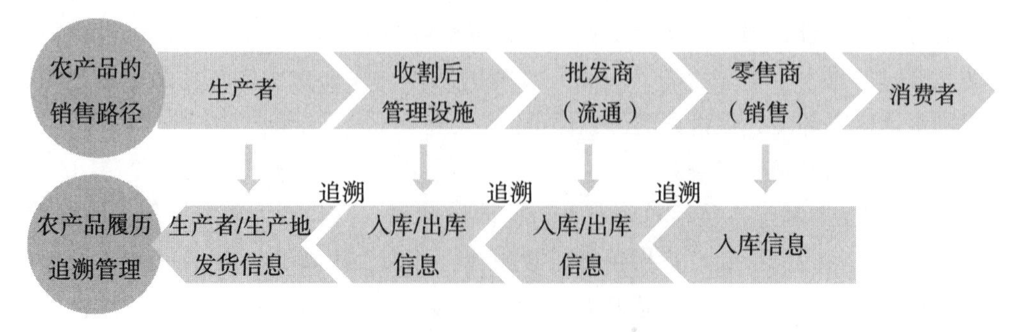

图 4-10　韩国农产品履历追溯的流程模式

以农林畜产食品部农产品质量安全认证机构为中心，加强农产品质量安全认证体系的建设，做好无公害农产品产地认定、产品认证和标识管理工作，开展了种植业产品、畜产品、水产品的 HACCP 体系认证（见图 4-11），大力发展了品牌农产品。绿色食品及有机食品作为农产品质量认证体系的重要组成部分，按照政府和消费者共同监督、市场运作的发展方向，加快了认证进程，扩大了认证覆盖面，提高了市场占有率。

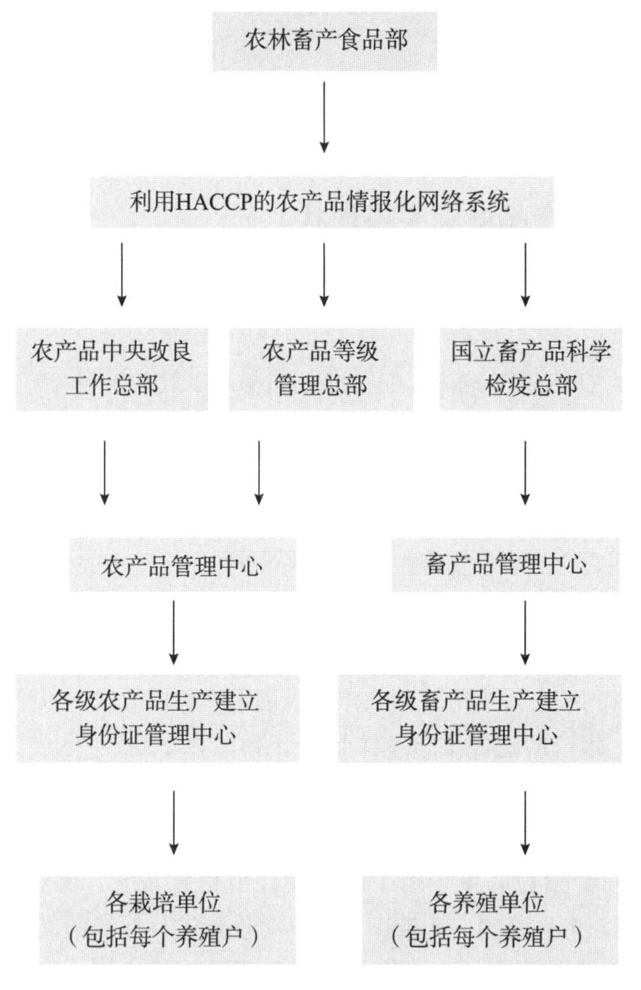

图 4-11 操作规程

通过建立农产品生产简历管理系统加强销售协作，并利用现有的韩国农林畜产食品部开辟无公害农产品信息网站，系统地对农产品信息进行收集、整理与公布，并在各主要农产品生产区成立若干个无公害农产品信息采集点，确保了信息的准确性和及时性，为无公害农产品的发展提供生产、技术及市场销售等方面的信息服务（见图 4-12）。

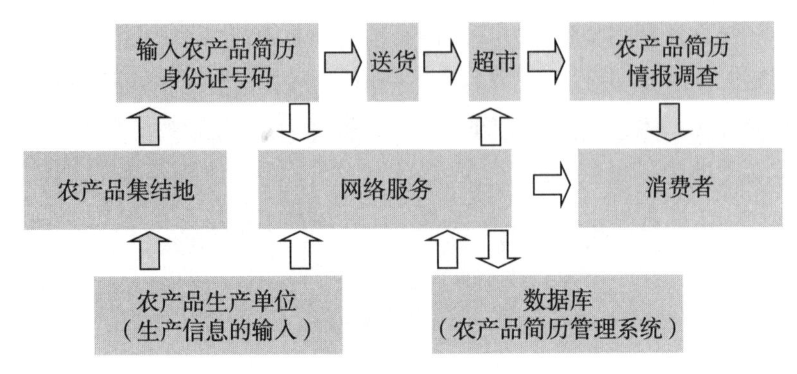

图 4-12 韩国农产品信息网站运作模式

三、韩国食品农产品追溯实施现状

（一）农产品追溯试验项目

韩国农村振兴厅（Rural Development Administration，RDA）从 2004 年就开始了一系列的农产品追溯试验项目，首期包括骊州、京畿道等 18 区，涉及蔬果、稻米、韩国牛只等共 32 种产品，搭建测试信息系统，将记录电子化，并逐步扩大范围，奠定了追溯的基础。

2005 年 6 月修订后的《农产品质量控制法案》要求，从 2006 年 1 月起全面推行农产品追溯计划，由韩国农产品质量管理服务处（National AgriculturalProducts Quality Management Service，NAQS）对参加农产品追溯计划的农户进行注册并负责监管。除了强制纳入追溯计划的良好农业规范（GAP）认证农产品，还包括环境友好农产品和一般农产品。为降低成本，韩国拟定每个组织的农户都采用单一种植方式，以生产组织为单位实施农产品追溯。畜禽、水产的追溯推进基本同步。韩国在 2004 年完成了包括韩牛、奶牛、猪和家禽数据的整合牲畜信息系统（Integrated Livestock Information System，ILIS）；针对奶牛，建立了韩国奶牛产奶记录系统，并由奶牛改良中心维护；韩国动物改良协会（KAIA）单独维护一套覆盖韩牛、奶牛和猪的注册信息系统。韩国农林局（MAF）在 2008 年 12 月全面实施牛只追溯，在推广 RFID 对牲畜进行标识的同时，将 DNA 检测纳入追溯体系。2008 年 8 月修订的《水产品质量管理法》标志着水产品追溯的全面实施。表 4-7 为韩国典型农产品追溯系统。

表 4-7 韩国典型农产品追溯系统

系统名称	运营机构	简介
牛肉追溯信息系统	韩国农、林、动物检疫局	可对牛肉单一包装、组合乃至批次追溯牛只养殖、转运到屠宰、分解及 DNA 测试、等级等信息，采用 12 位字符牛只个体追溯码；截至 2013 年年底共有 135 个养殖点、87 家屠宰场、669 个包装点、651 个销售点参与运作

表 4－7（续）

系统名称	运营机构	简介
猪肉追溯信息系统	韩国农、林、动物检疫局	可对猪肉单一包装、组合乃至批次追溯猪只养殖、转运到屠宰、分解及 DNA 测试、等级等信息，采用 12 位字符猪只个体追溯码；截至 2013 年年底共有 43 个养殖点、30 家屠宰场、27 个包装点、62 个销售点参与运作
水产物履历制系统	加工和进口食品追溯系统	涉及捕捞和养殖两方面，覆盖生产、加工、配送、销售环节，包含鱼、贝、海藻、软体、甲壳 5 大类 18 个品项的水产物，截至 2008 年共有 72 个生产点、143 个加工点和 136 个流通点参与运作，采用 13 位数字的追溯码
加工和进口食品追溯系统	韩国食品安全信息中心	涉及多种门类产品追溯，特别加强对进口食品、保健食品的监管，主要覆盖加工和销售环节，采用 GS1 编码系统的 18 位追溯码
生鲜农产品追溯系统	韩国农业食品知识文教部	主要针对果蔬，侧重于生产环节的信息记录，并将是否转基因等相关信息纳入追溯体系，采用 12 位字符的追溯码

（二）食品农产品追溯实施分析实例

1. 畜产品履历追溯系统

随着人们对食品安全的关注越来越高，食品危害事故发生时，到生产阶段的履历追溯制度在世界范围内兴起，特别是疯牛病发生在欧洲、日本、加拿大以及牛肉出口大国澳大利亚、新西兰等地，履历追溯制度随之导入。当时，韩国农林部为了把危害降至最低，防止疯牛肉进入国内，国产牛肉消费扩大，为了发展牛肉产业，将履历追溯引入韩国。

（1）牛肉履历制

牛肉履历制是指牛从出生、屠宰、包装处理、销售阶段所有的信息记录、管理，发生卫生、安全问题时可利用履历追溯系统快速找到对策的制度。通过记录牛肉的原产地、等级、牛的种类、出生日期、饲养者等信息，确保流通的透明性。通过掌握牛的血统、饲养管理等信息，致力于达到家畜改良及经营改善的目的。韩国自 2009 年 6 月 22 日起实行牛肉履历制。牛肉履历制各阶段应用如图 4－13 所示。

牛肉履历追溯系统赋予牛肉 12 位个体识别号码，记录和管理牛肉的出生、进口、买卖等信息。当发生卫生安全问题时，可迅速利用追溯装置掌握、回收等，在牛耳上挂上带有条码的耳标进行管理，也有采用无线射频识别（RFID）的耳标，如图 4－14 所示。

（2）猪肉履历制

食用肉包装处理业、畜产品流通专门销售业以及食用肉销售业营业商对猪肉进行包装处理或销售时，包装纸或食用肉销售标志牌上要标识出履历编号；一定规模以上的食用肉

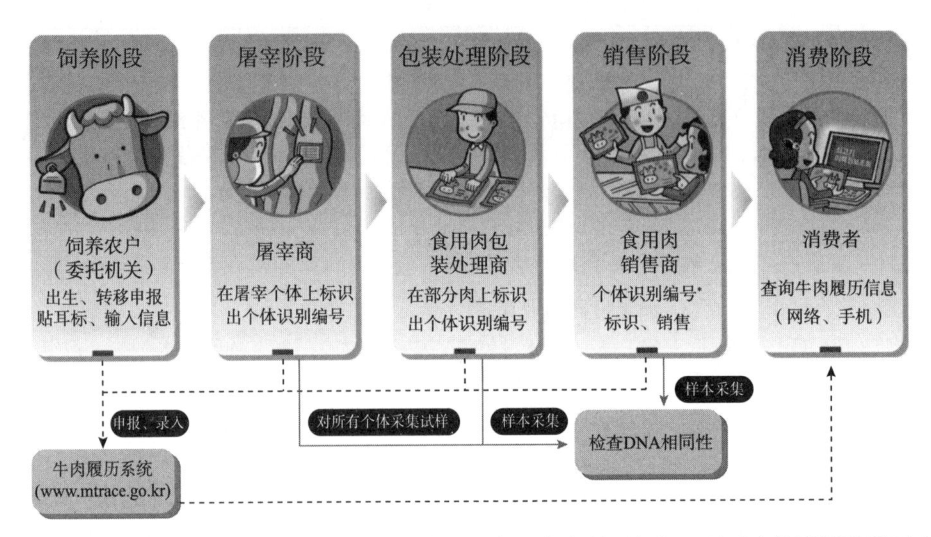

*个体识别编号：小牛在出生时授予的固定编号，与人的身份证相似。通过个体识别编号可查询牛的履历信息。

图 4-13　牛肉履历制各阶段应用

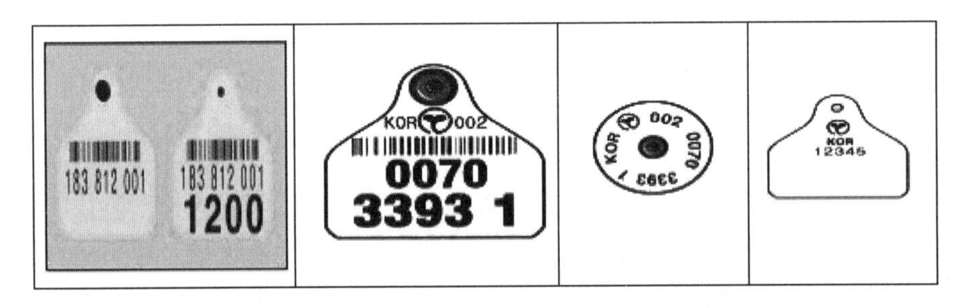

图 4-14　韩国牛肉耳标示例

包装处理业、食用肉销售业营业商交易或包装处理猪肉时，必须在履历管理系统进行电子申报。

2. 水产品履历追溯系统

水产品履历制（Seafood Traceability System）是从渔场到餐桌经过生产、流通、销售阶段，利用电子手段对消费者公开地记录、管理水产品的履历信息，从而可安心选择水产品的制度。2008 年导入至今，2011 年日本核电站事故发生以后，放射性危害对水产安全的危害渐渐扩大，从 2014 年 4 月起韩国加强了对水产品的安全性管理。

国内生产的 200 余种水产品中，首先选择与日本产主要进口水产品重叠的品种及比较大众的品种进行履历制集中扶持。与日本产重叠的青花鱼、带鱼、明太鱼及饭桌上经常出现的黄花鱼、比目鱼、鲍鱼、鳗鱼总共 7 种以上，带有尾标的比目鱼如图 4-15 所示。

水产品履历制为生产—加工—流通形成的全阶段。在生产阶段，水协（水产业协同组合）与渔业人一起对水产品的履历进行管理、加工；在流通阶段，政府对履历标识费用进

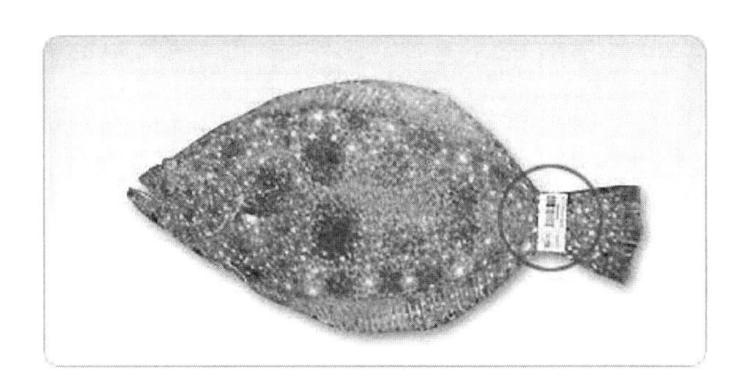

图 4-15　带有尾标的比目鱼

行部分资助；在销售阶段，首先引导以大型超市为中心的履历标识品进行销售。目前已有548个水产关联企业、渔家参与了履历制，因水产品贩卖的日期和场所被记录，生产者能参考把握消费者的消费习性。

水产品履历编码共13位，如图4-16所示，收录信息内容如下：

①商品信息：商品名、品目名、出库日、认证信息、其他事项；

②生产者信息：生产企业名称、所在地、联络处、代表人、企业介绍、产品出库日、认证信息等；

③加工、流通企业信息。

加工企业是担任腌酱、干燥、冷冻等的加工；流通企业是指将生产好的水产品向零售商出货的机关，超市、百货店、直销店、网店属于此类型。收录信息包括企业名称、所在地、联络处、代表者、企业介绍、认证信息等。

图 4-16　水产品履历编码图示

消费者查询水产品履历编码有3种方法（如图4-17所示）：

①在卖场配置的计算机上查询履历编码；

②在水产品履历追溯平台（www.fishtrace.go.kr）查询13位履历编码；

③在智能手机上查询。

a）卖场

b）平台：www.fishtrace.go.kr

c）智能手机

图 4－17　水产品履历编号查询方法

第六节　澳大利亚食品农产品追溯体系

一、澳大利亚食品农产品监管部门及分工简介

澳大利亚作为一个联邦制国家，实行联邦和州分权模式，联邦和州有各自的议会、行政和司法系统。联邦统一负责食品标准、食品对外贸易、检验检疫等法律法规制定，州和领地政府负责辖区内的食品安全管理事务。联邦政府负责对进出口食品的管理，保证进口食品的安全和检疫状况，确保出口食品符合进口国的要求。国内食品由各州和地区政府负责管理，各州和地区制定自己的食品法，由地方政府负责执行。

澳大利亚的农产品质量安全管理部门主要有联邦政府和州级政府两个层面。

（一）联邦政府层面

1. 联邦农林渔业部

联邦农林渔业部（Australian Government Department of Agriculture，Fisheries and Forestry，AFFA）总管全澳农业、林业、渔业产品的生产加工、流通、市场、投入品使用等方面政策和法规制定以及推动实施，负责农产品的进出口管理。

2. 澳大利亚检验检疫局

澳大利亚检验检疫局（Australian Ouarantine and Inspection Service，AQIS）归属于

联邦农林渔业部，专门负责进出口农产品的检验检疫政策和技术措施的监督执行。

（二）州级政府层面

1. 食品监管局

该局设有3个部门，即政策和立法部门、监管部门、宣传部门。该局是食品安全牵头部门，主要负责州内食品安全政策制定，完善食品安全监管体系，任命现场检查员和各食品生产经营企业监管员，负责食品安全知识的培训和对消费者的教育和引导。

2. 基础产业部门

主要负责农业和生产环节食品安全的基础管理工作。

3. 卫生部

负责食品卫生、微生物污染和食品溯源的监管等。其他涉及食品的医学、农业、消费者事宜等机构也予以支持。

（三）民间组织

澳大利亚对食品质量进行监督的民间组织主要是消费者协会，该协会成立于1959年，是一个完全独立的非政府组织。该协会主要有3项任务：第一，游说政府制定并完善有关消费者保护的法律法规和政策；第二，发行相关的食品安全杂志，向消费者提供消费信息和政策信息；第三，加强民间组织与相关的政府主管部门在保护消费者方面的协调与合作。该协会由于其非政府组织的特性，具有很强的独立性，能够严格照章办事，并且以公正的态度维护广大普通消费者的权益，因此在澳洲民众中具有很强的影响力。

澳大利亚政府比较注重发挥行业协会在促进食品安全方面的作用，通过依托各类行业协会或大型企业自身推动食品行业发展，同时为生产者提供原材料、市场信息等服务。成立于1935年的澳大利亚果蔬协会（Fruit and Vegetable Industries Limited，EVI）积极推行fresh test（新鲜试验）计划，组织协会会员到定点实验室成批检测并降低检测费用；同时，协会以数据库的形式把检测结果记录保存下来提供给政府或相关管理机构，以实现农产品的可追溯管理。

此外，政府和各类行业协会通过对各农场主进行相关培训，以推动农产品质量安全的统一管理。

（四）质检机构

澳大利亚农产品（食品）质检机构有公立和私营两种类型。公立的质检机构分国家和洲二级，分别由国家联邦政府和洲地方政府拨款进行建设和运行（包括仪器设备和人员工资），洲以下不再设立公立质检机构。私营质检机构较多，一般较小，主要从事常规专业检测，但也有较大的质检机构（如Ampel公司在几个洲都建有分部实验室）。

公立质检机构主要是为政府部门、产业及公众提供高水平独立的检验检测、分析研究、调查咨询等服务，保证公共卫生与安全，保护环境，促进产业和贸易。国家级的质检机构为澳大利亚政府分析实验室（AGAL），属联邦政府产业旅游资源部（1TR），开展食品、环境、药物、材料检测，总部设在堪培拉（首都），实验室设在悉尼（新威尔士洲首府）、墨尔本（维多利亚洲首府）、珀斯（西澳大利亚洲首府），并在布里斯班（昆士兰洲首府）和阿德莱德（南澳大利亚洲首府）设有办事处。

无论是公立还是私营质检机构，都必须得到检测机构管理部门——国家检测管理协会（NATA）的认证和注册登记。联邦或洲政府的检测项目（如 NRS）实行招标制，由经 NATA 注册的公立或私营质检机构接受样品检测考核合格后投标，依据其检测质量和投标价格定标。

二、澳大利亚食品农产品追溯法律法规与管理办法

（一）法律法规体系建设

根据 1901 年《澳大利亚宪法》第 51 条，食品法律基本是由各州/区自行确定，并不强制性由联邦政府制定。由于食品法律及标准不统一，严重制约了州/区之间以及澳大利亚与国外之间的食品贸易发展。二十世纪八九十年代，澳大利亚通过联邦与州/区政府间协议，将食品标准立法权过渡给联邦政府，引导食品安全统一立法，力图实现全国食品标准与法规的一致。

联邦统一负责食品标准、食品对外贸易、检验检疫等法律法规制定，这种模式与澳大利亚外向型农业相适应。目前。联邦法律法规主要有《模范食品法》《出口控制法》《进口食品控制法》《农产品法》《澳新食品标准法》等基本法以及《肉类和家畜产业法》《农药兽药管理法》《国家残留物调查管理法》《肉类检验法》《牲畜疾病消除信任报告法》等专门法。各州/区根据《模范食品法》，制定了相应的州/区《食品法》《健康法》等，如新南威尔士州的《食品法》、南澳大利亚州的《农产品法》等。

除了国家制定的食品法案，每个州政府也负责农作物和牲畜、肉类的管理，并根据自身所管辖范围的农产品特点和自然环境的不同有权制定法律条例。这些法律条例可以在各个州政府下的农业部门网站找到，它们涉及方面很广，从农场水的提供到化肥的使用、从牲畜储存管理到运输管理、从农场代码的管理到饲养管理等，都有相应的法律条款制约和说明。

澳大利亚联邦与州/区分权立法情况见表 4 - 8。

表 4-8 澳大利亚联邦与州/区分权立法情况

位阶效力	全国性食品基本法律文件			地方性基本法律
	食品政策	一般法	特别法	各州/区的《食品法》《健康法》等
名称/类别	澳大利亚政府会议的政府间食品管理协议、食品管理部长理事会的食品政策导引	《模范食品法案》、检疫及国际、邦际贸易法律等	《澳新食品标准法典》	新南威尔士州的《食品法》(2003)和南澳大利亚州的《农产品(食品安全方案)法》(2004)等
备注	《模范食品法案》只是联邦起草的一部对食品问题一般性规定的法律模本，供各州制定自己的基本的一般性食品法律做参考； 根据澳宪法第51条，检疫及贸易法律等由中央统一立法；食品标准在澳大利亚都收录进《澳新食品标准法典》			根据澳宪法第51条的规定，各州有权制定自己的食品法律，所以各地方都有自己的基本食品法律，这些地方法律都参照联邦的《模范食品法案》

（二）维多利亚州肉类海鲜管理体系

农渔产品安全局（Prime Safe）成立于2003年7月1日，负责监管维多利亚州内的肉类、家禽和海鲜类食品安全；此外，农渔产品安全局还附带监督管理宠物食品；奶制品另有部门负责。在维多利亚州制定《海产品安全法》(2003)、《肉产品法》(1993)后，法律法规贯穿整个生产和供应链，从捕鱼和水产养殖到鲜鱼零售，所有鲜肉类和家禽的设施必须符合相应的澳大利亚和维多利亚州标准，并拥有一套已审查的质量保证方案。目前，农渔产品安全局正在制定一套维多利亚州海产品加工标准，此标准要求所有海鲜经营亦必须有一个审定的质量保证方案。

农渔产品安全局控制和审查肉类和海产品加工设施的建筑标准，这种控制通过颁发许可证及采取审查制度和质量审计保证方案来实现并维持技术标准。所有持牌肉类加工设施的质量保证方案由第三方的审计师来承办审核，以保证遵守适当的标准。在审查过程中，确定有不符合标准的情形要向农渔产品安全局报告。质量保证方案的审计定期进行，一年2次或4次，具体视肉类加工经营的内在风险而定。如果有不遵守情况的认定，农渔产品安全局可能会实施额外审查工作。

三、澳大利亚食品农产品追溯实施现状

（一）食品安全协调机制

由于澳大利亚实行联邦和州分权模式，联邦和州有各自的议会、行政和司法系统，食品法律基本由各州自行确定。因此，澳大利亚食品安全管理体制呈现多元化的特色，而且

食品安全监管牵头的部门各不相同，如昆士兰和新南威尔士州是食品管理局，南澳洲、维多利亚和塔斯马尼亚州是乳品局。但总的说来，澳大利亚联邦政府和州/领地议会负责食品安全法律制定，州/领地政府和地方市政府负责法律的执行：州政府负责乳制品、肉制品等高风险食品的监管，地方市政府负责其他食品和零售业食品监管，遇有交叉管理的食品由州政府和地方政府双方明确责任并签订备忘录，由双方共同负责，但二者有明确的分工。从而形成了联邦政府—州政府—地方政府“金字塔”型食品安全监管结构。

对于进口食品，主要由农业部及隶属于农业部的口岸部门进行检疫和检验。检疫根据农业部的风险评估要求进行，检验通过运行进口食品检验计划（IFIS）实施，该计划根据澳新食品标准局提供的公共卫生水平的风险评估建议而制定；同时，州和地方食品监管部门对市面上流通的进口食品进行监管。

（二）澳大利亚食品农产品追溯实施分析实例—— Woolworths 产品追溯系统

Woolworths 是澳大利亚两大连锁超市之一，它覆盖了全澳洲共 872 个零售店。对于农产品，Woolworths 只与签署质量安全保证标准的农场和供应商签署供应关系，形成了澳大利亚独有的供应模式。对于新鲜食品直接与农场直接联系，取消中间环节，这在产品追溯上减少了很多麻烦。在运输方面，超市规定了严格的标准。

Woolworths 正在应用 GS1net 作为接受产品和价格信息的工作。目前，澳大利亚与新西兰已经在产品目录上达到数据同步。这个系统帮助与合作伙伴达到信息共享。

1. Woolworths 超市的供应链平台

正在与澳大利亚物流协会合作管理所有标识代码，所有供应商、生产商和涉及的分销商采用统一标准。Woowlink 是一套完善的服务系统，加大了与供应商的信息同步和联系。此系统同时连接了运输管理系统、产品撤销与召回管理系统、店内控制管理系统等。

2. 冷冻食品特殊运输

应用在农产供应商送往的 Woolworths 集散中心栈板上的 UHF EPC Gen 2 标签外附温控，以确保生鲜食品保存温度而减少农产品损坏。就 Woolworths 内 RFID，专案经理指出该项测试旨在评估应用 RFID 所需成本与带来供应链透通的效益。Woolworths 在这项测试尚对标签、装箱与资讯交换平台等成本有所疑虑。

3. 完善的包装体系和标签

Woolworths 通过与合作的农场推广 QR 标签，可以让消费者看到产品来自的农场和种植场的信息。它要求所有的合作伙伴设计有效、安全的包装和打印实效保证的条码标签。Woolworths 在包装的新鲜蔬菜水果上推出 QR 码，消费者可以扫描代码找到最终的农场主，信息链接到 Woolworths 的网站，可从手机下载澳洲 GS1 App。

第七节　中国食品农产品追溯体系

一、中国食品农产品监管部门及分工简介

我国的食品农产品质量安全主要监管部门包括国务院食品安全委员会、国家市场监督管理总局、农业农村部。

（一）国务院食品安全委员会

国务院食品安全委员会（The Food Safety Commission of the State Council）的主要职责是分析食品安全形势，研究部署、统筹指导食品安全工作；提出食品安全监管的重大政策措施；督促落实食品安全监管责任。

2018 年 3 月，根据第十三届全国人民代表大会第一次会议批准的国务院机构改革方案，国务院食品安全委员会具体工作由国家市场监督管理总局承担。

在国务院食品安全委员会领导下，已经建立食品安全部际协调工作机制，采取了部门会商、联合发文、应急集中办公、现场督办、邀请地方汇报等手段，建立了牵头组织协调、及时分析研判形势、提出工作思路和措施、由各部门依法依职责抓好落实的工作模式，形成了部门之间、中央与地方之间较为协调、顺畅的工作机制，从制度机制上防止推诿扯皮，形成监管合力。

（二）国家市场监督管理总局

国家市场监督管理总局负责食品安全监督管理综合协调。组织制定食品安全重大政策并组织实施。负责食品安全应急体系建设，组织指导重大食品安全事件应急处置和调查处理工作。建立健全食品安全重要信息直报制度。承担国务院食品安全委员会日常工作。负责食品安全监督管理。建立覆盖食品生产、流通、消费全过程的监督检查制度和隐患排查治理机制并组织实施，防范区域性、系统性食品安全风险。推动建立食品生产经营者落实主体责任的机制，健全食品安全追溯体系。组织开展食品安全监督抽检、风险监测、核查处置和风险预警、风险交流工作。组织实施特殊食品注册、备案和监督管理。

国家市场监督管理总局下设食品安全协调司、食品生产安全监督管理司、食品经营安全监督管理司、特殊食品安全监督管理司以及食品安全抽检监测司。

（三）农业农村部

农业农村部下设农产品质量安全监管司，负责具体组织实施农产品质量安全监督管理有关工作。指导农产品质量安全监管体系、检验检测体系和信用体系建设。承担农产品质

量安全标准、监测、追溯、风险评估等相关工作。

农业农村部成立了农产品质量安全中心，专职负责开展农产品质量安全政策法规、规划标准研究，参与农产品质量安全标准体系、检验检测体系和追溯体系建设等农产品质量安全监管支撑保障，组织实施农产品质量安全风险评估，开展名特优新农产品发展规划研究和地方优质农产品发展指导等工作。

农业农村部农产品质量安全中心下设质量追溯处，参与农产品质量安全追溯管理相关政策措施、制度规范、规划计划的调研和起草，承担全国农产品质量安全追溯体系的建设管理与业务技术指导工作；负责全国农产品质量安全追溯体系构建与组织实施工作，承担国家农产品质量安全追溯信息平台建设管理与维护运行，指导地方农产品质量安全追溯体系建设与管理工作；组织开展全国农产品质量安全追溯示范基地创建，组织实施农产品生产经营主体、“三品一标”和品牌农产品生产经营主体质量安全追溯试点示范、展览展示与推广工作；承办全国农产品质量安全追溯管理业务培训与技术服务工作；组织开展农产品产地编码、产品编码、溯源技术及设施设备的比对研究、考核评价、展览展示与示范推广。

二、中国食品农产品追溯法律法规与管理办法

（一）法律法规体系建设

2002年“氯霉素”事件后，我国政府开始重视食品追溯体系的研究，农业部、科技部为食品追溯体系的研究提供经费，各科研院所和高校竞相研发相关技术和产品。

2002年，农业部发布第13号令《动物免疫标识管理办法》，规定对猪、牛、羊必须佩戴免疫耳标并建立免疫档案管理制度。2006年6月16日，农业部颁布了《畜禽标识和养殖档案管理办法》（农业部令第67号），并在四川、重庆、北京和上海四省（市）进行试点标识溯源工作。出台的《蜂产品兽药残留专项整治计划》，在完善蜂产品出口加工企业质量管理制度中，明确要求“出口企业必须完善自身的原料验收记录制度，保证进厂原料的可追溯性，加强对原料的安全卫生项目的检测，若发现被禁用药物污染的原料，应立即进行追溯和销毁，不得加工出口”。同年，农业部优质农产品开发服务中心也在全国8个省开始了以实施良好农业规范（GAP）为核心的种植业产品质量追溯制度建设试点，推行了产地编码、产品编码和生产者编码，试点单位规范了生产档案。

2003年，我国开始了对商品条码用于食品安全追溯的研究。中国物品编码中心参照国际编码协会出版的相关应用指南，相继出版了《牛肉产品跟踪与追溯指南》《水果、蔬菜跟踪与追溯指南》和《食品安全追溯应用案例集》，并在国内建立了多个应用示范系统。同年，我国“863”数字农业项目中首次列入了数字养殖研究课题，一套基于远距离系统的RFID牛个体识别系统开始进入实用阶段。

2004年，为了应对欧盟从2005年开始实施水产品贸易可追溯制度，国家质量监督检

验检疫总局（以下简称“国家质检总局”）出台了《出境水产品溯源规程（试行）》和《出境养殖水产品检验检疫和监管要求（试行）》，要求“海捕原料可以追溯到船，养殖原料可追溯到养殖场或塘，淡水捕捞原料可追溯到捕捞区域，进口原料可追溯到进口批次”。

2004 年，国家食品药品监督管理局出台《肉类制品跟踪与追溯应用指南》和《生鲜产品跟踪与追溯应用指南》。

2011 年，商务部印发《关于“十二五”期间快肉类蔬菜流通追溯体系建设的指导意见》明确提出，将推动制订《食品农产品质量安全追溯管理办法》及地方性法规或地方政府规章，形成国家标准、地方标准、行业标准和企业标准有机统一的肉类蔬菜追溯标准体系，加大法规标准贯彻实施力度，促进肉类蔬菜经营规范化。同时，要抓好大中城市肉类蔬菜追溯试点，全面推进城市追溯体系建设，逐步扩大到牛羊鸡鸭等畜禽产品、水果、水产品、食用菌、豆制品等主要品种，争取覆盖全国百万人口以上城市。开展产地或集散地批发市场追溯体系建设，支持一批大型肉类蔬菜生产经营企业打造全产业链追溯品牌，联合农业部门加快推进全过程追溯体系建设，健全肉类蔬菜追溯网络。

我国目前形成了以《中华人民共和国食品安全法》为主导，《中华人民共和国刑法》《中华人民共和国产品质量法》《中华人民共和国消费者权益保护法》《中华人民共和国反不正当竞争法》《中华人民共和国进出口商品检验法》和《中华人民共和国动物防疫法》等基本法律为补充，以及数部单行的食品安全行政法规（如《食品安全行政处罚办法》《肉与肉制品管理办法》和《查处食品标签违法行为规定》）为配套的法律体系。

（二）产品质量安全保障体系

食品安全关系广大人民群众的身体健康和生命安全，关系经济发展和社会稳定，其保障体系的建设是维护社会稳定的客观需要。食品安全保障是对食品供应链从原材料生产到流通的全过程的安全控制，通过对食品安全的监管认证、检测评估、执法监督、产品追溯及问题产品召回等手段来实现。

食品安全保障体系是由政府、企业、消费者共同参与构成的，涉及多部门、多层面、多环节的系统工程，包含了食品安全监督管理认证体系、食品安全检测体系、食品安全可追溯体系、食品安全标准体系以及食品安全信息网络平台等。其中，食品安全监管体系由政府主持建设，并通过推进食品安全风险评估评价、食品市场准入规制、食品质量认证与食品安全检验检测等工作实现对食品质量安全的政府层面保障。食品安全可追溯体系的建设将由企业作为实施主体，政府辅助监管。食品安全标准体系贯穿于整个食品安全保障体系之中，为各项工作的实施提供标准化指导和基础技术支撑。以上几大体系借助于食品安全信息网络平台共同作用，并与之构成我国食品安全保障体系。通过在食品安全网络信息平台上公开食品安全信息，增加我国食品安全保障工作的透明度，可真正做到全民监督；同时将食品安全科技推广与宣传到全社会，将我国食品安全保障由被动实施变为主动实施，真正提高我国食品消费市场消费者信心指数，推动我国食品经济发展。

政府、食品生产企业、消费者以及第三方服务中介在食品安全保障体系中承担着各自的角色，发挥着不同的作用。

1. 食品安全保障体系中的政府部门

在抓食品质量安全方面，政府的首要责任就是创造优质安全食品及生产企业生存和发展的法治化、有序化的市场环境。治理食品安全问题要加强法治建设，完善各类立法，严格执法和监督，整顿、规范市场经济秩序，加大对不讲诚信、丧失社会责任和道德良知、制售假冒伪劣的不法生产企业和个人的打击处罚力度，提高其违法成本。同时，致力于全面提高全民的质量安全意识，积极营造全社会重视质量安全的浓厚氛围，构建更为科学合理的质量安全监管体系和机制，使企业行为和市场竞争在公正的法律框架下有序地进行。这样有利于净化企业生产、投资环境，有利于发挥市场配置资源的功能，降低那些讲诚信、讲责任、重质量、造精品的企业在市场上交易和发展的成本。要加强企业家队伍建设，加大对企业家进行包括质量管理、社会责任、法律法规、诚信道德等内容的培训力度和监管考评力度。要切实加强监管队伍及技术机构的建设，加大对不积极作为、不认真履职、监管不力的人员机构的问责力度。要进一步完善监管机制，使相关部门间的职责更明确、衔接更紧密、执行更有力、着眼更长远。

2. 食品安全保障体系中的食品生产企业

企业是产品生产及市场竞争的主体，是产品质量安全的第一责任人。企业要牢固树立质量第一的意识以及企业是产品质量安全第一责任人的意识。要本着对广大消费者的生命健康安全高度负责的态度，时刻把质量和安全摆在企业现实及未来发展战略第一位。食品生产企业要认真严格把好原料进厂关和产品出厂关，销售企业要严格把好进货关，以此来确保让广大的消费者吃得放心、安心。企业要牢固树立诚信为本的社会责任意识。

3. 食品安全保障体系中的消费者

消费者是食品质量安全的出发点和落脚点，是食品安全最敏锐的察觉者和最切身的体验者，而市场秩序混乱，受害最大的还是消费者。因此，要保障食品安全，不仅要靠企业的诚信自律和政府的监管，还应充分发挥消费者的力量。

①通过树立理性消费、科学消费的观念对产品的质量安全产生影响。依据经济学的原理，消费需求决定供给水平，这种主动购假刺激了假冒伪劣的产生，客观上既损害了真正的优质安全产品及生产企业，破坏了市场竞争秩序，又最终损害了消费者自己的消费环境，尤其危害着自己的生命健康和财产安全。因此，消费者一定要树立科学、理性的消费观，强化健康的消费心理，养成良好的消费习惯，用自己真实、健康、合理的消费方式来引导企业生产质量优秀、价格合理、不断升级换代的让人安全放心消费的优质产品，让那些搅乱市场的假冒伪劣产品没有生存的基础，让那些信用缺失、制假售假、损害消费者生命财产安全的违法企业和个人无利可图。

②通过强化消费者的责任意识和依法维权意识对产品的质量安全产生影响。当消费者在生活、生产及消费过程中发现假冒伪劣行为时，不管这些行为是否已经直接损害了自

己，消费者都应积极向政府执法部门举报；当消费者买到假冒伪劣产品或权益受到侵害时，应该自觉地、理直气壮地通过各种手段来维护自己的权益，或投诉要求赔偿，或诉诸法律，或借助媒体曝光以警示他人。

4. 食品安全保障体系中的第三方服务企业

食品安全保障体系中的第三方服务企业主要包括负责搭建及维护食品安全信息网络平台的 IT 企业、负责面向企业的认证及培训企业、负责食品安全保障方案设计的咨询性企业。随着食品安全保障第三方服务企业业务成熟度的不断提高，也有可能出现具备食品安全保障综合服务能力的综合性服务公司，业务范围覆盖上述提及的食品安全保障相关业务。在市场初期，政府可提供良好的政策导向，推动我国食品安全保障第三方服务市场的发展。政府需建立监管制度和策略保证对市场实施有效监管，保证市场开放性、有序性，同时也应尽力避免因垄断及市场逆向选择下造成的市场萎缩。

（三）食品安全监管认证体系

目前，我国对食品安全质量规制采用的主要方法有食品生产市场准入规制、食品质量安全标准与认证规制、食品质量安全检测与评价规制 3 种方法，尚未建立完整的食品召回制和食品追溯制。

1. 食品生产市场准入规制

市场准入规制是食品质量监管体系的重要内容。目前，我国的市场准入规制主要包括以下方面的内容。

①食品生产许可规制。食品生产许可规制是工业产品许可证制度的一个组成部分，是食品质量安全市场准入规制的主要内容，其规定从事食品生产加工的公民、法人或其他组织，必须具备保证产品质量安全的基本生产条件，按规定程序获得食品生产许可证后方可从事食品生产，没有取得食品生产许可证的企业不得生产食品，任何企业和个人不得销售无证食品。

②食品卫生许可规制。食品卫生许可规制设置和具体的规定直接影响到食品生产经营活动能否开展。食品卫生行政许可包括对机构、人员、产品的 3 类许可：一是食品生产经营企业资格的规定。从事食品生产经营的企业和食品摊贩，都应取得卫生许可证，未取得的不得从事食品生产经营活动。食品生产经营活动是指从事一切食品的生产、采集、收购、加工、贮存、运输、陈列、供应、销售等活动，但不包括种植养殖业食品卫生许可证制度覆盖所有食品，包括食品添加剂、食品容器、包装材料和食品用工具、设备、洗涤剂、消毒剂；也适用于食品的生产经营场所、设施和有关环境。二是食品从业人员的健康许可。直接从事食品生产经营的人员必须经健康体检合格并取得培训合格证明方可上岗，患有病毒性肝炎、活动性肺结核、痢疾伤寒和其他有碍食品卫生的疾病均不得从事食品生产经营。三是保健食品、新资源食品和食品添加剂新品种等健康相关产品的许可。

③食品安全评价许可规制。食品安全评价许可是由相关食品质量规制部门对某些商品

（如进口食品和转基因食品等）的安全等级进行评价，食品企业依据相关规定申请并获得批准安全评价证书，只有获得该证书的企业生产的食品才允许进入市场流通。

④食品安全标识规制。标识规制有两个层面：一是宏观层面的标识管理，国家实行按目录准入；二是微观层面的标识管理，是指按标签和标识内容准入，不按规定标示或未标识的食品是不准进入市场流通的。从标识内容上来说，我国目前实行的主要是QS标识，QS标识是食品市场准入标志，由“质量安全”英文（Quality Safety）字头QS和“质量安全”中文字样组成。标志主色为蓝色，字母“Q”与“质量安全”4个中文字样为蓝色，字母“S”为白色。

《食品生产加工企业质量安全监督管理办法》规定，实施食品质量安全市场准入制度管理的食品，首先必须按规定程序获取食品生产许可证，其次产品出厂必须经检验合格并加印（贴）食品市场准入标志。没有食品市场准入标志的，不得出厂销售。

2. 食品质量安全标准与认证规制

食品质量安全标准规制实质上是从标准方面规范食品质量，形成完整的食品质量安全认证体系。与其他质量管理体系不同的是，食品生产质量认证至今还没有形成国际标准，其理论和规范还在不断发展中，但是全球大多数国家和地区已形成共识，认为HACCP是进行食品质量监控的有效认证体系，目前国际已有许多认证组织在进行HACCP管理体系的认证。另有两种在世界范围内应用广泛的食品质量安全认证体系GMP（Good Manufacturing Practice）和ISO（International Standardization Organization）认证。

①HACCP及其认证。表示危害分析的关键控制点，这些点能够确保食品在消费的生产、加工、制造、存储和食用等过程中的安全，在危害识别、评价和控制方面是一种科学、合理和系统的方法。这种方法可以识别食品生产过程中可能发生的危害环节，通过适当的措施防止或控制食品生物的、化学的、物理的污染或条件所引起潜在的健康的负面影响；通过对加工过程的各个环节进行监视和控制，可以有效保障食品安全，降低危害发生的概率。

②GMP认证。GMP是一种特别注重在生产过程中实施对产品质量与卫生安全的自主性管理制度，是一种具有专业特性的品质保证或制造管理体系，称为“良好作业规范”或“优良制造标准”。GMP是一套适用于制药、食品等行业的强制性标准，要求企业从原料、人员、设施设备、生产过程、包装运输、质量控制等方面按国家有关法规达到卫生质量要求，形成一套可操作的作业规范帮助企业改善企业卫生环境，及时发现生产过程中存在的问题，加以改善。简单地说，GMP要求食品生产企业应具备良好的生产设备、合理的生产过程、完善的质量管理和严格的检测系统，确保最终产品的质量符合法规要求，减少生产事故的发生，确保食品安全和品质稳定。

③ISO认证。ISO 22000是一个国际认证标准，其中定义了食品安全管理体系的要求。它适用于所有组织，可贯穿整个供应链——从农作物至食品服务、加工、运输、储存、零售和包装。该标准包括了所有消费者和市场的需求，加快并简化了程序。ISO 22000创造

了一个和谐的安全标准，在全世界范围内都得到了认可。ISO 22000 规定了一个食品安全管理体系的要求，并结合公认的关键元素，以确保贯穿食品供应链直至最后消费点的食品安全，包括提供国际范围内，贯穿供应链的互动交流；符合 HACCP 原则——危害分析、确认主要控制点、建立危害链接、监测、确立纠正措施、保存记录、确认；协调好自发的和必要的标准；按照 ISO 9001：2015 建立一个结构体系管理与过程控制等。

④绿色食品认证。绿色食品是遵循可持续发展原则，按照特定生产方式生产，经专门机构认定，许可使用绿色食品标志商标的无污染的安全、优质、营养类食品。绿色食品的优质特性不仅包括产品的外表包装水平高，而且内在品质优良，营养价值和卫生安全指标高。无污染、安全、优质、营养是绿色食品的特征，但允许有限制使用化肥、农药、激素等。

⑤QS 认证。QS 是食品“质量安全”（Quality Safety）的英文缩写，带有 QS 标志的产品就代表着经过国家批准的所有的食品生产企业必须经过强制性的检验，合格且在最小销售单元的食品包装上标注食品生产许可证编号并加印食品质量安全市场准入标志（“QS”标志）后才能出厂销售。没有食品质量安全市场准入标志的，不得出厂销售。自 2004 年1 月 1 日起，我国首先在大米、食用植物油、小麦粉、酱油和醋 5 类食品行业中实行食品质量安全市场准入制度。

⑥有机食品认证。有机食品认证是指来自于有机农业生产体系，根据国际有机农业生产要求和相应的标准生产加工的，即在原料生产和产品加工过程中不使用化肥、农药、生长激素、化学添加剂、化学色素和防腐剂等化学物质，不使用基因工程技术，并通过独立的有机食品认证机构认证的一切农副产品，包括粮食、蔬菜、水果、奶制品、畜禽产品、蜂蜜、水产品、调料等。有机食品与其他食品的显著差别在于，有机食品的生产和加工过程中严格禁止使用农药、化肥、激素等人工合成物质，而一般食品的生产加工则允许有限制地使用这些物质。同时，有机食品还有其基本的质量要求：原料产地无任何污染，生产过程中不使用任何化学合成的农药、肥料、除草剂和生长素等，加工过程中不使用任何化学合成的食品防腐剂、添加剂、人工色素和用有机溶剂提取等，贮藏、运输过程中不能受有害化学物质污染，必须符合国家食品安全法的要求和食品行业质量标准。

（四）食品安全检测体系

1. 食品安全检测体系的意义

食品质量检测是指以国家法律法规和有关标准为依据，结合物理、化学、生物学的一些基本理论和各种技术，判断食品安全、质量合格与否的主要手段。其对食品质量安全评价、市场监管和产品贸易等方面担负着重要的技术支撑责任，对保证食品质量安全、提高食品生产水平起着重要的保障作用。食品检验检测体系则是保障食品安全的重要保障基础，是政府有效监督食品安全过程中的一个重要环节，也是政府实施食品安全管理的重要手段。

2. 我国食品检验检测体系现状

我国食品检验检测体系承担着为政府提供技术决策、技术服务和技术咨询的重要职能，在保障食品安全、促进食品结构战略性调整和提高食品市场竞争力等方面具有重要的作用和地位。

①初步建立了较为全面的检测技术体系。近年来我国逐步加大食品检验检测方法投入力度，完成了超过1000项针对污染物、添加剂、农兽药残留等有害物质的检测方法。购置了大量的针对农药残留检测、兽药、鱼药残留检测、有毒有害元素及其价态分析检测、致病菌检验、细菌鉴定、转基因农产品检测、农产品品质和营养成分检测等方面的检测仪器，形成了涵盖生物性危害、化学性危害和物理性有害物质检验检测的较为全面的食品检测体系。针对生物性危害，形成了细菌检测、病毒检测、寄生虫类等的技术检测能力；针对化学性危害，形成天然毒素、有意加入的化学品、污染物等的技术检测能力；针对物理性危害，重点形成了对非正常物理材料、核污染或和污染物的技术检测能力。

②初步建立了食品质量安全检测网络。经过多年的努力，我国食品安全检验检测体系框架已基本搭建完毕，食品检验范围不断扩大，食品检验机构数量不断增加，食品检验主管部门及其检验检测能力也呈上升趋势，初步形成了“从农田到餐桌”食物链中覆盖初级农产品、产地环境评价、生产加工食品等质量安全检测网络体系，能够基本满足政府监管以及食品生产、加工、流通、消费和进出口领域质量安全检测需要。食品检验检测机构建设方面，已初步形成了以国家级检测机构为龙头，省级检测机构为骨干，地（市）、县级检测机构为基础的食品产业质量检测体系的基础框架。针对进出口食品检测方面，设置出入境检验检疫三级（国家、区域、常规）食品检验实验室281个，承担我国进出口食品的日常检验，确保国门安全；针对国内食品检测方面，建立（国家、省、市、县）四级食品综合检测机构5000多个，承担国内生产加工产品质量监督检验、食品质量状况分析、标准制修订和突发事件应急检测等工作，为国家履行产品质量监督管理职能提供技术保障。

③初步形成了检测的法律法规和标准支撑结构。食品安全国家标准、行业标准是开展食品质量安全检验检测的依据。目前，我国已颁布实施了《中华人民共和国标准化法》《中华人民共和国计量法》《中华人民共和国产品质量法》《中华人民共和国食品安全法》等法律法规。

（五）质量风险预警及评估

食品安全风险预警及评估技术是评价食品中有关危害成分或者危害物质的毒性以及相应的风险程度，包括食品安全风险信息收集、危害因素识别和确定、食品的风险水平分析和评价。

目前，我国还没有全国性统一的食品安全风险评估及预警体系，但是某些地区在食品安全检测中建立了自己的风险评估体系，例如江西省宜春市食品安全协调领导小组制定了《宜春市食品安全信用评价体系及评价细则》。该评价体系要求各食品监管职能部门分别对初级农产品生产、食品生产加工、流通和消费及餐饮四个环节的食品安全信用体系建设试点企业（单位）进行诚信量化评价。评价体系内容包括：一是将各职能部门现有的分类管理项目纳入质量控制评价体系。初级农产品生产按照农业部门的相关制度和规定进行量化评价；食品生产和流通企业按照市场监管部门的相关制度和规定进行量化评价；餐饮业按照卫生部门《食品安全监督量化分级管理实施方案》进行量化评价；二是将各职能监管部门日常监督（含产品检验检测结果）纳入执法监督考评体系；三是将社会对企业诚信评价等内容纳入社会监督体系。评价细则将诚信量化工作实行百分制，分AAA级、AA级、A级和B级四个等级，评价考核90分以上的为AAA级，80分～90分的为AA级，70分～80分的为A级，70分以下的为B级。

进一步加强食品安全评估及预警体系建设，就风险评估技术和有关数据资料与发达国家加强交流，及时获取来自其他国家的危险性评价资料势在必行。同时，必须对一些具有中国特色的食品加工技术、影响因素开展前瞻性的食品安全风险评价，为制定食品安全标准提供科学依据，也为食品安全预警预报提供信息。

三、中国追溯监管食品农产品实施分析实例

（一）乳制品追溯平台

当前我国乳制品追溯平台分为两类，分别是政府主导型和企业主导型。而企业型乳制品追溯平台分为两种：一是企业自建，从该品牌官网能够查询到旗下品牌奶粉奶源的相关追溯信息；二是企业官网上留有工信部平台接口，可直接跳转至工信部追溯平台查询。

1. 追溯体系基本构成

婴幼儿配方可追溯体系的构建需要完成3个基本任务，分别为信息的采集、产品标识的设计以及中心数据库的建立。3个任务主要涉及的层级结构如图4-18所示。

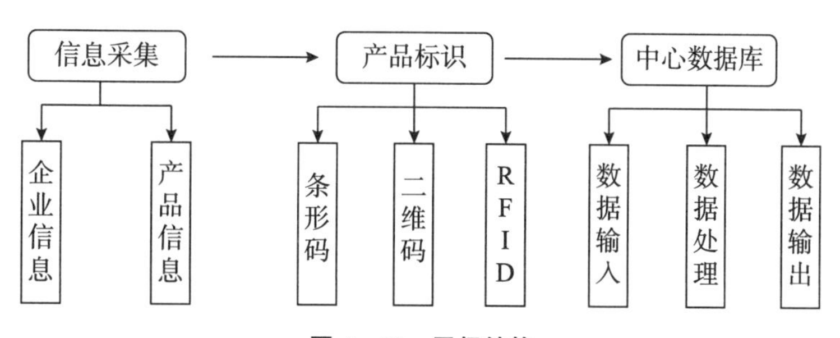

图4-18 层级结构

（1）信息采集

通过建立信息记录体系可以实现婴幼儿配方乳粉供应链各环节信息的采集。通过各种传感器、便携式设备或纸质记录并输入电脑等方式，相关工作人员实现了对信息的实时在线或定时离线的采集。信息的采集主要对产品在企业间和企业内部不同生产环节的流动而

产生的产品流进行采集与记录。采集的信息包括婴幼儿配方乳粉企业基本信息、产品处理过程信息、产品来源信息和产品去向信息等。信息采集是构建完善的可追溯体系的基础工作，而信息的无缝联结则需要供应链上所有企业间形成良好的信息共享机制。因此，信息采集环节不仅需要信息采集技术的支持，更需要上下游企业间的协力合作，实现畅通的信息共享。

（2）产品标识

码的载体大多为条形码、二维码以及 RFID，消费者通过扫描产品载体上的代码能够查看平台的产品追溯信息。追溯平台一般选用主流编码标识体系，在某一编码体系下，编制兼容的编码方案，使得所有企业旗下的全部产品能与平台做映射识别到单品，且代码都是唯一的。按照批次或单品对产品进行标识。

（3）中心数据库

为了实现婴幼儿配方乳粉全供应链的信息追溯，溯源中心数据库是必不可少的部分，其数据来源于生产、加工、流通、销售等各环节。工作人员将采集到相关的信息输入数据库，然后对数据进行处理，最终以适合的方式输出。

2. 案例 1——食品工业企业质量安全追溯平台

食品质量安全信息追溯体系由生产企业信息系统、企业数据交换系统、公共标识服务系统、行业应用公共系统、客户终端查询系统、信息安全认证系统 6 个系统构成。

通过国家平台的建设、运行以及与生产企业的对接，可为生产企业提供查询入口统一、数据存储安全、查询高效的对外追溯服务，建立生产企业与消费者等追溯用户之间数据流转的桥梁。

截至 2020 年 8 月 14 日，通过食品工业企业质量安全追溯平台（https：//foodcredit.miit.gov.cn/）可以查询到伊利、欧世蒙牛、雅士利、完达山、三元、明一、辉山、贝因美、澳优、银桥、圣元、和氏、飞鹤、君乐宝、多美滋、花冠、百跃优利士、高培、素加、美赞臣、红星等 27 家企业的婴幼儿配方乳粉产品质量安全追溯数据。

3. 案例 2——花冠婴幼儿配方奶粉全产业链信息追溯系统

根据商务部重要产品追溯体系示范建设要求，推进乳制品全产业链追溯是重点环节，上海积极推进乳制品企业追溯系统示范建设。其中，上海花冠营养乳品有限公司是商务部上海重要产品追溯体系建设示范项目单位之一，其致力于婴幼儿营养食品的研发、生产和营销，是首批获得婴幼儿配方奶粉全国工业产品生产许可证的乳品企业，是上海市食品安全示范单位。

该企业通过结合企业内部 ERP 管理系统，升级现有追溯系统，建立了婴幼儿配方奶粉全产业链信息追溯系统，可实现婴幼儿配方乳粉原料、生产、检验、销售全过程追溯，做到产品全程可记录、可追溯、可管控、可查询、可召回，全面落实了婴幼儿配方乳粉生产企业主体责任，保障婴幼儿配方乳粉质量安全。

（二）肉菜追溯平台

1. 追溯体系基本构成

自2010年商务部开展大中城市肉类蔬菜流通追溯体系平台试点建设以来，现已取得喜人的成果。目前，我国的肉菜追溯平台类型主要以商务部各省市肉类蔬菜流通追溯体系平台为主，少数企业自建为辅，肉菜追溯体系基本构成如图4-19所示。

2. 范围

肉类、蔬菜流通追溯范围主要包括：原料产地→原料验收→原料加工→生产包装→产品检验→存储运输→产品销售。借助该体系，肉类、蔬菜生产、流通的质量管理部门能够迅速及时掌握食品质量情况。

3. 信息覆盖

肉类、蔬菜流通追溯体系覆盖肉菜产地、生猪定点屠宰场、蔬菜批发市场、菜市场、超市、采购单位等各个环节，从源头的生产过程、中间的检验检疫到流通环节，都能在系统中查询。肉菜流通追溯体系主要由信息采集、信息运输、处理查询等几部分组成，信息采集即是在屠宰、零售、团体消费等环节安排专门的追溯子系统，配备智能的追溯秤，在经营交易过程中自动采集各环节的信息来源完成检测，向专业部门与消费者提供情况。信息传输是运用目前新型的集成电子IC卡射频识别标签，完成上游环节的信息电子处理。通过该体系可实现流通链条、关键节点全覆盖，形成来源可追溯、去向可查证、责任可追究的全程追溯体系。

4. 追溯查询

肉类、蔬菜流通追溯体系主要采用一维条码或者二维码信息追溯技术管理，实施动态、及时、监管管理，消费者可通过手机扫描二维码或者电话、短信、网站以及终端触摸屏、条码扫描方式，查询产品溯源信息。只要轻轻一扫产品上的二维码或输入数字编号，就能对所购买的禽肉产品从养殖、防疫、屠宰、加工、分割、包装到运输流通的全过程资料一览无余。

具体来说，通过扫码能够得到4种基本信息：基础信息（产品名称、生产日期、保质期）、检测信息（动物检疫合格证明、产品检验报告）、作业信息（肉菜进场、屠宰、包装、出厂检测、配送）、企业信息（包含公司地址、联系方式、企业文化）。

（三）其他追溯平台

为了推动食品可追溯体系的实行，全国各地实行了不同的政策及措施。我国已开始实施农产品可追溯系统的试点工程，发展的速度较快，但应用的范围有限。

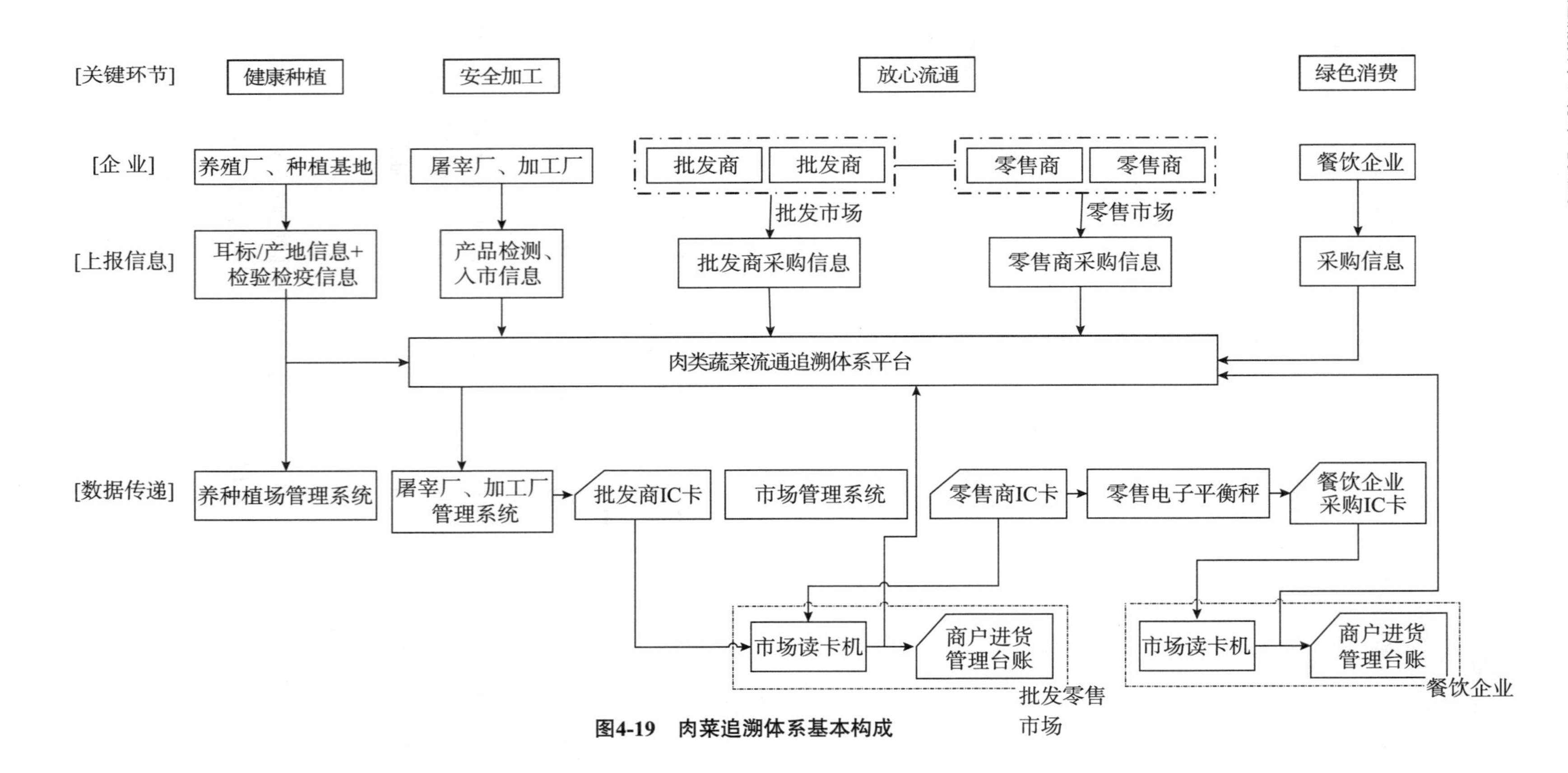

图4-19　肉菜追溯体系基本构成

福建省重点食品安全追溯平台依托物品编码等基础信息资源，应用条码、RFID 等自动识别技术，试点建设酒类、乳制品生产企业质量安全追溯监管平台，围绕乳制品、白酒行业重点生产企业质量追溯信息化改造、政府第三方追溯监管平台搭建等方面，开展食品质量追溯物联网应用示范工程建设，探索政府、企业、社会共同监管的新型监管模式。福建省食品安全追溯省级平台的建设规模包括设省市县三级市场监管部门，对被列入国家重点食品质量安全追溯物联网应用示范工程的 23 家白酒企业及 12 家乳制品企业进行生产产品质量安全追溯监管。福建食品安全追溯省级平台系统服务对象主要分为生产企业、监管部门和公众。根据不同对象的不同需求，该平台主要进行食品供应链主要环节的质量信息记录、监管和追溯服务三大功能的建设。针对生产企业实现食品生产企业电子台账及追溯管理的需求，主要帮助企业建立全面的原料进货台账、生产加工记录、产品出厂检验记录、销售台账等各项记录制度，实现企业生产管理信息透明化、轨迹化，明晰企业主体责任。

广东省食品药品监督管理局在 2014 年已经着手部署在全国率先建设婴幼儿配方乳粉电子追溯体系。该局要求全省的乳粉生产企业必须建立电子台账，将婴幼儿配方奶粉的原料乳粉及辅料来源等批批检验数据、产品出厂全项目批批检验数据通过数据接口与溯源系统互联共享。省外企业生产的婴幼儿配方奶粉要进入广东销售，也必须由生产企业或经销商提供相对应的生产日期或生产批次的检测报告，并录入溯源系统。

2014 年，黑龙江省食品药品监督管理局按照国家食品药品监督管理总局的要求，在逐户摸清底数的基础上制定了详细的时间表和路线图，采用以企业为主、建设追溯平台的方式，全力加快婴幼儿配方乳粉质量安全追溯体系建设进程。在具体工作中，该局侧重巩固优良的、完善一般的、推进刚起步的，从技术、制度、管理 3 个层面扎实推进，将 25 家婴幼儿配方乳粉生产企业的“三个梯队分列式”变成“一个梯队齐步走”。在技术层面，生产企业坚持自动记录与手工记录相结合，重点在全链条、全过程、全环节、全岗位信息数据自动采集上狠下功夫；最大限度地实现关键工序、关键岗位、关键控制点的数据在线采集、时时录入、自动控制，确保了数据的及时准确。在制度层面，该局制定了管理办法，重点完善记录管理、查询管理、标识管理、责任管理和信用管理 5 项追溯制度。要求婴幼儿配方乳粉生产企业全部落实批生产记录制度，基本实现了从原辅料采购到最终产品及产品销售都有完整、准确的记录，所有环节都可以有效追溯。在管理层面，强化企业质量安全主体责任，完善企业内部质量安全管理的规范化、精细化和信息化。一旦出现产品质量安全问题，能在最短时间内查清产品流向、迅速召回产品，将对消费者的危害和社会影响降到最低，并能及时查明问题原因，有针对性地制定整改措施。完达山、飞鹤、贝因美、伊利、雀巢、红星等企业都以产品质量安全控制为基础，对原辅料进行了编码管理，对投料、生产等过程进行程序化、自动化控制，对不符合工艺参数的操作进行自动纠错或停机。

第五章　食品农产品追溯标准

第一节　加强食品安全标准体系建设

食品安全标准体系是指以系统科学和标准化原理为指导，按照风险分析（包括风险评估、风险管理、风险交流）的原则和方法，对食品生产、加工和流通（即“从农田到餐桌”）整个食品链中的食品生产全过程各个环节影响食品安全和质量的关键要素及其控制所涉及的全部标准，按其内在联系形成的系统、科学、合理且可行的有机整体。通过实施食品安全标准体系，实现对食品安全的有效监控，提升食品安全整体水平。

我国食品安全相关标准由国家标准、地方标准、行业标准、企业标准、团体标准组成，包括强制性标准和推荐性标准。在标准管理上，主要由全国食品工业标准化技术委员会（SAC/TC 64）和全国食品质量控制与管理标准化技术委员会（SAC/TC 313）负责标准的制定和管理工作，初步形成了标准的制定和管理体系，基本能够服务于食品安全监管和控制。

一、食品安全标准体系

目前，我国食品安全标准共分为八大类：食品安全基础标准（如术语标准等）、食品中有毒有害物质限量标准、与食品接触材料卫生要求标准、食品安全检验检测方法标准、食品安全控制与管理标准、食品安全标签标识标准、特殊食品产品标准（有机食品、绿色食品、特殊膳食食品和无公害产品标准）以及其他。这八大类食品安全标准基本构成了我国目前的食品安全标准体系，基本满足食品安全控制与管理的目标和要求，但是标准总体水平偏低，部分标准之间不协调，存在交叉，甚至相互矛盾，这就要求要全面深入地开展食品安全标准体系建设的研究工作。

二、食品安全管理标准

我国食品安全管理标准由全国食品质量控制与管理技术标准化技术委员会归口管理。该技术委员会主要负责全国食品安全管理领域的基础性、综合性和通用性的食品安全管理和控制技术领域的标准化工作，归口管理的标准领域涵盖食品安全管理和控制基础、食品安全风险分析、食品安全危害分析及关键控制、食品生产加工良好操作规范、食品追溯、食品召回等范围。目前该领域的标准有60多项，其中国家标准50余项，行业标准近10项，主要标准见表5-1。

表5-1　食品安全管理标准明细表

标准类型	标准编号	标准名称
基础标准	GB/T 19000—2016	质量管理体系　基础和术语
	GB/T 19001—2016	质量管理体系　要求
	GB/T 19004—2020	质量管理　组织的质量　实现持续成功指南
	GB/T 19011—2021	管理体系审核指南
	GB/T 19080—2003	食品与饮料行业GB/T 19001—2000应用指南
	GB/T 22000—2006	食品安全管理体系　食品链中各类组织的要求
卫生规范	GB 8950—2016	食品安全国家标准　罐头食品生产卫生规范
	GB 8951—2016	食品安全国家标准　蒸馏酒及其配制酒生产卫生规范
	GB 8952—2016	食品安全国家标准　啤酒生产卫生规范
	GB 8953—2018	食品安全国家标准　酱油生产卫生规范
	GB 8954—2016	食品安全国家标准　食醋生产卫生规范
	GB 8955—2016	食品安全国家标准　食用植物油及其制品生产卫生规范
	GB 8957—2016	食品安全国家标准　糕点、面包卫生规范
	GB 12694—2016	食品安全国家标准　畜禽屠宰加工卫生规范
	GB 12696—2016	食品安全国家标准　发酵酒及其配制酒生产卫生规范
	GB 13122—2016	食品安全国家标准　谷物加工卫生规范
	GB 14881—2013	食品安全国家标准　食品生产通用卫生规范
	GB 17403—2016	食品安全国家标准　糖果巧克力生产卫生规范
	GB 19303—2003	熟肉制品企业生产卫生规范
	GB 19304—2018	食品安全国家标准　包装饮用水生产卫生规范
危害分析与关键控制点（HACCP）相关标准	GB/T 19537—2004	蔬菜加工企业HACCP体系审核指南
	GB/T 19538—2004	危害分析与关键控制点（HACCP）体系及其应用指南
	GB/T 19838—2005	水产品危害分析与关键控制点（HACCP）体系及其应用指南
	GB/T 20551—2022	畜禽屠宰HACCP应用规范
	GB/T 20572—2019	天然肠衣生产HACCP应用规范
	GB/T 20809—2006	肉制品生产HACCP应用规范

表 5-1（续）

标准类型	标准编号	标准名称
良好操作规范（GMP）相关标准	GB 8956—2016	食品安全国家标准　蜜饯生产卫生规范
	GB 12693—2010	食品安全国家标准　乳制品良好生产规范
	GB 12695—2016	食品安全国家标准　饮料生产卫生规范
	GB 17404—2016	食品安全国家标准　膨化食品生产卫生规范
	GB 17405—1998	保健食品良好生产规范
	GB/T 19479—2019	畜禽屠宰良好操作规范　生猪
	GB/T 20575—2019	鲜、冻肉生产良好操作规范
	GB/T 20938—2007	罐头食品企业良好操作规范
	GB/T 20940—2007	肉类制品企业良好操作规范
	GB/T 20941—2016	食品安全国家标准　水产制品生产卫生规范
	GB/T 20942—2007	啤酒企业良好操作规范
良好农业规范（GAP）相关标准	GB/T 20014.1—2005	良好农业规范　第 1 部分：术语
	GB/T 20014.2—2013	良好农业规范　第 2 部分：农场基础控制点与符合性规范
	GB/T 20014.3—2013	良好农业规范　第 3 部分：作物基础控制点与符合性规范
	GB/T 20014.4—2013	良好农业规范　第 4 部分：大田作物控制点与符合性规范
	GB/T 20014.5—2013	良好农业规范　第 5 部分：水果和蔬菜控制点与符合性规范
	GB/T 20014.6—2013	良好农业规范　第 6 部分：畜禽基础控制点与符合性规范
	GB/T 20014.7—2013	良好农业规范　第 7 部分：牛羊控制点与符合性规范
	GB/T 20014.8—2013	良好农业规范　第 8 部分：奶牛控制点与符合性规范
	GB/T 20014.9—2013	良好农业规范　第 9 部分：猪控制点与符合性规范
	GB/T 20014.10—2013	良好农业规范　第 10 部分：家禽控制点与符合性规范
	GB/T 20014.11—2005	良好农业规范　第 11 部分：畜禽公路运输控制点与符合性规范
其他标准	GB/T 18770—2020	食盐批发企业管理质量等级划分及技术要求
	GB/T 19828—2018	食盐定点生产企业质量管理技术规范
	GB/T 20401—2006	畜禽肉食品绿色生产线资质条件
	GB/T 20402—2006	超市鲜、冻畜禽产品准入技术要求
	SB/T 10391—2005	酒类商品批发经营管理规范
	SB/T 10392—2005	酒类商品零售经营管理规范
	SC/T 3009—1999	水产品加工质量管理规范

第二节　食品安全追溯标准体系

一、食品安全追溯标准体系框架

食品安全追溯标准隶属于食品安全管理标准。目前，我国的食品追溯标准体系采用三层式标准体系的框架结构，标准体系层级及框架雏形如图 5－1 所示。

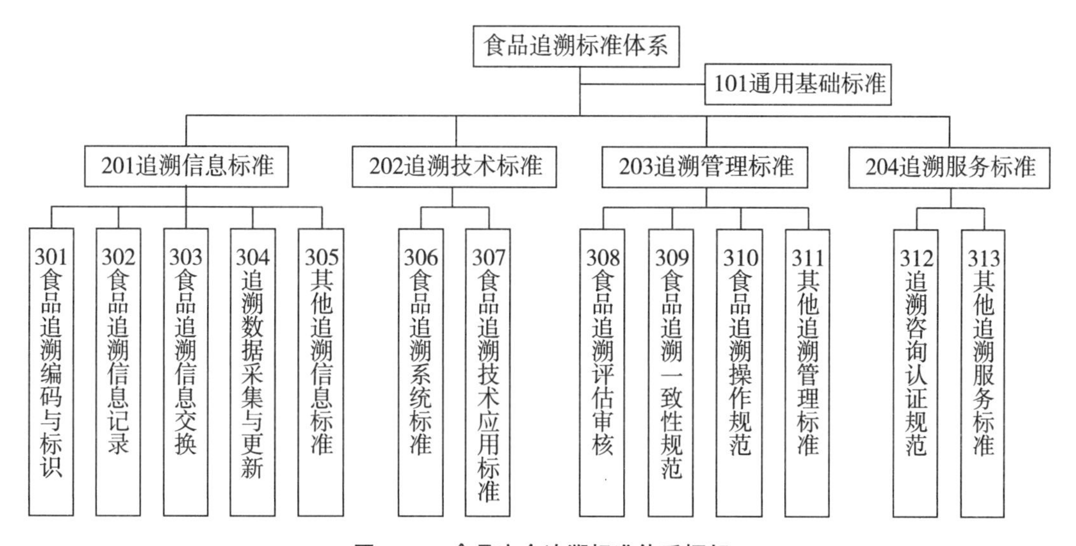

图 5－1　食品安全追溯标准体系框架

图 5－1 中，101 代表食品追溯领域的通用基础标准，如通用的术语和定义、通用的可追溯体系设计与构建以及实施指南等；201 从信息的角度入手，主要包括追溯信息记录、编码与标识以及信息交换等标准；202 是追溯技术标准，囊括了食品追溯涉及的信息技术应用以及信息化建设手段在内的所有标准，如条码技术应用指南、射频识别技术应用指南以及信息系统应用开发指南等；203 是追溯管理标准，主要考虑从追溯评估审核、追溯操作规范的角度进行标准化构建；204 是追溯服务标准，包括追溯咨询认证服务规范等系列标准。

二、食品农产品追溯标准

农产品质量安全追溯标准是指以农产品质量安全追溯为对象所制定的规范性文件。农产品质量安全追溯是指对农产品的生产、加工、流通、销售等环节进行详细的数据收集和记录，建立整个农产品供应链信息库，应用现代信息技术对信息库数据进行管理，实现农产品供应链环节有记录、信息可查询、流向可跟踪、责任可追究、产品可召回、质量有保障，形成覆盖整个农产品供应链的溯源体系。农产品质量安全追溯标准为农产品质量安全追溯提供行为准则和依据。

国际上，国际标准化组织颁布了 ISO 22005：2007《饲料和食品链中的可追溯性系统设计和执行的一般原则和基本要求》。国外一般将农产品质量可追溯系统及其标准纳入法律框架下，欧盟在《食品安全白皮书》中将“从农田到餐桌”的全过程管理纳入食品安全体系，提出对农产品的生产、加工和销售等关键环节进行追溯。《澳大利亚新西兰食品标准法典》（Australia New Zealand Food Standard Code，ANZFSC）的第三章“食品安全标准”规定了对农产品追溯标准进行相应的约定。美国是通过法律法规与标准结合推出《肉、禽产品召回指南》《动物疾病追溯通用标准》。通常是由协会制定并发布追溯标准，例如，美国生鲜产品运销协会和加拿大生鲜产品运销协会联合发布了《北美生鲜产品最佳追溯规范》和《生鲜农产品追溯实施指南》、英国零售商协会发布了《BRC 食品安全全球标准》、德国和法国零售商协会主导发布了《IFS 国际食品标准》等。亚洲国家制定和发布一些农产品追溯实施指南类的规范与标准，例如，韩国出台了《食品追溯标准指南》《食品追溯基本准则》《农产品履历追溯管理标准》和《农产品履历追溯管理制度详细实施指导要领》，日本发布了《食品可追溯制度指南》。

（一）食品农产品质量追溯国家标准

我国现行产品追溯国家标准有 30 余项，其中食品农产品质量追溯国家标准有 11 项，信息汇总见表 5－2。

表 5－2　食品农产品质量追溯国家标准信息汇总表

序号	标准编号	标准名称
1	GB/T 22005—2009	饲料和食品链的可追溯性　体系设计与实施的通用原则和基本要求
2	GB/Z 25008—2010	饲料和食品链的可追溯性　体系设计与实施指南
3	GB/T 28843—2012	食品冷链物流追溯管理要求
4	GB/T 29373—2012	农产品追溯要求　果蔬
5	GB/T 29568—2013	农产品追溯要求　水产品
6	GB/T 31575—2015	马铃薯商品薯质量追溯体系的建立与实施规程
7	GB/T 33915—2017	农产品追溯要求　茶叶
8	GB/T 36759—2018	葡萄酒生产追溯实施指南
9	GB/T 37029—2018	食品追溯　信息记录要求
10	GB/T 38574—2020	食品追溯二维码通用技术要求
11	GB/T 40465—2021	畜禽肉追溯要求

其中，涉及具体农产品品类追溯要求的国家标准有 3 项，包括 GB/T 29373—2012

《农产品追溯要求 果蔬》、GB/T 29568—2013《农产品追溯要求 水产品》、GB/T 33915—2017《农产品追溯要求 茶叶》。

（二）重要产品追溯国家标准

2015年《国务院办公厅关于加快推进重要产品追溯体系建设的意见》（国办发〔2015〕95号）中提出，追溯体系建设是采集记录产品生产、流通、消费等环节信息，实现来源可查、去向可追、责任可究，强化全过程质量安全管理与风险控制的有效措施。按照国务院决策部署，坚持以落实企业追溯管理责任为基础，以推进信息化追溯为方向，加强统筹规划，健全标准规范，创新推进模式，强化互通共享，加快建设覆盖全国、先进适用的重要产品追溯体系，促进质量安全综合治理，提升产品质量安全与公共安全水平，更好地满足人民群众生活和经济社会发展需要。

结合追溯体系建设实际需要，科学规划食用农产品、食品、药品、农业生产资料、特种设备、危险品、稀土产品追溯标准体系。针对不同产品生产流通特性，制订相应的建设规范，明确基本要求，采用简便适用的追溯方式。以确保不同环节信息互联互通、产品全过程通查通识为目标，抓紧制定实施一批关键共性标准，统一数据采集指标、传输格式、接口规范及编码规则。加强标准制定工作统筹，确保不同层级、不同类别的标准相协调。

为贯彻《国务院办公厅关于加快推进重要产品追溯体系建设的意见》（国办发〔2015〕95号），科学规划和协调指导重要产品追溯标准化工作，国家标准化管理委员会办公室、商务部办公厅研究制定了《国家重要产品追溯标准化工作方案》。

2019年10月18日，国家标准化管理委员会发布了6项重要产品追溯国家标准，并于2019年10月18日实施，见表5-3。

表5-3 重要产品追溯国家标准信息汇总表

序号	标准编号	标准名称
1	GB/T 38154—2019	重要产品追溯 核心元数据
2	GB/T 38155—2019	重要产品追溯 追溯术语
3	GB/T 38156—2019	重要产品追溯 交易记录总体要求
4	GB/T 38157—2019	重要产品追溯 追溯管理平台建设规范
5	GB/T 38158—2019	重要产品追溯 产品追溯系统基本要求
6	GB/T 38159—2019	重要产品追溯 追溯体系通用要求

（三）追溯相关行业标准

我国已发布的追溯相关行业标准50余项，以商务部行业标准和农业农村部行业标准为主。

1. 商务部追溯行业标准

商务部追溯行业标准见表5-4。

表5-4　商务部追溯行业标准信息汇总表

序号	标准编号	标准名称
1	SB/T 10680—2012	肉类蔬菜流通追溯体系编码规则
2	SB/T 10681—2012	肉类蔬菜流通追溯体系信息传输技术要求
3	SB/T 10682—2012	肉类蔬菜流通追溯体系信息感知技术要求
4	SB/T 10683—2012	肉类蔬菜流通追溯体系管理平台技术要求
5	SB/T 10684—2012	肉类蔬菜流通追溯体系信息处理技术要求
6	SB/T 10768—2012	基于射频识别的瓶装酒追溯与防伪标签技术要求
7	SB/T 10769—2012	基于射频识别的瓶装酒追溯与防伪查询服务流程
8	SB/T 10770—2012	基于射频识别的瓶装酒追溯与防伪读写器技术要求
9	SB/T 10771—2012	基于射频识别的瓶装酒追溯与防伪应用数据编码
10	SB/T 10824—2012	速冻食品二维条码识别追溯技术规范
11	SB/T 11001—2013	基于射频识别的瓶装酒追溯与防伪标签测试规范
12	SB/T 11002—2013	基于射频识别的瓶装酒追溯与防伪读写器测试规范
13	SB/T 11003—2013	基于射频识别的瓶装酒追溯与防伪设备互操作测试规范
14	SB/T 11038—2013	中药材流通追溯体系专用术语规范
15	SB/T 11059—2013	肉类蔬菜流通追溯体系城市管理平台规范
16	SB/T 11060—2013	基于二维条码的瓶装酒追溯与防伪应用规范
17	SB/T 11074—2013	糖果巧克力及其制品二维条码识别追溯技术要求
18	SB/T 11124—2015	肉类蔬菜流通追溯零售电子秤通用规范
19	SB/T 11125—2015	肉类蔬菜流通追溯手持读写终端通用规范
20	SB/T 11126—2015	肉类蔬菜流通追溯批发自助交易终端通用规范

2. 农业农村部追溯行业标准

2007年9月14日，农业部发布NY/T 1431—2007《农产品追溯编码导则》行业标准，并于2007年12月1日实施。该标准规定了农产品追溯编码的术语和定义、编码原则和编码对象，适用于农产品追溯代码编制，该标准是我国第一个农产品质量安全追溯方面的行业标准。农业农村部追溯行业标准见表5-5。

表 5-5　农业农村部追溯行业标准信息汇总表

序号	标准编号	标准名称
1	NY/T 1431—2007	农产品追溯编码导则
2	NY/T 1761—2009	农产品质量安全追溯操作规程　通则
3	NY/T 1762—2009	农产品质量安全追溯操作规程　水果
4	NY/T 1763—2009	农产品质量安全追溯操作规程　茶叶
5	NY/T 1764—2009	农产品质量安全追溯操作规程　畜肉
6	NY/T 1765—2009	农产品质量安全追溯操作规程　谷物
7	NY/T 1993—2011	农产品质量安全追溯操作规程　蔬菜
8	NY/T 1994—2011	农产品质量安全追溯操作规程　小麦粉及面条
9	NY/T 2531—2013	农产品质量追溯信息交换接口规范
10	NY/T 2958—2016	生猪及产品追溯关键指标规范
11	SC/T 3043—2014	养殖水产品可追溯标签规程
12	SC/T 3044—2014	养殖水产品可追溯编码规程
13	SC/T 3045—2014	养殖水产品可追溯信息采集规程
14	NY/T 3204—2018	农产品质量安全追溯操作规程　水产品
15	NY/T 3599.1—2020	从养殖到屠宰全链条兽医卫生追溯监管体系建设技术规范　第 1 部分：代码规范
16	NY/T 3599.2—2020	从养殖到屠宰全链条兽医卫生追溯监管体系建设技术规范　第 2 部分：数据字典
17	NY/T 3599.3—2020	从养殖到屠宰全链条兽医卫生追溯监管体系建设技术规范　第 3 部分：数据集模型
18	NY/T 3599.4—2020	从养殖到屠宰全链条兽医卫生追溯监管体系建设技术规范　第 4 部分：数据交换格式
19	NY/T 3817—2020	农产品质量安全追溯操作规程　蛋与蛋制品
20	NY/T 3818—2020	农产品质量安全追溯操作规程　乳与乳制品
21	NY/T 3819—2020	农产品质量安全追溯操作规程　食用菌

上述系列标准适用于农产品质量安全追溯体系的建立、实施、操作与管理。

在国家产品质量安全追溯管理信息平台建设过程中，编制了“农产品质量安全追溯通用系列标准”，该系列标准是 2020 年 1 月 9 日由农业农村部办公厅发布的试行标准，共 11 项，包括《农产品质量安全追溯管理专用术语（试行）》《农产品质量安全追溯管理基础数据元（试行）》《农产品质量安全追溯管理基础代码集（试行）》《农产品质量安全追溯产品分类与代码（试行）》《农产品质量安全追溯标识格式与编码规范（试行）》《农产品质量安全追溯数据接口规范（试行）》《农产品质量安全追溯数据格式规范（试行）》《农产品质量安全追溯管理风险预警指标体系规范（试行）》《农产品质量安全追溯管理操作规范（试行）》《农产品质量安全追溯项目管理办法（试行）》和《农产品质量安全追溯管理平台运行维护管理规范（试行）》。

（四）追溯相关地方标准

追溯相关地方标准共138项，见表5-6。

表5-6　追溯相关地方标准信息汇总表

序号	标准编号	标准名称	省/自治区/市
1	DB22/T 3343—2022	人参产品质量追溯规范	吉林省
2	DB5309/T 48—2021	凤庆核桃质量安全追溯系统建设规范	临沧市
3	DB5309/T 47—2021	凤庆核桃质量安全追溯数据采集规范	临沧市
4	DB5309/T 46—2021	凤庆核桃质量安全追溯操作规程	临沧市
5	DB5309/T 45—2021	凤庆核桃质量安全追溯编码及标识	临沧市
6	DB15/T 2478—2021	基于区块链的农畜产品追溯平台规范	内蒙古自治区
7	DB15/T 2475—2021	阿拉善型绒山羊可追溯体系技术规范	内蒙古自治区
8	DB53/T 1075—2021	普洱茶追溯服务平台建设规范	云南省
9	DB53/T 1074—2021	普洱茶质量追溯实施规程	云南省
10	DB61/T 1436—2021	食品质量追溯要求　基础数据元	陕西省
11	DB4403/T 191—2021	食用农产品追溯码编码技术规范	深圳市
12	DB4403/T 190—2021	食品经营者追溯电子台账规范	深圳市
13	DB15/T 2296—2021	内蒙古燕麦质量追溯规范	内蒙古自治区
14	DB4403/T 157—2021	进口冻品集中监管仓　追溯要求及追溯码编码规范	深圳市
15	DB52/T 1591—2021	马铃薯种薯质量追溯体系建设标准	贵州省
16	DB15/T 2139—2021	奶牛质量追溯管理操作规程	内蒙古自治区
17	DB33/T 2311—2021	农产品生产主体追溯管理规范	浙江省
18	DB23/T 2812—2021	食用农产品追溯信息展示规范	黑龙江省
19	DB37/T 4353—2021	连锁商超生鲜食品追溯操作规程	山东省
20	DB37/T 4352—2021	重要产品追溯操作规程　干海参	山东省
21	DB37/T 4351—2021	重要产品追溯操作规程　扒鸡	山东省
22	DB37/T 4350—2021	重要产品追溯　食用农产品省级平台数据接口规范	山东省
23	DB37/T 4349—2021	重要产品追溯产品目录　食用农产品	山东省

表 5-6（续）

序号	标准编号	标准名称	省/自治区/市
24	DB42/T 1644—2021	食用农产品质量追溯信息库建设规范	湖北省
25	DB34/T 1898—2020	池塘养殖水产品质量安全可追溯管理规范	安徽省
26	DB4503/T 0013—2020	预包装桂林米粉质量安全追溯操作规范	桂林市
27	DB35/T 1948—2020	集中消毒餐（饮）具质量安全追溯码编码技术规范	福建省
28	DB3311/T 103—2019	食用农产品生产环节质量安全追溯管理规范	丽水市
29	DB3311/T 67—2017	食用农产品市场销售质量安全追溯管理规范	丽水市
30	DB15/T 2031—2020	果蔬农产品追溯编码结构设计规程	内蒙古自治区
31	DB37/T 4130—2020	重要产品追溯操作规程　鸡蛋	山东省
32	DB37/T 4129—2020	重要产品追溯操作规程　大蒜	山东省
33	DB34/T 3630—2020	农产品质量安全追溯项目管理	安徽省
34	DB34/T 3629—2020	农产品质量安全追溯管理平台信息管理规范	安徽省
35	DB34/T 3628—2020	农产品质量安全追溯管理平台操作规范	安徽省
36	DB34/T 3627—2020	农产品质量安全追溯风险预警指标体系规范	安徽省
37	DB34/T 3626—2020	农产品追溯信息采集规范　食用植物油	安徽省
38	DB34/T 1640—2020	农产品追溯信息采集规范　粮食	安徽省
39	DB37/T 4027—2020	食用农产品可追溯供应商通用规范　果蔬	山东省
40	DB37/T 4026—2020	食用农产品可追溯供应商评价准则	山东省
41	DB37/T 3974—2020	苹果苗木质量追溯系统建设要求	山东省
42	DB37/T 3970—2020	茶叶质量安全追溯系统建设要求	山东省
43	DB64/T 1706—2020	贺兰山东麓葡萄酒质量安全追溯指标技术规范	宁夏回族自治区
44	DB1507/T21—2020	羊肉信息追溯操作规范	呼伦贝尔市
45	DB45/T 2101—2019	百香果质量安全追溯操作规程	广西壮族自治区
46	DB12/T 925—2019	农产品生产环节追溯编码规范	天津市
47	DB12/T 924—2019	蔬菜质量安全追溯数据交换规范	天津市
48	DB32/T 3738—2020	食品安全电子追溯公众查询信息规范	江苏省
49	DB32/T 3737—2020	食品安全电子追溯编码及表示规范	江苏省
50	DB3710/T 098—2020	苹果苗木质量追溯系统建设要求	威海市
51	DB45/T 1894—2018	柑橘质量安全追溯操作规程	广西壮族自治区
52	DB64/T 1652—2019	宁夏枸杞追溯要求	宁夏回族自治区
53	DB15/T 1728—2019	“乌兰察布马铃薯”质量追溯技术规程	内蒙古自治区
54	DB5206/T04—2018	梵净山茶叶产品质量安全追溯操作规程	铜仁市

表 5-6（续）

序号	标准编号	标准名称	省/自治区/市
55	DB35/T 1861—2019	食品质量安全追溯码编码技术规范　自然人	福建省
56	DB41/T 1857—2019	农产品质量安全追溯信息编码与标识规范	河南省
57	DB41/T 1846—2019	冷却肉冷链运输追溯规程	河南省
58	DB41/T 1793—2019	冷鲜肉产业链安全追溯管理规范	河南省
59	DB41/T 1779—2019	蔬菜质量安全追溯　信息编码和标识规范	河南省
60	DB41/T 1778—2019	蔬菜质量安全追溯　信息采集规范	河南省
61	DB41/T 1777—2019	蔬菜质量安全追溯　产地编码技术规范	河南省
62	DB41/T 1776—2019	蔬菜质量安全追溯　操作规程	河南省
63	DB37/T 3662—2019	阿胶追溯体系设计与实施指南	山东省
64	DB37/T 3661—2019	重要产品追溯　食用农产品追溯码编码规则	山东省
65	DB37/T 3660—2019	重要产品追溯　食用农产品省市平台建设规范	山东省
66	DB37/T 3659—2019	重要产品追溯　食用农产品省市平台管理规范	山东省
67	DB37/T 3689.1—2019	玉米品种及其亲本系谱追溯分析平台建设技术规范　第1部分：总体框架	山东省
68	DB22/T 3033.2—2019	畜禽产品质量安全追溯　第2部分：操作技术规程	吉林省
69	DB22/T 3033.1—2019	畜禽产品质量安全追溯　第1部分：信息编码技术规程	吉林省
70	DB36/T 1081—2018	养殖水产品可追溯数据接口规范	江西省
71	DB31/T 1110.4—2018	食品和食用农产品信息追溯　第4部分：标识物	上海市
72	DB31/T 1110.3—2018	食品和食用农产品信息追溯　第3部分：数据接口	上海市
73	DB31/T 1110.2—2018	食品和食用农产品信息追溯　第2部分：数据元	上海市
74	DB31/T 1110.1—2018	食品和食用农产品信息追溯　第1部分：编码规则	上海市
75	DB21/T 3038—2018	蔬菜产品质量安全追溯技术操作规程	辽宁省
76	DB13/T 3017—2018	低温食品冷链物流履历追溯管理规范	河北省
77	DB32/T 3411—2018	食品安全电子追溯信息查询服务数据接口规范	江苏省
78	DB32/T 3410—2018	食品安全电子追溯数据目录服务数据接口规范	江苏省
79	DB32/T 3409—2018	食品安全电子追溯数据交换接口规范	江苏省
80	DB32/T 3408—2018	食品安全电子追溯生产企业数据上报接口规范	江苏省
81	DB32/T 3407—2018	食品安全电子追溯标识解析服务数据接口规范	江苏省
82	DB12/T 3017—2018	低温食品冷链物流履历追溯管理规范	天津市
83	DB51/T 2462—2018	县级农产品质量安全追溯体系建设规范	四川省

表 5-6（续）

序号	标准编号	标准名称	省/自治区/市
84	DB11/T 3017—2018	低温食品冷链物流履历追溯管理规范	北京市
85	DB35/T 1711—2017	食品质量安全追溯码编码技术规范	福建省
86	DB21/T 2882—2017	肉牛肥育质量安全可追溯技术规程	辽宁省
87	DB22/T 2638—2017	黑木耳菌种质量可追溯规范	吉林省
88	DB13/T 2561—2017	互联网＋种业质量追溯技术条件	河北省
89	DB13/T 2526—2017	食用杂粮质量安全追溯系统建设　实施指南	河北省
90	DB13/T 2495—2017	农产品质量安全追溯操作规程　禽肉	河北省
91	DB13/T 2494—2017	农产品质量安全追溯操作规程　禽蛋	河北省
92	DB45/T 1446—2016	早熟温州蜜柑产品质量安全追溯操作规程	广西壮族自治区
93	DB45/T 1392—2016	胡萝卜产品质量安全追溯操作规程	广西壮族自治区
94	DB45/T 1334—2016	食品生产企业追溯系统　导则	广西壮族自治区
95	DB45/T 1308—2016	花生质量安全追溯操作规程	广西壮族自治区
96	DB13/T 2332—2016	农产品质量安全追溯操作规程　水产品	河北省
97	DB15/T 990—2016	商品条码　乳粉及婴幼儿配方乳粉追溯码编码与条码表示	内蒙古自治区
98	DB15/T 992—2016	商品条码　小麦粉追溯码编码与条码表示	内蒙古自治区
99	DB15/T 991—2016	商品条码　食用植物油追溯码编码与条码表示	内蒙古自治区
100	DB15/T 989—2016	商品条码　白酒追溯码编码与条码表示	内蒙古自治区
101	DB33/T 984—2015	电子商务商品编码与追溯管理规范	浙江省
102	DB32/T 2878—2016	水产品质量追溯体系建设及管理规范	江苏省
103	DB12/T 565—2015	低温食品冷链物流履历追溯管理规范	天津市
104	DB22/T 2321—2015	粮食质量安全追溯系统设计指南	吉林省
105	DB22/T 2320—2015	粮食产品追溯标识设计要求	吉林省
106	DB36/T 854—2015	猕猴桃质量安全追溯操作规范	江西省
107	DB65/T 3324—2014	农产品质量安全信息追溯　编码及标识规范	新疆维吾尔自治区
108	DB15/T 866—2015	基于物联网的畜产品追溯服务流程	内蒙古自治区
109	DB15/T 867—2015	基于物联网的畜产品追溯应用平台结构	内蒙古自治区
110	DB15/T 865—2015	基于射频识别的畜产品追溯数据格式要求	内蒙古自治区
111	DB65/T 3676—2014	农产品质量安全信息追溯　标签设计要求	新疆维吾尔自治区
112	DB65/T 3675—2014	农产品质量安全信息追溯数据格式规范　种植业	新疆维吾尔自治区
113	DB65/T 3674—2014	农产品质量安全信息追溯　追溯系统通用技术要求	新疆维吾尔自治区

表 5-6（续）

序号	标准编号	标准名称	省/自治区/市
114	DB65/T 3673—2014	农产品质量安全信息追溯　通用要求	新疆维吾尔自治区
115	DB65/T 3625—2014	一种用于奶业追溯条形码编码规范	新疆维吾尔自治区
116	DB65/T 3624—2014	一种用于奶业追溯二维码编码结构规范	新疆维吾尔自治区
117	DB15/T 701—2014	产品质量信息追溯体系通用技术要求	内蒙古自治区
118	DB44/T 1267—2013	捕捞对虾产品可追溯技术规范	广东省
119	DB15/T 641—2013	食品安全追溯体系设计与实施通用规范	内蒙古自治区
120	DB46/T 269—2013	农产品流通信息追溯系统建设与管理规范	海南省
121	DB22/T 1937—2013	粮食产品质量安全追溯数据采集规范	吉林省
122	DB22/T 1936—2013	粮食产品质量安全追溯编码与标识指南	吉林省
123	DB15/T 644—2013	肉牛物流环节关键控制点追溯信息采集指南	内蒙古自治区
124	DB15/T 643—2013	基于射频识别的肉牛屠宰环节关键控制点追溯信息采集指南	内蒙古自治区
125	DB15/T 642—2013	基于射频识别的肉牛育肥环节关键控制点追溯信息采集指南	内蒙古自治区
126	DB34/T 1810—2012	农产品追溯要求　通则	安徽省
127	DB13/T 1523—2012	果品质量安全追溯系统建设　实施指南	河北省
128	DB22/T 1699—2012	猪肉产品追溯信息编码规则	吉林省
129	DB15/T 532—2012	商品条码　畜肉追溯编码与条码表示	内蒙古自治区
130	DB22/T 1651—2012	产地水产品质量追溯操作规程	吉林省
131	DB34/T 1683—2012	农资产品追溯信息编码和标识规范	安徽省
132	DB34/T 1685—2012	食品质量追溯标准体系表	安徽省
133	DB36/T 679—2012	靖安白茶质量安全追溯操作规范	江西省
134	DB34/T 1639—2012	农产品追溯信息采集规范　禽蛋	安徽省
135	DB44/T 910—2011	养殖对虾产品可追溯规范	广东省
136	DB37/T 1805—2011	乳制品电子信息追溯系统通用技术要求	山东省
137	DB13/T 1159—2009	果品质量安全追溯　产地编码技术规范	河北省
138	DB44/T 737—2010	罗非鱼产品可追溯规范	广东省

（五）追溯相关团体标准

追溯相关团体标准共 80 项，见表 5-7。

表 5-7 追溯相关团体标准信息汇总表

序号	团体名称	标准编号	标准名称
1	吉林省粮食行业协会	T/JLLHXH 19—2021	吉林大米 质量追溯信息规范
2	吉林省粮食行业协会	T/JLLHXH 13—2021	吉林鲜食玉米 质量追溯信息规范
3	浙江省粮食行业协会	T/ZJLSX 1.6—2022	浙江好大米 第6部分：质量追溯信息采集规范
4	中国中小商业企业协会	T/CASME 13—2021	世界可追溯优质农产品 马来西亚榴莲
5	中国副食流通协会	T/CFCA 0020—2021	食品追溯区块链应用管理要求
6	内蒙古质量与品牌促进会	T/IMQBPA 0002—2021	地理标志产品 武川土豆 商品薯质量追溯体系的建立与实施规程
7	象山县柑橘产业联盟	T/CIAX 001—2021	柑橘无病毒母本采穗圃和脱毒种苗全程追溯规范
8	博罗县特种设备和计量标准化协会	T/BLTJBX 26—2021	柏塘山茶质量安全追溯系统建设要求
9	山东省农业产业化促进会	T/SAIA 012—2021	商品驴生产追溯信息采集规范
10	广东省食品流通协会	T/GDFCA 041—2022	基于区块链技术食品追溯系统的可靠性测试标准
11	广东省食品流通协会	T/GDFCA 040—2022	基于区块链技术食品追溯系统的兼容性测试标准
12	广东省食品流通协会	T/GDFCA 039—2022	基于区块链技术食品追溯系统的性能效率测试标准
13	广东省食品流通协会	T/GDFCA 038—2022	基于区块链技术食品追溯系统的功能性测试标准
14	广东省食品流通协会	T/GDFCA 037—2022	基于区块链技术食品追溯系统的信息安全性测试标准
15	舒兰市大米协会	T/SLRA 0007—2021	地理标志农产品舒兰大米质量安全追溯体系建设与管理规范
16	广东省农业标准化协会	T/GDNB 71.10—2021	广东特色农产品全产业链标准体系 菠萝-产品追溯标准编写通则
17	广东省食品流通协会	T/GDFCA 052—2022	粤港澳食品追溯 追溯体系总体规范
18	广东省食品流通协会	T/GDFCA 062—2022	粤港澳食品追溯 追溯码编码规则

表 5-7（续）

序号	团体名称	标准编号	标准名称
19	广东省食品流通协会	T/GDFCA 034—2022	粤港澳食品追溯　预包装食品跨境追溯平台建设规范
20	广东省食品流通协会	T/GDFCA 054—2022	粤港澳食品追溯　信息分类代码
21	广东省食品流通协会	T/GDFCA 056—2022	粤港澳食品追溯　统计指标
22	广东省食品流通协会	T/GDFCA 057—2022	粤港澳食品追溯　数据共享与交换接口规范
23	广东省食品流通协会	T/GDFCA 058—2022	粤港澳食品追溯　数据存证基本要求
24	广东省食品流通协会	T/GDFCA 059—2022	粤港澳食品追溯　数据安全及隐私保护通用要求
25	广东省食品流通协会	T/GDFCA 033—2022	粤港澳食品追溯　食用农产品跨境追溯平台建设规范
26	广东省食品流通协会	T/GDFCA 064—2022	粤港澳食品追溯　商品跨境召回参考流程
27	广东省食品流通协会	T/GDFCA 063—2022	粤港澳食品追溯　商品跨境流通参考流程
28	广东省食品流通协会	T/GDFCA 060—2021	粤港澳食品追溯　冷链食品跨境追溯平台建设规范
29	广东省食品流通协会	T/GDFCA 055—2021	粤港澳食品追溯　交换数据集
30	广东省食品流通协会	T/GDFCA 053—2021	粤港澳食品追溯　基础数据元
31	广东省食品流通协会	T/GDFCA 061—2022	粤港澳食品追溯　电子追溯凭证参考格式
32	云南省茶叶流通协会	T/YNTCA 008—2021	云南大叶种白茶质量保存追溯技术规范
33	青岛市食品工业协会	T/QFIA 001—2021	食用植物油生产企业质量控制及追溯管理规范
34	东营质量协会	T/DYZL 004—2021	成品油质量全链条可追溯管控体系
35	云南省茶叶流通协会	T/YNTCA 006—2021	普洱茶质量安全追溯技术规范
36	云南省茶叶流通协会	T/YNTCA 005—2021	茶叶质量安全追溯平台建设规范
37	云南省茶叶流通协会	T/YNTCA 002—2021	年份普洱茶质量保存追溯技术规范
38	象州县电子商务协会	T/XZDX 001—2021	象州优质米追溯信息要求
39	中国粮油学会	T/CCOA 35—2020	基于区块链的优质大米追溯信息采集规范
40	佛山市顺德区饮食协会	T/SDYX 3—2021	生猪全链条追溯技术规范
41	广东省信息协会	T/GDIIA 004—2020	食用农产品信息可追溯性判定要求
42	化州市电子商务协会	T/HZDS 001—2020	化橘红追溯信息要求
43	博罗县特种设备和计量标准化协会	T/BLTJBX 13—2020	茶叶质量安全追溯系统建设要求

表 5-7（续）

序号	团体名称	标准编号	标准名称
44	中国物流与采购联合会	T/CFLP 0028—2020	食品追溯区块链技术应用要求
45	中国副食流通协会	T/CFCA 0010—2019	食品追溯　通用要求
46	芦溪县电子商务协会	T/LXDX 004—2020	武功紫红米追溯信息要求
47	中国副食流通协会	T/CFCA 0014—2020	食用油流通追溯管理规范
48	中国副食流通协会	T/CFCA 0013—2020	团餐食品流通追溯管理规范
49	上海市物联网行业协会	T/SIOT 107—2020	农业物联网技术规范　农产品生产监管与质量追溯
50	常德市农学会	T/CDNX 038—2020	勇福富硒香米质量追溯要求
51	常德市农学会	T/CDNX 034.5—2020	农产品地理标志　常德香米　第5部分：产品质量追溯管理规范
52	中国防伪行业协会	T/CTAAC 003—2020	区块链防伪追溯数据格式通用要求
53	湖北省硒资源开发利用促进会	T/HBSELHH 0002—2020	富硒产品追溯要求
54	中国商业联合会	T/CGCC 31—2019	区块链应用　商品及其流通信息可追溯体系框架
55	深圳市物联网产业协会	T/SZIOT 002—2019	禽肉产品质量安全追溯操作指南
56	广东省食品流通协会	T/GDFCA 036—2019	预包装食品追溯系统测试标准
57	广东省食品流通协会	T/GDFCA 035—2019	食用农产品追溯系统测试标准
58	广东省食品流通协会	T/GDFCA 019—2019	食品配送企业食品追溯系统数据接口规范
59	广东省食品流通协会	T/GDFCA 018—2019	水产品流通追溯系统数据接口规范
60	广东省食品流通协会	T/GDFCA 022—2019	批发市场食品追溯系统数据接口规范
61	广东省食品流通协会	T/GDFCA 021—2019	农贸市场食品追溯系统数据接口规范
62	广东省食品流通协会	T/GDFCA 020—2019	超市食品追溯系统数据接口规范
63	上海市肉类行业协会	T/SMTA 0001—2019	农产品批发市场信息追溯管理规程　第一部分　白条猪肉
64	佛山市标准化协会	T/FSAS 36—2019	佛山市食用农产品质量安全追溯系统设计指南
65	中国酒业协会	T/CBJ 2201—2019	白酒产品追溯体系
66	广东省食品生产技术协会	T/GDFPT 0005—2019	食品可追溯体系一致性审核判定规范

表 5-7（续）

序号	团体名称	标准编号	标准名称
67	广东省食品生产技术协会	T/GDFPT 0004—2019	食品可追溯体系控制点级别划分与设立　规范
68	广东省食品生产技术协会	T/GDFPT 0003—2019	食品生产流通冷链产品召回与追溯管理　规范
69	中国副食流通协会	T/CFCA 0004—2018	休闲食品流通追溯管理规范
70	中国副食流通协会	T/CFCA 0003—2018	餐饮企业食品（食材）流通追溯管理规范
71	佛山市顺德区食品商会	T/SPSH 01—2018	食用油追溯体系建设与管理规范
72	中国科技产业化促进会	T/CSPSTC 14—2018	畜类产品追溯体系应用指南
73	中国科技产业化促进会	T/CSPSTC 13—2018	禽类产品追溯体系应用指南
74	惠州市标准化协会	T/HZBX 017—2018	冷链物流　低温食品履历追溯管理规范
75	大连市轻工业联合会	T/DLQG 2003.6—2018	食品可追溯体系　第6部分：认证审核指南
76	大连市轻工业联合会	T/DLQG 2003.5—2018	食品可追溯体系　第5部分：控制点及一致性规范
77	大连市轻工业联合会	T/DLQG 2003.4—2018	食品可追溯体系　第4部分：预包装食品风险和供应商信用的评价规范
78	大连市轻工业联合会	T/DLQG 2003.3—2018	食品可追溯体系　第3部分：预包装食品证票登记规范
79	大连市轻工业联合会	T/DLQG 2003.2—2018	食品可追溯体系　第2部分：信息备案规范
80	佛山市食品行业协会	T/FSSP 001—2017	熟食集中加工信息化全链条追溯操作规范

第三节　欧美日韩食品农产品安全追溯标准建设情况

一、欧盟食品农产品安全追溯标准建设

欧盟农产品标准一般分为强制型和自律型两种，强制的标准由欧盟委员会负责以法律、法规的形式颁布，具有不可抗性，必须严格遵守。近些年欧盟委员会提出了“从农场到市场”的全程监控要求，即把从“农田到餐桌”的生产全过程纳入农产品安全监管措施体系。自律型标准由欧盟委员会及各国政府委托标准制定机构或农业、食品业协会实施管理与监督，是社会自愿采用。目前，不算各成员国各自制定的标准，单是欧盟涉及食品和农产品的标准就有550多项，只有符合了这些标准和指令法规要求的食品才能够进入欧洲

市场。

（一）管理标准

2008年，欧盟推出了良好追溯流程（Good Traceability Practice，GTP），包括内部追溯、供应链追溯、Trace Core XML（TCX）追溯信息电子交换指导手册，以及针对水产、蜂蜜、鸡肉和饮料的实施标准与指南。这些指南对导入流程、追溯单元和标识进行了规范，详细定义了供应链中追溯信息获取和交换的XML格式，针对供应链加工与流通的复杂模型，着重处理追溯单元转换、合并、混合等复杂流程，保持原料来源与产品出货上下游对象的完整串联。

此外，欧盟一些大的零售商在原有的供应商采购标准的基础上进行了修订，补充和完善了追溯的要求。例如，德国和法国零售商协会主导的《IFS国际食品标准》（International Featured Standards Food）包含详尽的追溯条款，将追溯纳入农产品/食品安全管理与验证体系。

（二）质量认证体系

农产品质量认证对保证农产品质量安全发挥了重要作用，欧盟及其主要成员国除进行一些如ISO 9000和ISO 14000的国际标准认证外，还建立了如下统一的农产品质量认证体系。

1. HACCP（危害分析与关键控制点分析）体系认证

为从源头保障食品安全而要求企业、生产者采用HACCP体系，HACCP的认证程序主要包括企业申请、认证审核、证书保持、复审换证4个阶段，这在欧盟和各成员国内都是基本一致的。有关食品卫生的欧共体理事会指令93/43/EEC（1993年6月14日）也已包括了食品工厂要建立以HACCP为基础的体系以确保农产品安全的要求，该指令第6条项下指出：如各成员国认为适宜，也可向农产品工厂推荐应用欧洲标准EN 29000系列（ISO 9000），以便使通用的卫生原则、准则在实践中付诸实施。

欧共体委员会于1994年5月20日发布了94/356/EC决议《应用欧共体理事会91/493/EEC指令对水产品作自我卫生检查的规定》，要求在欧共体市场上销售的水产品必须是在91/493/EEC规定的卫生条件下，应用HACCP体系实施安全控制所生产的产品。

2. CE（Conformite Europeenne）标志认证

只有符合欧盟制定的安全、健康和环境相关标准的产品才能通过认证，是一种欧盟指令强制要求的标志，可能影响到消费者安全健康的产品和领域必须通过该认证。

3. 有机食品认证

欧盟的有机食品认证标准既遵循欧盟的《关于农产品和食品有机生产委员会法令》，也遵循联合国粮农组织和世界卫生组织制定的有机食品标准计划，认证标准十分严格。

（三）技术标准

所有上市销售的农产品必须具备可追溯性，不具备可追溯性的食品禁止上市或进口。为此，欧盟已经要求各成员国采用国际物品协会的“全球统一编码系统”。利用统一编码系统，可以掌握农产品、食品的全部必要信息，一旦发生威胁人类健康的突发性食品安全事件，可以立即追踪到储运、加工和生产的各个环节，直至农产品种植或饲养的源头。该系统自20世纪70年代在欧洲诞生以来，得到了成员国的广泛应用。欧盟还制定了一系列配套的法律、法规和技术条例确保农产品供应链上各个环节信息的真实、可靠。应用GS1条码技术后，蔬菜、水果等农产品销售商在供货时会多出一个条码，主要用于标识蔬菜或水果的批次、种植过程、农田状况等信息。同一品种、同一生产条件、同一批次的产品使用同一个条码，专门用于产品追溯。拥有统一编码的蔬菜、水果相当于颁发了“身份证”，欧盟可根据这种“身份证”了解产品的上游供应链，跟踪产品的下游消费者，在必要时将农产品对消费者产生的不良影响降至最低，同时也可以最大限度减少企业的损失。

2005年，联合国欧洲经济委员会（UN/ECE）正式推荐GS1追溯标准用于食品的跟踪与追溯。UN/ECE许多分类文件中提及GS1标准，如在绵羊胴体和切割物的标准（UN/ECE Standard for ovine carcases and cuts）4.3中提及采用GS1－128标识GTIN、质量、包装日期、保质期、批号等信息；在牛肉胴体和切割物标准（UN/ECE Bovine meat carcases and cuts）4.1中提及可以采用EAN·UCC系统（GS1系统）的应用标识符来标识UN/ECE代码，附录2则详细介绍了EAN·UCC系统（GS1系统），提到可以采用EAN·UCC系统的应用标识符7002来标识UNECE标准代码，并举例采用GS1－128条码标识GTIN、质量、保质期、包装日期、批号和系列号等信息。用到的应用标识符包括01（GTIN应用标识符）、3102（质量应用标识符）、13（包装日期应用标识符）、15（保质期应用标识符）、10（批次应用标识符）、21（系列号应用标识符）等，并提到其他信息（如UNECE代码、制冷、等级和脂肪厚度等）可以通过GTIN作为关键字采用EDI进行数据交换（EDI－EANCOM8消息）。

2013年，两项新通过的ISO标准《消费品安全　供应商指南》与《消费品召回　供应商指南》在重要位置引用了GS1标准。同时，经济合作与发展组织（OECD）发布了采用GS1追溯标准建立全球产品召回平台。2014年1月，针对某些非食品、非医疗产品的消费者安全法规即将在欧洲出台，欧盟委员会成立了产品追溯专家组，通过研究确认采用GS1全球供应链标准是提升产品追溯性和消费者安全、快速召回的最佳方法。2016年，为了满足欧盟1169号法规的要求，GS1匈牙利与匈牙利农业部和食品安全局合作建设了食品追溯国家平台。主要是基于GS1标准的产品数据与食品安全监管部门和市场主体等相关部门的合作，覆盖的产品包括鱼肉、新鲜果蔬、乳制品及白酒等食品，采用GS1全球追溯标准、GS1全球追溯关键控制点和一致性准则等标准。

二、美国食品农产品安全追溯标准建设

（一）管理标准

美国国会通过《生物反恐法》后，法律赋予美国食品与药物管理局（FDA）制定与食品、药品相关的安全生产规定。规定有9本，其中涉及食品安全生产方面的规定有3本。

基于《生物反恐法》等法案，美国食品与药物管理局相继推出《建立与保持记录管理条例须知》《行业指南：产品召回（包括清除和修正）》《企业指南：关于生产、加工、包装、运输、分销、接收、保存或进口食品者建立和保持记录的问答》（最新为第5版）等规范，针对行业推广进一步明确追溯规定并对相关条款进行阐释。针对动物，美国农业部在2004年5月推出《肉、禽产品召回指南》（http：//www. haccpalliance. org/sub/news/8080. pdf），详尽规定了召回职责、公众信息发布、实施流程等；在2007年推出《国家动物标识系统（National Animal Identification System，NAIS）程序标准和技术参考》（2.1版）和《NAIS用户手册》以推进NAIS系统的实施；在2013年1月又推出《动物疾病追溯通用标准》2.1版，详细规定了动物编码体系和标识装置（标准查询网站网址为 http：//www. ams. usda. gov/grades - standards）。

针对生鲜农产品，2002年11月，由美国生鲜产品运销协会（Produce Marketing Association，PMA）和加拿大生鲜产品运销协会（Canadian Produce Marketing Association，CPMA）联合成立的追溯项目推进小组（CPMA/PMA Traceability Task Force，CPTTF）首次发布了《北美生鲜产品最佳追溯规范》；而后，又分别在2005年3月、2006年10月相继推出《生鲜农产品追溯实施指南》的第1版、第2版，并且编写了一系列追溯指导和实施手册。

2018年，美国食品饮料和消费品制造商协会（Grocery Manufacturers Association，GMA）发布了《食品供应链手册》《食品标签手册》《成功管理产品的召回与下架》等追溯相关指导；食品质量与安全协会负责修订并被美国、加拿大、墨西哥等国的供应商广泛采用的《SQF Code食品质量与安全标准》（Safe Quality Food Institute Code）也加入了产品标识、追溯和召回条款，完善了认证体系。

（二）质量认证体系

除了HACCP和GAP两种国际通用的农产品质量安全认证外，美国各大品牌农产品广泛应用的还有有机认证。美国最权威的有机认证是美国农业部的USDA标准（网站网址为 http：//www. ams. usda. gov/rules - regulations/organic/handbook/sectiona）。美国各州除了以美国农业部制定的National Organic Program（NOP）法规为认证依据外，产品的有机成分超过70%才能得到认证，95%以上皆可在包装上标有USDA ORGANIC字样的有机认证标志。USDA的标准极为苛刻，产品包装上印有USDA标识的产品是官方

认证100%使用了有机成分。

（三）技术标准

在美国的动物及企业编码体系中，养殖场的编码为养殖场标识码（Personal Identification Number，PIN）。当动物从一个养殖场转移到另外一个养殖场时，动物将用唯一的动物标识码（Animal Identification Number，AIN）进行标识。如果动物是一群，作为生产链来进行管理，则用群体性标识码（Group Identification Number，GIN）进行标识。PIN、AIN、GIN标识码是有机结合起来的，并主要推广条形码结合数字编码的耳标，将电子识别与传统的肉眼识别结合起来，动物个体的识别码由15位数字组成，前3位为国家代码，后12位为动物在本国的顺序号，而对组群的识别则是由13位数字组成。

在美国食品和农产品领域，FDA并未指定采用哪个具体的标准来实施追溯，但是提出要使用目前行业广泛应用的标准（很大程度上是指GS1标准）。在美国，食品生产企业广泛使用GS1体系进行追溯。GS1建立了全球追溯一致性程序帮助企业实施追溯，确保符合法规、HACCP食品安全要求和GSFI标准。GS1受到美国国家经济和社会委员（United Nations Economic and Social Council）的认可。

GS1 US作为GS1在美国的成员组织，不断加强与各行业协会［如美国食品市场营销协会（Food Marketing Institute）、农产品营销协会（The Produce Marketing Association）、美国国家火鸡联盟（The National Turkey Federation）、美国羊肉委员会（American Lamb Board）、国际乳制品·熟食·焙烤协会、美国牛肉协会（National Cattlemen's Beef Association on behalf of the Beef Board）、美国养鸡协会（National Chicken Council）、美国鱼类协会（National Fisheries Institute）、国家猪肉委员会（National Pork Board）等］的合作，共同推动GS1标准在相关产品领域的追溯。2010年，6个美国肉制品协会和GS1美国按照GS1畜禽肉追溯标准制定了牛肉和禽肉追溯指南；2011年，美国渔业学会和GS1美国共同制定了海产品追溯指南；2013年，美国乳品协会、国际乳制品·熟食·焙烤食品协会和GS1美国共同制定了乳制品、熟食和焙烤食品追溯指南。这些标准都涉及GTIN、SSCC、GLN、GS1－128等GS1标准。

三、日本食品农产品安全追溯标准建设

（一）管理标准

由于建立农产品与食品可追溯制度需要花费大量的前期投入和高额的维护成本，同时鉴于最初在农产品生产者、食品加工和流通企业之间尚未形成统一认识，为了顺利推动食品可追溯制度的建立，农林水产省于2002年制定了统一的操作标准用于指导食品生产经营企业建立食品可追溯制度，并于2003年公布了《食品可追溯指南》。该指南后来又经过2007年、2010年两次修订和完善。该指南明确了食品可追溯的定义和建立不同产品的可

追溯系统的基本要求，规定了农产品生产和加工、流通企业建立食品可追溯系统应当注意的事项。该指南规定了与追溯相关标签标识的采用，对贸易项目的标识采用 GTIN，对单品标识采用 SGTIN，对物流单元的标识采用 SSCC，对位置的标识采用全球位置码 GLN，推荐可以采用 GS1－128 用于产品的标签和物流标签标识。此外，该指南还涉及及标识产品、生产日期、有效期、数量、批号、序列号等信息。

（二）质量认证体系

日本的农产品认证是由 JAS 法进行调整的。JAS 法明确规定，开展农产品认证的目的是通过制定恰当、合理的农林物质规格并加以普及，能够改善农林物质的品质、促进生产的合理化、交易的简便和公正、产品使用和消费合理化；同时，通过对农林物质品质有关的恰当标识，有利于一般消费者进行选择。JAS 法不断加强农产品质量信息发布力度，加大违法处罚力度，对无刑事责任者处以 1 年以下有期徒刑，对个人罚款 50 万～100 万日元，对法人罚款 50 万～1 亿日元。

四、韩国食品农产品安全追溯标准建设

2012 年 8 月 28 日，韩国出台告示《农产品履历追溯管理标准》，根据《农水产品质量管理法》第 24 条第 5 项的要求对《农产品履历追溯管理标准》进行修订和公示。告示对农产品的生产者、流通者、销售者制定了详细标准，对于履历追溯编号授予方法也进行了详细阐述。

2015 年 7 月 16 日，韩国国立农产品质量管理院（以下简称“农管院”）认证管理团队出台《农产品履历追溯管理制度详细实施指导要领》，对注册的有效期限、注册申请、注册审查、注册事项变更申告、注册的有效期限延长、注册事后管理、指定追溯系统等相关需要修改的方案做了详细阐述，对现行方案的变更进行了详细的讨论。

韩国食品安全信息中心、食品药物治疗所在 2013 年 3 月联合发布了《食品追溯标准指南》和《食品追溯基本准则》，这两项标准更加针对于加工食品和健康机能食品。此外，还有其他标准和手册共同推动了农产品追溯在供应链中的实施。

（一）标准体系

韩国农产品质量安全标准主要分两类：一类是安全卫生标准，包括动植物疫病、有毒有害物质残留等，该类标准由卫生部门制定；另一类是质量标准和包装规格标准，由农林部下属的农产品品质研究院负责制定。目前，安全卫生标准达到 1000 多项，质量和包装标准达到 750 多项。

韩国建立农产品标准化程序：从产地和消费地点调查产品的质量和包装条件后，再从生产者、消费者、科研部门及相关机构征求意见，通过仔细讨论，由委员会确定产品标准。依据农产品的质量因子（如风味、色泽和大小）对其进行分级，并采用标准的包装材

料对其进行包装，对同种产品贴上相同的标签，这一系列过程统称为农产品标准化。农产品标准化有助于提高消费者的信任度。在产地，生产者按标准对农产品进行分级包装和运输。为了防止销售违法农产品，在市场上还经常对产品质量、包装和商标进行检查。

（二）检测检验体系

韩国农产品质量安全检测工作量大、范围广、经费有保证。政府每年安排农产品质量安全专项检查经费用于实施样品检查检测。

韩国农产品（包括食品）的质量安全检验检测体系有3个系统：一是农林部所属的农管院、国立兽医科学检疫院及两院在各大区的支院及各支院所属的办事处，主要负责种植业产品和畜产品的质量安全检验检测工作；二是海洋水产部所属的水产物品检查所及各支所、办事处，主要负责水产品的质量安全检验检测工作；三是食品药品安全处所属的检验所和地方政府（省级）食品药品安全部门所属的检查所，主要负责市场农产品（不包括畜产品）的安全性检查检验工作。3个系统的检验检测机构设置合理，分工明确，仪器设备和人员根据工作需要配备，人员统一纳入公务员管理。另外，韩国大的批发市场还设有一些快检设备，负责批发市场的自检工作。

韩国政府建立健全农产品出场检验合格制度，以确保无公害农产品生产过程的质量控制，形成了健全的无公害农产品质量安全监督检测网，从各方面确保了无公害农产品生产全过程的质量安全。韩国政府通过以上措施，有力地保护了本国农产品的生产，保证了农产品的质量，提高了消费者对本国农产品的认可与信任程度，有效抑制了国外廉价的农产品进入并冲击本国农产品生产。通过建立健全农产品生产简历身份证政策，有效防止了未取得“身份证”的农产品进入市场进行销售活动，既保护了消费者的健康，又使农产品的生产全过程变得透明，得到了消费者的全面监督。

（三）认证体系

韩国农产品质量安全认证由农管院负责，认证机构的资质和认证质量由农管院的品质部把关，如果认证结果不真实将撤销认证机构的认证资格。韩国农产品认证的种类包括生态认证、品质认证、畜产品和水产品认证等。认证程序如下：生产者提出申请→认证审查→颁发证书。韩国农产品质量安全认证采取过程认证和产品检验认证，认证时要求生产者提供生产记录、现场审核，并对产品进行抽检。

（四）《农产品履历追溯管理标准》

《农产品履历追溯管理标准》要求参与农产品生产经销所有环节的主体必须建立文本或电子记录，如果建有农产品追溯系统，必须将信息准确地录入系统；并应建立问题回收体制，对存在安全性的问题可自行检查。以下详细介绍了不同环节的经营主体所需要记录和管理的内容。

1. 生产者

生产信息：生产者姓名或团体名称、地址（包含电话号码）、品类、栽培所在地及面积、农药等对农产品的安全性造成危害物质的使用明细。

发货信息：日期、品类、货量、发货的流通企业名（或收货后管理设施名）、发货的流通企业（或收货后管理设施）电话号码、履历追溯管理编号。

2. 流通业者

入库信息：日期、品类、货量、生产者姓名（或流通者姓名）、生产者（或流通者）电话号码、履历追溯管理编号。

出库信息：日期、品类、货量、销售处名称、销售处电话号码、履历追溯管理编号（必须阐明履历追溯管理品的入库、出库间的连贯关系）。

3. 销售者

入库日期、品类、货量、购货处名称、购货处电话号码、履历追溯管理编号。

同时规定，农管院授予农产品经营者 5 位注册编号和履历追溯注册者授予的 7 位识别单位（lot）编号，以连字符（-）连接，并对识别单位的大小和编号的原则进行了说明。

（五）《农产品履历追溯管理制度具体实施要领》

2015 年 7 月 16 日公布实施的《农产品履历追溯管理制度具体实施要领》（以下简称《要领》），在《农水产品质量管理法》《农水产品质量管理法施行令》《农水产品质量管理法实施细则》的基础上进一步明确了实施农产品履历追溯管理制度的具体操作，为管理部门、农产品经营部门提供了切实可行的依据。

《要领》进一步重申了《农水产品质量管理法》，规定了履历追溯管理农产品事后管理及标识变更等进行处分的，由农管院（包含分院、办事处）负责。要领提出履历追溯管理注册的有效期为自注册日起 3 年［特殊农产品（如人参）除外］，重新界定了参与农产品质量安全追溯的各方。

（六）《韩国加工食品追溯指南》

本指南适用于加工食品（国内和进口）。如果一家公司想做食品追溯，就必须将追溯信息提供给政府并得到监督，且必须通过计算机系统管理可追溯性信息，公司可以把追溯标识关键字做成条码。追溯标识关键字可以是以下的形式：GTIN（13 位数）＋追溯码（制造商/进口商制定）/追溯注册码（12 位数，从政府获取）＋追溯码（制造商/进口商制定）。标识层级为批次（生产日期＋有效期），但在该指南中没有指定条码码制。

第六章　追溯系统应用实例

第一节　国家农产品质量安全追溯管理信息平台

一、基本情况

国家农产品质量安全追溯管理信息平台（以下简称“农产品平台”，网址为 http：//www. qsst. moa. gov. cn）是农产品质量安全智慧监管和国家电子政务建设的重要内容，由农业部农产品质量安全中心于 2016 年开发建设，包括追溯、监管、监测、执法四大系统、指挥调度中心和国家农产品质量安全监管追溯信息网，以“提升政府智慧监管能力，规范主体生产经营行为，增强社会公众消费信心”为宗旨，为各级农产品质量安全监管机构、检测机构、执法机构以及广大农产品生产经营者、社会公众提供信息化服务。

（一）建设背景与任务

2009 年、2010 年、2012 年中央一号文件连续提出明确要求，实行严格的食品质量安全追溯制度、召回制度、市场准入制度和退出制度，推进农产品质量可追溯体系建设。《国家发展改革委 农业部关于印发全国蔬菜产业发展规划（2011—2020 年）的通知》要求，建立国家级“ 菜篮子 ”产品质量安全追溯信息平台，地方根据属地管理职责建立省市县各级“菜篮子”产品质量安全追溯信息有机认证机构（站）。

2011 年，经国家发展和改革委员会批准，农产品质量安全追溯体系建设正式纳入《全国农产品质量安全检验检测体系建设规划（2011—2015 年）》，专项用于国家农产品质量安全追溯管理信息平台建设和全国农产品质量安全追溯管理信息系统的统一开发。

项目建设的主要目标是基本实现全国范围“三品一标”的蔬菜、水果、大米、猪肉、牛肉、鸡肉和淡水鱼 7 类产品“责任主体有备案、生产过程有记录、主体责任可溯源、产品流向可追踪、监管信息可共享”。

项目建设主要内容包括指挥调度中心改造、硬件设备购置、系统软件购置、应用软件定制开发和标准规范编制 5 个部分。

（二）总体架构

2020 年，农业部农产品质量安全监管司委托农产品质量安全中心承办的农产品平台通过项目验收，各省农业厅根据农业部的建设指令各自投建、运营省市级平台并上传数据给农产品平台汇总。国家农产品质量安全追溯管理信息平台构架如图 6－1 所示。

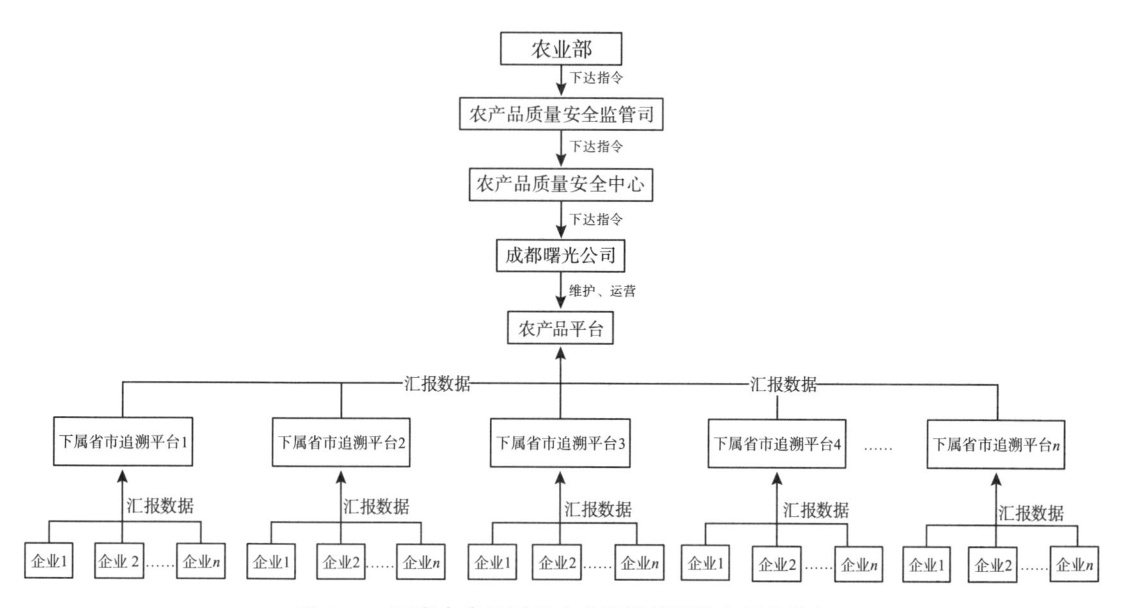

图 6－1 国家农产品质量安全追溯管理信息平台构架

（三）业务流程

业务流程见图 6－2。

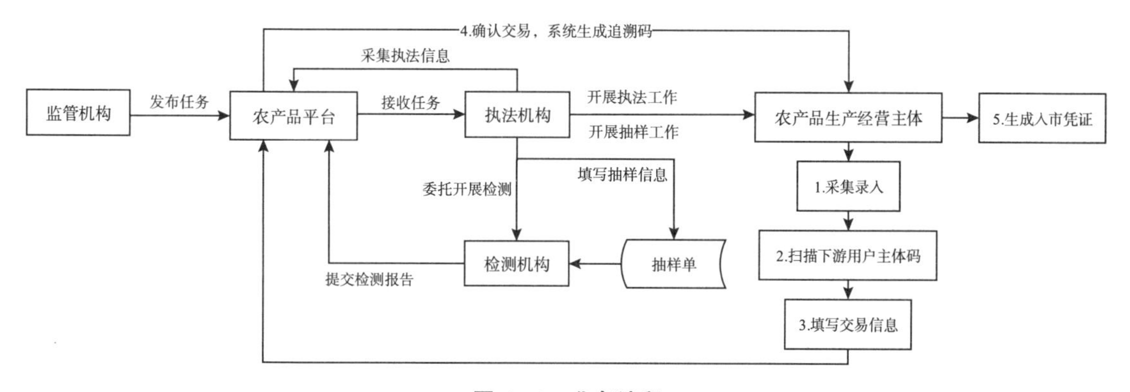

图 6－2 业务流程

如图 6－2 所示，监管机构下发监测任务、复检任务，查看任务执行情况，并对所辖范围内的生产经营主体的被投诉作出受理以及返回处理意见。

执法机构承担监管机构发布的监督抽查任务，对生产经营主体进行抽样，并根据抽样结果进行行政处罚工作。

检测机构受理执法机构的抽样检测委托，并生成检测报告。

受审合格的农产品生产经营主体通过填报经营管理过程，生成追溯码并打印入市凭证。

追溯业务是农产品平台的主要组成部分，以责任主体和产品流向管理为核心，以扫码交易记录产品流通信息，以提供入市追溯凭证为市场准入条件，构建从产地到市场再到餐桌的全程可追溯体系，如图 6-3 所示。

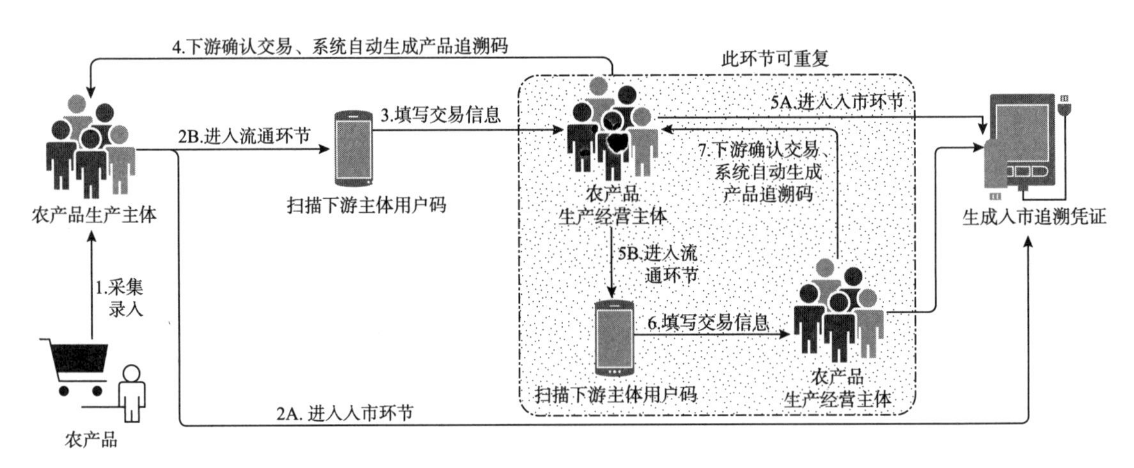

图 6-3 追溯流程

追溯系统支持农产品生产经营者采集生产和流通信息。一是农产品生产经营者完成主体注册后，登录农产品平台，采集录入产品信息和批次信息，生成产品追溯码，可打印；二是农产品生产经营者在完成产品信息采集后，进入农业部门所管辖的流通环节，农产品生产经营者确定下游主体后，通过移动专用 App 扫描下游主体用户码，填写交易信息以及相关承运、贮藏等追溯信息，提交农产品平台，下游主体即刻收到推送信息，交易确认后，生成产品追溯码，下游主体不能及时申请主体用户码的，由上游主体手动记录相关追溯信息，并及时向监管机构报告；三是农产品生产经营者在完成产品信息采集后，进入批发市场、零售市场或生产加工企业时，选择入市操作，如实填报交易信息，生成并打印入市追溯凭证并交给下游主体。

（四）管理办法

为响应《中华人民共和国农产品质量安全法》和《中华人民共和国食品安全法》的颁布与实施，落实《农产品包装和标识管理办法》《畜禽标识和养殖档案管理办法》等规章制度，原农业部、农业农村部陆续颁布了《农产品质量安全追溯管理办法（试行）》（农质发〔2017〕9 号）、《国家农产品质量安全追溯管理信息平台运行技术指南（试行）》

（农质发〔2018〕9号）、《国家追溯平台主体注册管理办法》（试行）、《国家追溯平台信息员管理办法》（农办质〔2018〕3号）、《农业系统认定的绿色食品、有机农产品和地理标志农产品100%纳入国家追溯平台》（农质发〔2018〕10号）5项配套制度。

（五）标准规范

农产品平台建设过程中逐步形成的标准体系涉及总体标准、基础数据标准、业务应用标准、管理标准、数据交换标准共五大类11项标准，如图6－4所示。

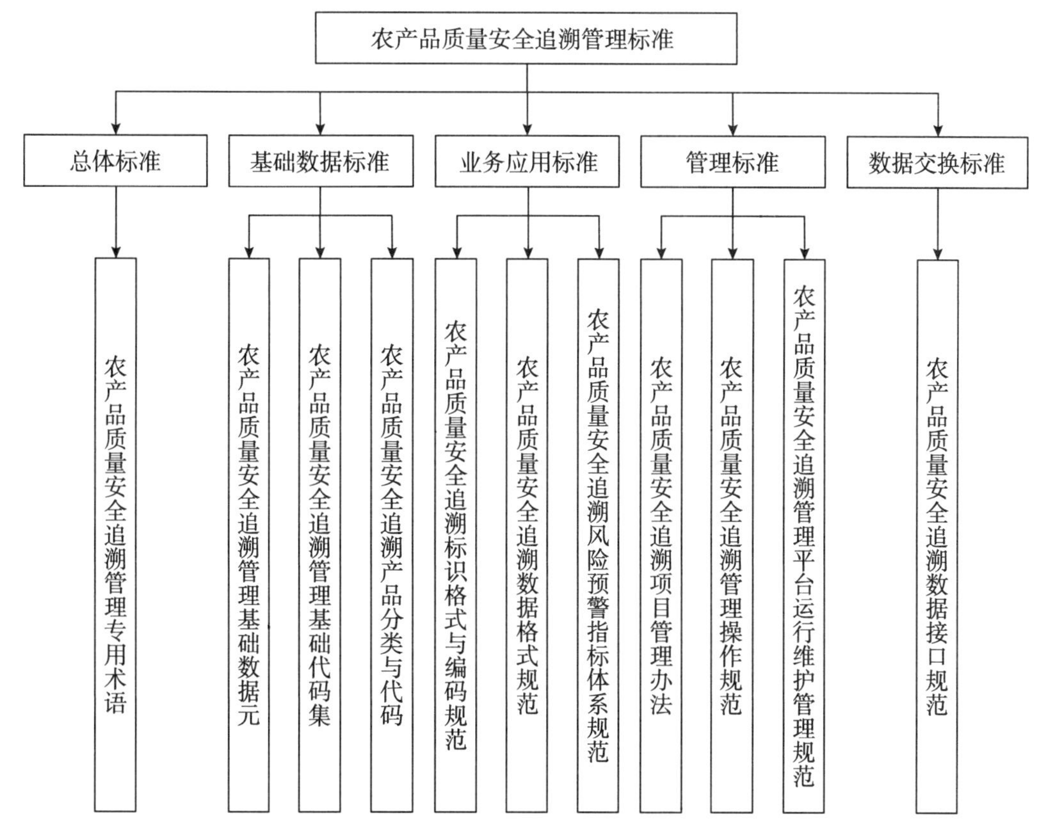

图6－4 农产品平台标准规范汇总

在深入调研的基础上，按照“共性先立，急用先行”的原则，农产品质量安全中心组织编制标准规范，具体标准规范编制分为以下两个阶段。

第一阶段，编制完成7项标准规范。具体包含《农产品质量安全追溯管理专用术语》《农产品质量安全追溯管理基础数据元》《农产品质量安全追溯管理基础代码集》《农产品质量安全追溯产品分类与代码》《农产品质量安全追溯标识格式与编码规范》《农产品质量安全追溯数据格式规范》《农产品质量安全追溯项目管理办法》7项标准规范，通过专家评审，以农业农村部办公厅文件《关于试行〈国家追溯平台注册注册管理办法〉等5项配套制度和〈农产品质量安全追溯管理专业术语〉等7项农产品质量安全追溯管理标准的通知》（农质办〔2018〕3号）在四川、山东、广东3个试运行地区试行。

第二阶段，编制完成4项标准规范。2018年12月，编制完成《农产品质量安全追溯管理操作规范》《农产品质量安全追溯管理平台运行维护管理规范》《农产品质量安全追溯风险预警指标体系规范》《农产品质量安全追溯数据接口规范》4项标准规范并完成专家评审，同时根据试运行地区意见建议，修改完善已发布的7项标准规范。2019年7月，农业农村部办公厅印发《关于在全国试行〈农产品质量安全追溯管理专用术语〉等11项技术规范的通知》（农办质〔2019〕25号），在全国范围应用。

二、技术特点

（一）追溯码

产品追溯码由6个层次码段按一定规律排列组成，不同层次码之间用“.”间隔。

1. 追溯码结构

产品追溯码结构如图6－5所示。

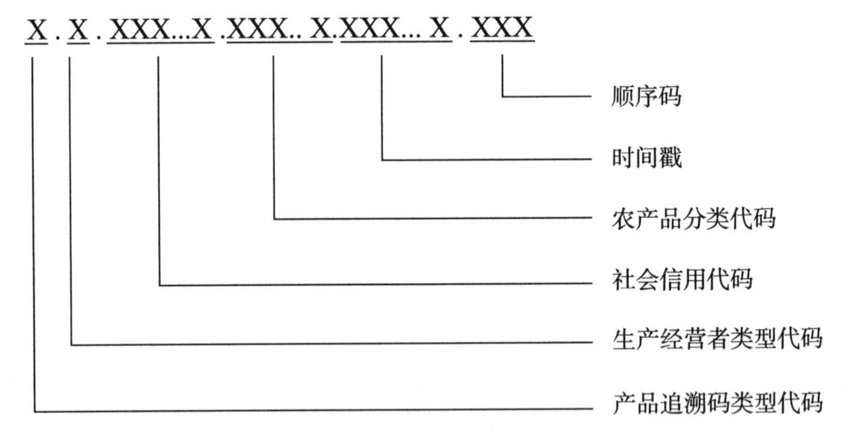

图6－5　产品追溯码结构图

示例：1.2.000123456789012345.030101010104.20201104194206.123

2. 码段含义

产品追溯码层次码段的含义如表6－1所示。

表6－1　产品追溯码层次码段含义

层次	层次名称	数字位数	构成及含义
(1)	产品追溯码类型代码	1位	[1]：产品生产批次码 [2]：产品流通批次码 [3]：产品入市批次码

表 6-1（续）

层次	层次名称	数字位数	构成及含义
(2)	生产经营者类型代码	1 位	[0]：生产型主体 [1]：经营型主体 [2]：生产经营型主体
(3)	社会信用代码	18 位	企业为 18 位社会信用代码，社会信用代码由三证合一后的社会信用代码和原营业执照号码获取，2017 年 12 月 31 日前使用 15 位营业执照号码的需在前面加 3 个 0 补齐 18 位；自然人为公民身份号码
(4)	农产品分类代码	8 位～12 位	按农产品质量安全追溯管理产品分类与代码标准规定取值
(5)	时间戳	14 位	国家追溯平台时间 YYYYMMDDhhmmss。14 位数字分为 2 段，第 1 段 8 位数字表示年月日，第 2 段 6 位数字表示时分秒
(6)	顺序码	3 位	从 001 开始，顺序产生

3. 农产品分类代码结构

农产品代码最长由 12 位数字组成，采用层次码，代码最多分 6 层，每层均用 2 位数字表示，代码范围为 01～99，“其他×××类”的末位代码采用“99”表示。具体格式和含义如表 6-2 所示。

表 6-2　农产品代码结构

层次	一级类	二级类	三级类	四级类	五级类	六级类
代码	2 位数字 (01/02/03)	2 位数字（自 01 起顺序数字）	2 位数字（自 01 起顺序数字）	2 位数字（自 01 起顺序数字）	2 位数字（自 01 起顺序数字）	2 位数字（自 01 起顺序数字）

（二）追溯标识

生产经营主体填报批次信息后，系统自动生成产品批次码，当进行交易时，填报相关的交易信息，如交易主体的名称、联系人、交易数量等，会自动生成产品追溯码。

产品名称、产品追溯码、建码单位以及二维码符号可通过打印机直接打印出来，其他内容可提前印刷在标签上，如图 6-6 所示。

追溯过程中，双方都在国家追溯平台注册后，可通过移动专用 App 扫码识别，扫码

图 6-6　样例

后可直接提交至国家追溯平台。未在国家追溯平台注册的，需要上游主体手动填报交易产品批次、交易数量、交易主体名称、联系方式等追溯信息。目前国家追溯平台没有涉及提前打印标签再和国家追溯平台批次绑定的情况。

根据不同的应用场景，追溯标签分为追溯标识、追溯凭证和入市追溯凭证。产品具备加施追溯标识的，可打印追溯标识，加施在产品或产品包装上。农产品交易时，产品包装未改变的，不再重复张贴追溯标识。不具备追溯标识条件的，可打印追溯凭证交付下游主体。

追溯标签采用不干胶打印，追溯标识有 3 种规格，尺寸分别是：45mm×25mm，70mm×40mm，90mm×50mm。追溯凭证尺寸：90mm×50mm，入市追溯凭证尺寸：125mm×90mm。

现有标签具体样例如图 6-7～图 6-9 所示。

图 6-7　追溯标识

目前，消费者扫码可查询到产品名称、收获数量、收获时间、质检情况以及生产经营主体名称、地址、联系方式等信息，消费者还可以查看产品图片或视频。已经与省级追溯平台实现对接的，还可查看生产过程信息。

图 6-8　追溯凭证

图 6-9　入市追溯凭证

第二节　国家重要产品追溯管理平台

商务部与食品追溯体系相关的建设包括：建立了国家重要产品追溯管理平台（以下简称“肉菜平台”）；肉类蔬菜、中药材、酒类流通追溯体系试点工作；重要产品追溯建设示范工作；农产品冷链物流体系建设等工作。商务部负责流通过程中以及批发市场内部的追溯，如追溯链条：工厂—批发市场、批发市场—零售市场，以及工厂—批发市场—零售市场流通中的追溯。

一、基本情况

（一）建设背景与任务

为提高我国肉类蔬菜流通质量安全保障能力，提升农产品流通现代化水平，根据《财政部 商务部关于做好支持搞活流通扩大消费有关资金管理的通知》（财建〔2009〕16号）、《财政部关于印发〈农村物流服务体系发展专项资金管理办法〉的通知》（财建

〔2009〕228号）以及有关业务指导文件精神，2010年商务部开展肉菜流通追溯体系建设工作。

建设任务如下：

①追溯管理平台建设。主要包括数据库环境建设和相关软件的开发、安装与测试，必要的服务器等硬件设备的购置，机房建设和网络租用，相关法规和标准的制定等。

②流通节点追溯子系统建设。主要是根据追溯体系建设需要，对批发、屠宰、零售、团体消费等流通节点的基础设施进行必要改造，为各节点开发相关软件，配备必要的电子结算、电子秤、信息采集及传输等硬件设备。

③探索适用的追溯技术手段。加强肉类蔬菜追溯的物联网应用技术研究，提升对溯源信息的采集、智能化处理和综合管理能力。主要推行集成电路卡（IC）技术，采集、记录、传输每个流通节点的信息，将各经营节点的信息相关联，形成完整的肉类蔬菜流通信息链条。

④加强配套规章和制度建设。围绕肉类蔬菜流通追溯体系建设实际需要，制定专门的规章制度，强化流通环节质量安全准入管理和经营主体责任控制，保障肉类蔬菜流通追溯体系顺利建成并有效运行。

⑤大力发展现代流通方式。配合肉类蔬菜流通追溯体系建设试点，大力发展连锁经营和物流配送，积极推广冷链技术，扩大品牌化、包装化经营，提高肉类蔬菜流通的现代化、标准化水平；采取切实有效措施促使大型批发市场实行电子化结算，努力提升各流通节点信息化管理及检验检测能力，为追溯体系建设提供支撑；鼓励经营主体建立现代供应链，发展“农超对接”“厂场挂钩”“场地挂钩”等先进购销方式，形成质量安全保障机制。

商务部于2010年开始分批在全国重点城市建设肉菜流通追溯体系。截至2018年年底，共有5批58个试点城市，第一批试点城市：大连、上海、南京、无锡、杭州、宁波、青岛、重庆、成都、昆明；第二批建设城市：天津、石家庄、哈尔滨、合肥、南昌、济南、海口、兰州、银川、乌鲁木齐；第三批建设城市：北京、太原、呼和浩特、长春、苏州、潍坊、郑州、芜湖、宜昌、长沙、绵阳、南宁、贵阳、西安、西宁；第四批建设城市：秦皇岛、包头、沈阳、吉林、牡丹江、徐州、福州、淄博、烟台、漯河、襄阳、湘潭、中山、遵义、天水；第五批建设城市：晋中、威海、临沂、铜仁、海东、吴忠、拉萨、石河子。实现了肉菜商品流通的索证索票、购销台账电子化，形成来源可追溯、去向可查证、责任可追究的质量安全追溯链条。初步建成了以中央、省、市三级追溯管理平台为核心，以屠宰环节、批发环节、零售环节、超市环节及团体消费环节追溯子系统为支撑，以追溯信息链条完整性管理为重点的肉类蔬菜流通追溯体系，有效提升了流通领域的肉菜安全保障能力。

截至2018年年底，追溯平台备案企业数量为20023家、商户数量为350255家、累计公众扫码量为5561595条，日均上报数据量达420万条，累计上报数据量达253132万条，发码量百万余个。

截至2018年年底，猪肉流通追溯网络节点数达到74480个：屠宰企业315家、分割肉企业280家、批发市场210家、规范化菜市场2940家、肉品专卖店1330家、连锁超市24640家、生鲜超市2765家、餐饮门店42000家。

截至2018年年底，蔬菜流通追溯网络节点数达到108080个：批发市场70家、包装菜企业595家、规范化菜市场2275家、连锁超市24640家、生鲜超市2765家、菜车菜店13265家、团体配送8470家、餐饮门店56000家。

（二）总体架构

国家重要产品追溯管理平台结构如图6－10所示。

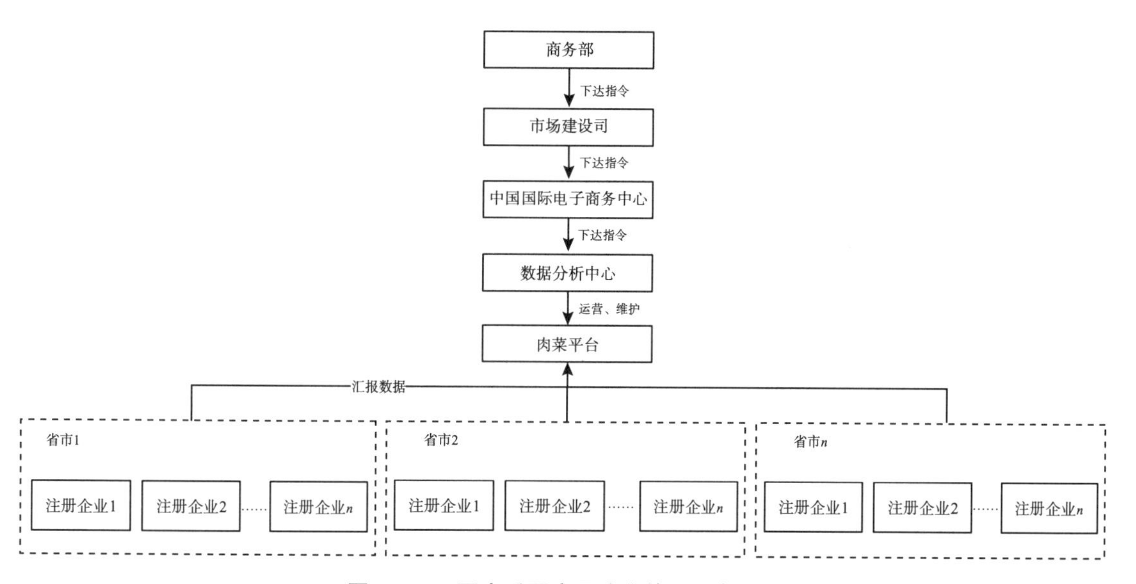

图6－10　国家重要产品追溯管理平台结构

（三）业务流程

商务部于2010年开始分批在全国重点城市建设肉菜流通追溯体系，共有5批58个试点城市纳入体系，可追溯品种537148个，实现了肉菜商品流通的索证索票、购销台账电子化，形成来源可追溯、去向可查证、责任可追究的质量安全追溯链条。

1. 屠宰厂流通追溯流程

以生猪产地检疫证明为生猪来源依据，以肉类交易凭证、肉类蔬菜流通服务卡为流向依据（卡单同行），实现来源信息与流向信息的对接。生猪屠宰环节追溯业务流程如图6－11所示。

2. 批发市场追溯流程

在肉类蔬菜批发追溯体系中要求以肉品检疫合格证及蔬菜产地证明（如从上游进货

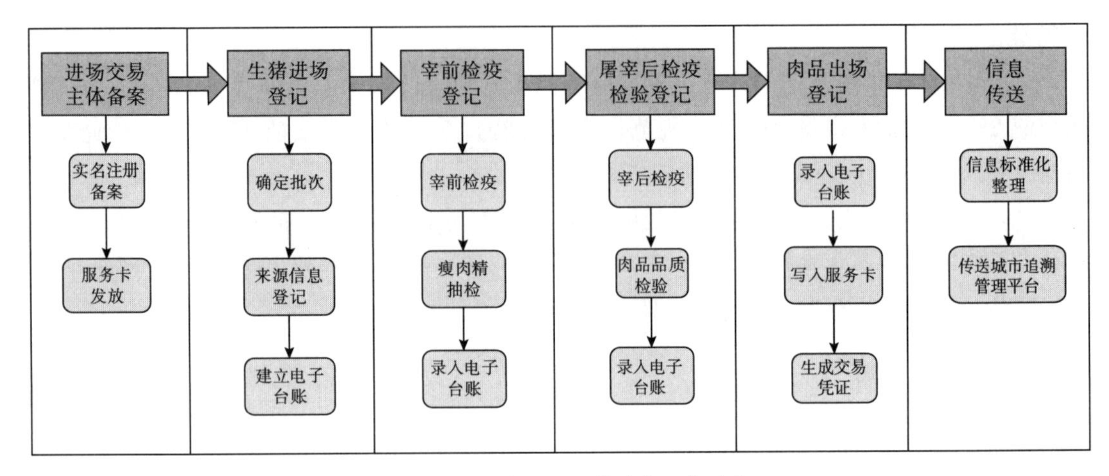

图 6-11 生猪屠宰环节追溯业务流程

时，为进货交易凭证及买方肉类蔬菜流通服务卡）作为肉类、蔬菜来源依据，以批发市场交易凭证、肉类蔬菜流通服务 CPU 卡为肉类蔬菜流向依据，做到卡单同行，确保来源与流向（二单、二卡）信息相互关联。

（1）肉品集中批发交易系统

①经营主体备案管理

肉品经营者必须凭有效身份证件、营业执照，并提供相应复印件，到肉品集中交易市场进行备案。由交易市场登记经营者基本信息，并写入肉类蔬菜流通服务卡，发放给经营者。实行持卡经营，无卡者不得参与肉品批发经营交易。已在其他流通节点备案的经营者则无须重复备案。

②基础管理

大中型批发市场（日批发量 500 头以上）实行电子化结算，配置电子单轨衡、工控级理货机、挂钩电子标签、电子标签读写器设备或适合电子化结算的其他自行研发设备。建立企业内部局域网，配置与本批发市场相适应的硬件设备，安装肉类批发追溯子系统，提供互联网通信线路，落实专职追溯系统管理人员，对追溯系统实现全面负责制，要求追溯系统管理人员具备计算机基本常识，熟悉批发业务流程，能熟练应用追溯系统，确保追溯系统长效运行。

③肉品进场登记管理

外埠肉品入场时，由市场工作人员核卡、验证（肉品产地检疫检验证）或换证，货证相符后按肉品产地检疫检验证明划分批次，进行肉品批次管理。系统原则上要求提供肉品轨道批发销售管理功能、肉品客体追溯管理功能（视具体客户需求选择）以及肉品电子台账管理功能等；同时，要求进场生猪数量不得超出检疫检验证上的肉品数量，超出部分拒收，并且要求保存上述原始单证两年以上。

④肉品检疫检验管理

对入场肉品进行抽检，检验合格，方可销售。同时，可将检验结果输入交易系统，与电子台账相关信息进行关联。

⑤肉品交易管理

设置肉品交易专用登记窗口，肉品交易必须登记信息。由批发商开具成交单、零售商凭成交单到批发市场肉品交易登记处进行登记。将肉品的来源信息与肉品的流向信息相关联，交易信息写入零售商肉类蔬菜流通服务卡，并打印交易凭证。

建立电子化结算批发市场须对每片猪肉过磅称重，将肉品检疫合格证号、批发商、肉品质量、挂钩号信息关联。

⑥CPU 服务卡管理

系统要具有 CPU 卡初始化、CPU 卡登记、CPU 卡发放、CPU 卡注销、信息清除、CPU 卡查询等功能。

⑦信息查询分析

系统要具有对肉品市场追溯信息的查询、统计、分析等功能。

⑧信息上报管理

交易市场系统负责将按规定采集的经营主体基本信息、肉品入场信息、检疫检验信息、交易信息等信息经规范化处理后及时上传至城市追溯管理平台，并在追溯子系统中保留两年以上。

⑨系统维护管理

系统可提供系统基本参数设置、接口标准设置、系统权限设置、角色权限设置、数据安全管理、操作日志管理、设备状态控制管理、数据通信管理系统、维护与管理等功能。

（2）蔬菜批发交易系统

蔬菜批发市场追溯业务流程如图 6－12 所示。

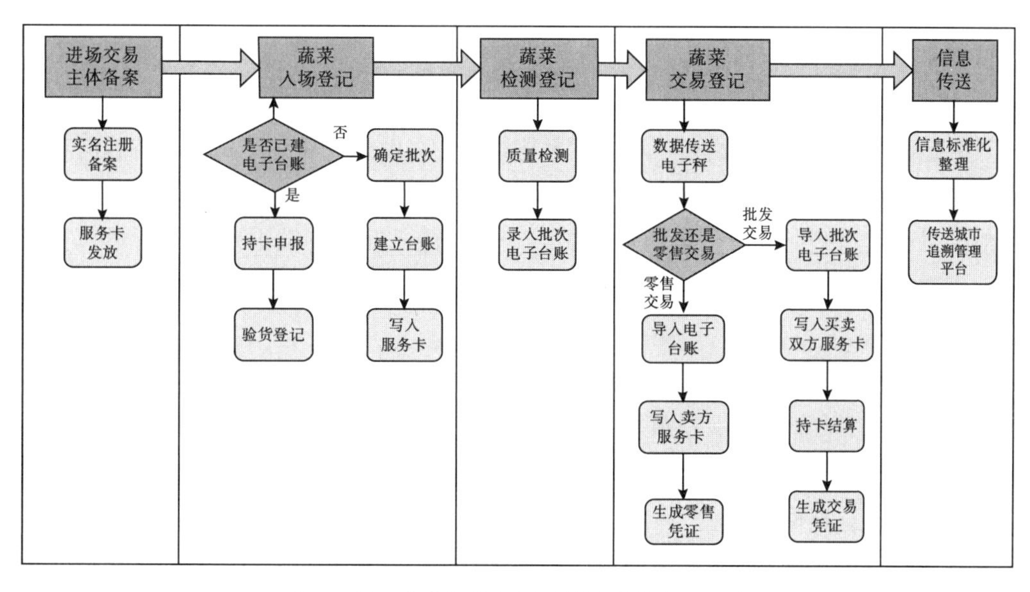

图 6－12　蔬菜批发市场追溯业务流程示意图

①进场经营主体备案

进场经营者须凭有效身份证件、营业执照，并提供相应复印件，到批发市场进行备案，签订追溯承诺书。由批发市场登记经营者基本信息，并写入肉类蔬菜流通服务卡，发放给经营者。实行持卡经营，无卡者不得参与交易。已在其他流通节点备案的经营者则无需重复备案。

②基础管理

建立企业内部局域网，配置与本批发市场相适应的硬件设备，安装蔬菜批发追溯子系统，提供互联网通信线路。配置相适应的交易终端（自助式交易终端、手持式交易终端）、标签电子秤设备。落实专职追溯系统管理人员，对追溯系统实现全面负责制，要求追溯系统管理人员具备计算机基本常识，熟悉各环节业务流程，能熟练应用追溯系统，确保追溯系统长效运行。

③蔬菜进场登记管理

在批发市场蔬菜入场处设置登记窗口，由市场管理员验卡、验证、验货，读取肉类蔬菜流通服务卡。对已建立电子台账的蔬菜商品：由供应商向市场持卡申报；市场管理员以交易凭证作为分批收货依据，登记收货信息；读取肉类蔬菜流通服务卡将信息自动导入追溯子系统，完成与系统中该批次蔬菜信息的匹配验证。同时，要保存原始单证两年以上。系统要具有地磅秤数据自动采集功能。对尚未建立电子台账的蔬菜商品：市场管理员以蔬菜产地证明或上市凭证作为分批收货依据，按批次收货（同一供应商的同一张凭证或证明上的蔬菜商品为同一批次），登记收货信息；货证相符后将信息录入追溯子系统，建立批次电子台账；同时系统支持自动将进货信息写入批发商肉类蔬菜流通服务卡的功能。

④商品抽检

批发市场按照有关规定在进场蔬菜销售前，对蔬菜进行质量进行抽样检测；检测不合格的，禁止交易，启动召回程序。

⑤蔬菜市场交易管理

设置蔬菜交易专用登记窗口、移动式登记终端、自助式交易终端机、手持式交易终端等设备进行信息录入。由货主开具成交单，买主凭货主成交单到蔬菜交易登记处或移动式登记终端进行信息登记；采用自助式交易终端、手持式交易终端由货主自行录入交易信息。将蔬菜来源信息与流向信息相关联，交易信息写入肉类蔬菜流通服务卡，并打印交易凭证。

实现电子化结算。系统须支持现金交易、肉类蔬菜流通服务卡资金结算、肉类蔬菜流通服务卡与资金卡合二为一、在蔬菜出场环节资金流与信息流相对接，买主凭货主开具的成交单、买主肉类蔬菜流通服务卡，到批发市场结算终端完成写卡、打单、资金结算，确保卡、单信息与货物相一致。

系统要具备批次限量销售、单品批次进销存数据报表及追溯码打印等功能；同时，要支持摊位间的内部调拨管理等功能。

⑥CPU卡服务卡管理

系统要具有CPU卡登记、CPU卡发放、CPU卡注销、信息清除、CPU卡查询等功能。

⑦信息查询分析

系统要具有对市场经营追溯信息进行查询、统计分析等功能。

⑧信息上报管理

批发市场系统负责将按规定采集的经营主体基本信息、蔬菜进场信息、检验信息、交易信息等信息经标准化处理后及时上传至城市追溯管理平台，并在追溯子系统中保留两年以上。

⑨系统维护管理

系统可提供系统基本参数设置、接口标准设置、系统权限设置、角色权限设置、数据安全管理、操作日志管理、设备状态控制管理、数据通信管理等系统维护与管理等功能。

3. 菜市场追溯流程

菜市场通过对肉类蔬菜进场登记、检验检测、交易结算等环节的业务管理，实现对菜市场肉类蔬菜信息的追溯管理功能。菜市场以交易凭证（屠宰厂或批发市场开具）、蔬菜产地证明或检测合格证明（地产蔬菜进货时）作为肉类、蔬菜来源依据，通过肉类蔬菜流通服务卡及人工信息录入，完成进货信息的系统导入、采集以及与屠宰厂、批发市场等上游环节的信息对接，同时肉类蔬菜来源信息下传（读入）溯源电子秤，进行商品零售交易，输出带追溯码的零售凭证，完成零售信息与进货来源信息的相互关联。菜市场追溯业务流程如图6－13所示。

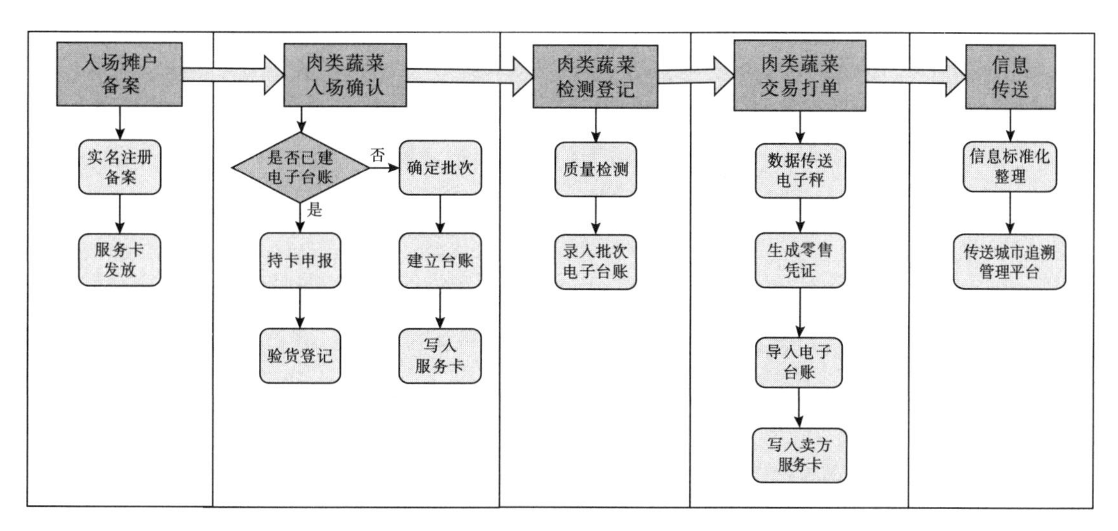

图6－13　菜市场追溯业务流程示意图

（1）备案、持卡管理

市场零售商户须在城市追溯体系内的任意一个屠宰厂、批发市场或菜市场、超市实名备案，签订追溯承诺书，建立零售商信息档案，办理肉类蔬菜流通服务卡。实行持卡经营，无卡者不得经营。

（2）进场索证验货管理

肉类蔬菜进场时，由菜市场、超市管理员进行索证（屠宰厂或批发市场交易凭证）验货。地产菜须提供产地证明及检测合格证明。

（3）肉类蔬菜进场管理

对于已建立电子台账的，通过读取肉类蔬菜流通服务卡，将信息自动导入菜市场追溯子系统，完成与系统中该批次肉类蔬菜信息的匹配验证。未建立电子台账的，进货信息由人工录入系统，建立批次电子台账。

（4）数据下传电子秤

完成进场验货登记后，系统将进场肉类蔬菜品种、进货量、追溯码等信息下传卖场溯源电子秤。系统要支持信息 CPU 卡读入溯源电子秤功能。

（5）商品销售凭证打印

肉类蔬菜销售时，商户为消费者打印带追溯码的零售凭证，记载市场名称、摊位号、日期、商品名称、追溯码、价格、数量、金额等内容，同时将销售信息上传后台，登记商品批次台账。系统要具备批次限量销售、单品批次进销存数据报表及追溯码打印等功能，支持摊位间的内部调拨管理。

（6）CPU 卡服务卡管理

系统要具有 CPU 卡登记、CPU 卡发放、CPU 卡注销、信息清除、CPU 卡查询等功能。

（7）信息查询分析

系统要具有对市场经营追溯信息进行查询、统计、分析等功能。

（8）信息上报管理

菜市场系统负责将按规定采集的经营主体基本信息、肉类蔬菜进场信息、检疫检验信息、交易信息等信息按标准化处理后及时上传至城市追溯管理平台，并在追溯子系统中保留两年以上。

（9）系统维护管理

系统可提供系统基本参数设置、接口标准设置、系统权限设置、角色权限设置、数据安全管理、操作日志管理、设备状态控制管理等功能。

（四）管理办法

为贯彻落实《中华人民共和国食品安全法》《中华人民共和国农产品质量安全法》《生猪屠宰管理条例》等法律法规，商务部颁布了《商务部办公厅 财政部办公厅关于肉类蔬菜流通追溯体系建设试点指导意见的通知》（商秩字〔2010〕279 号）等 9 个文件。

自 2010 年发布该指导意见以来，商务部就开始着手建立了我国第一个由政府主导的食品追溯公共服务平台，并实行了一系列的工作措施。

2010 年 10 月，商务部完善试点工作方案和技术方案，细化建设任务和内容，成立相应的组织领导机构和专门的工作机构，建立相应的工作机制等。

2010 年 11 月，确定纳入试点的流通节点企业名单；2010 年 12 月，按照法定程序和要求，正式确定软件开发商和硬件供应商；2011 年 5 月，完成软件开发、硬件设备采购及硬件集成，出台配套的管理制度和办法，并对流通节点进行必要改造，初步具备软件和硬件安装条件。

2011 年 7 月，完成各流通节点相关软件和硬件的安装，并完成城市追溯管理平台和节点子系统、中央平台之间的数据连接调试工作；开展商户备案及集成电路卡（IC 卡）发放工作，并组织流通节点管理人员及部分商户进行培训。

2011 年 8 月，肉类蔬菜流通追溯体系投入试运行，完成城市追溯管理平台与节点子系统的性能测试和安全测试，并根据测试结果，完善城市追溯管理平台和节点子系统功能。

（五）标准规范

肉类蔬菜平台编制形成的标准体系涉及总体标准、技术标准、通用规范标准共三大类 10 项标准。

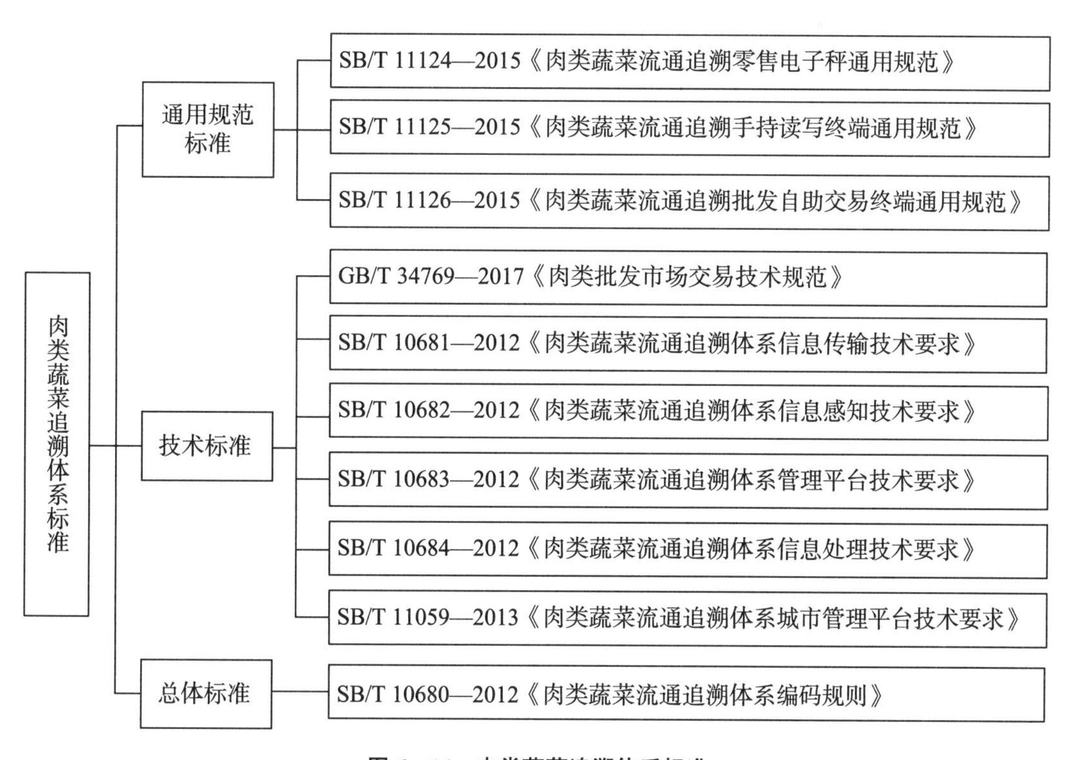

图 6-14　肉类蔬菜追溯体系标准

二、技术特点

（一）追溯码

1. 主体码

（1）流通节点主体码

由备案地行政区划代码＋备案号组成，共9位数字。其中，行政区划具体到区县级，代码采用GB/T 2260的6位数字码；备案号根据流通节点主体的备案顺序编号，为3位数字码。总体结构如图6－15所示。

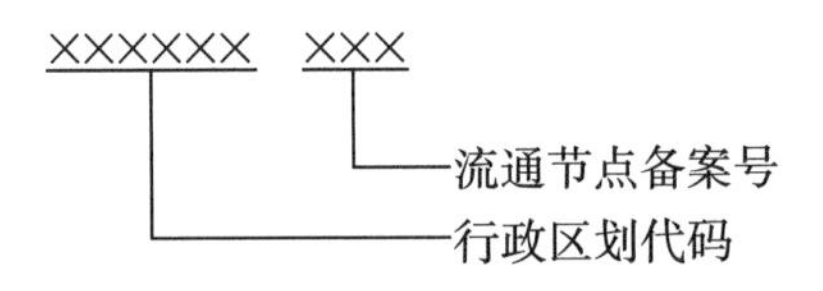

图6－15　流通节点主体码示意图

（2）经营者主体码

①商户及团体消费单位的经营者主体码

商户及团体消费单位可以选择在某个流通节点备案，并由该流通节点为其编制、发放主体码。此码为数字型，由流通节点主体码＋备案号组成，共13位数字。流通节点主体码为9位数字；备案号是经营者在流通节点的备案顺序编号，为4位数字。总体结构如图6－16所示。

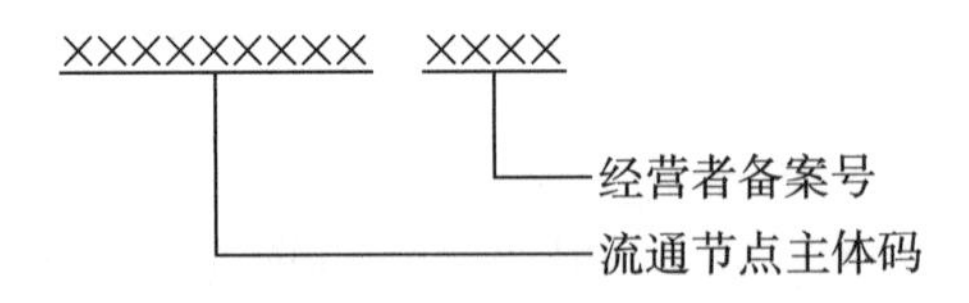

图6－16　商户及团体消费单位经营者主体码示意图

②流通节点企业作为经营者时的经营者主体码

屠宰厂（场）、超市及其他流通企业等兼具流通节点和经营者两种身份。作为经营者时，其经营者主体码的长度应与商户及团体消费单位的经营者主体码一致，因此采用在其本身的流通节点主体码后4位补零的方式生成，在备案时一并编制、发放。由流通节点主体码＋0000组成，共13位数字。总体结构如图6－17所示。

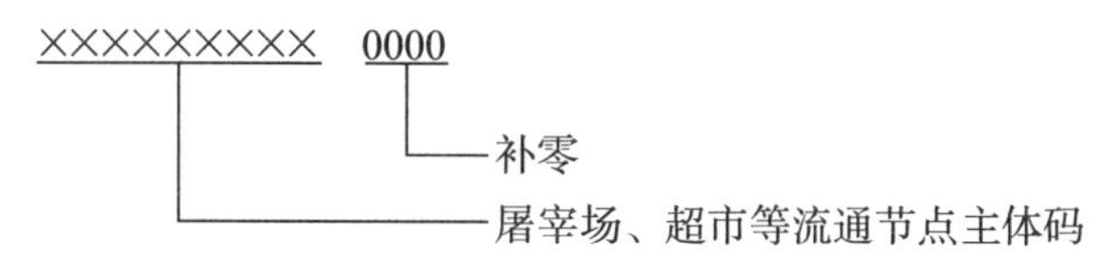

图 6-17　流通节点经营者主体码示意图

2. 追溯码

一般一次交易产生一个追溯码，但零售环节不产生新码，而是沿用其上一个环节产生的追溯码。各环节肉类蔬菜交易的追溯码由经营者主体码+交易流水号组成，共 20 位数字。其中，经营者主体码是指作为卖方的经营者的主体码，为 13 位数字；交易流水号是指按交易时间顺序生成的一段唯一的代码，为 7 位数字。总体结构如图 6-18 所示。

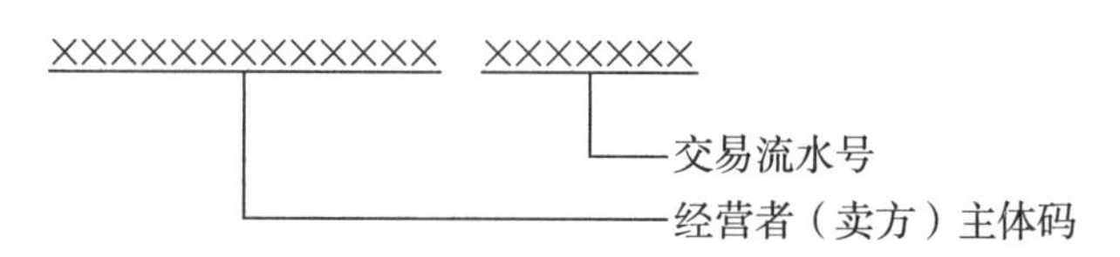

图 6-18　追溯码示意图

（二）追溯标识

肉类蔬菜流通服务卡贯穿于追溯流通的各个环节，如图 6-19 所示，实现肉菜平台各节点间的关联贯通。

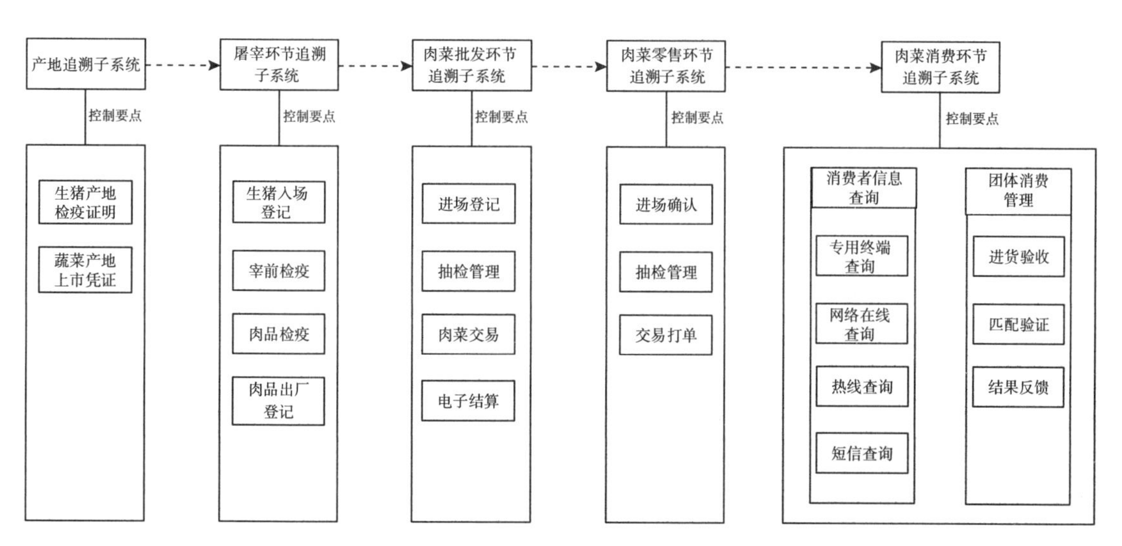

图 6-19　追溯流通环节

1. 肉类蔬菜流通服务卡式样

肉类蔬菜流通服务卡式样见图 6-20。

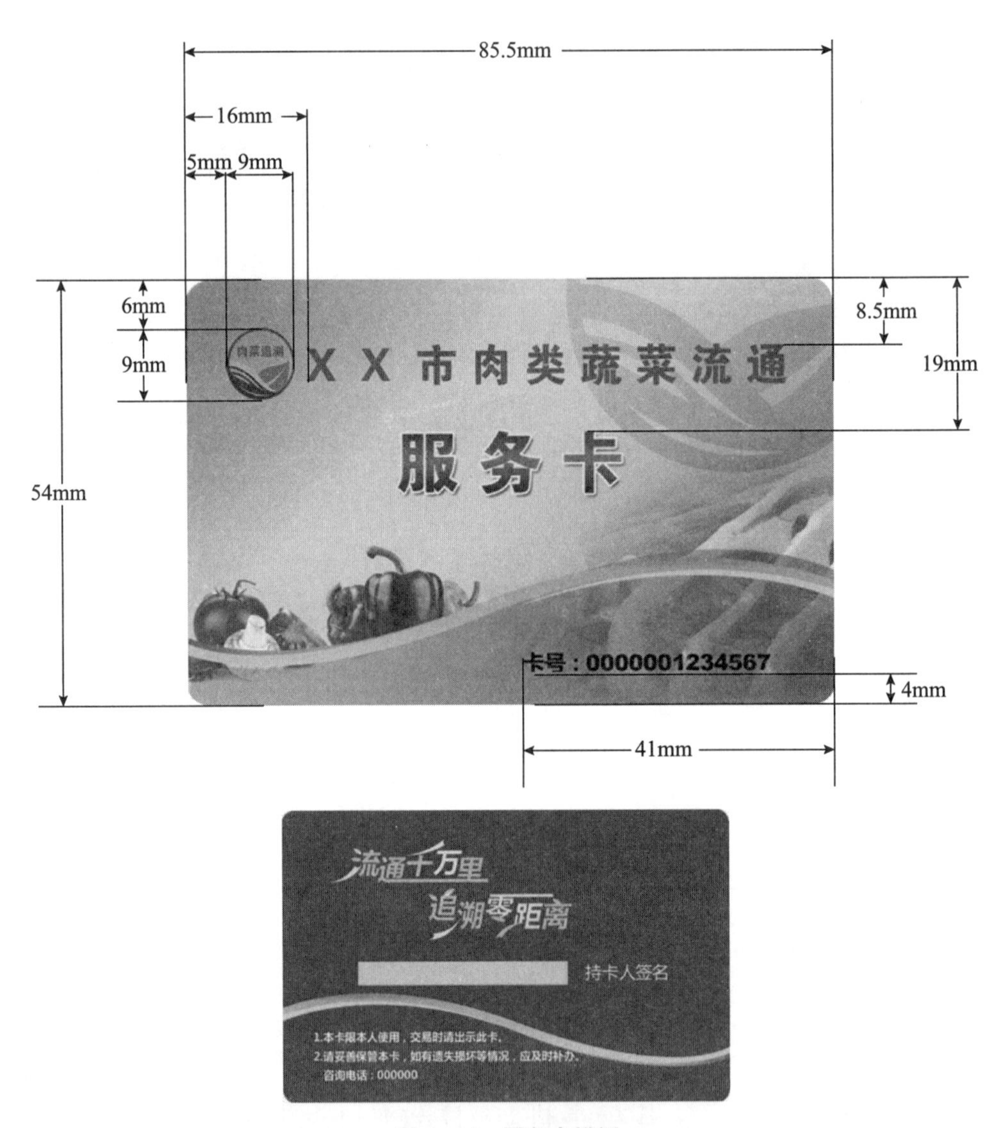

图 6-20　服务卡样例

2. 专用标识图样及标准色

专用标识图样及标准色见图 6-21。

图 6-21　专用标识图样及标准色

第三节　全国认证认可信息公共服务平台/有机码查询

全国认证认可信息公共服务平台/有机码查询（以下简称“认证平台”，网址 http：//cx. cnca. cn/CertECl0ud/0rga/0rga/page）是全国认证认可信息公共服务平台中的一个板块，通过查询可得到认证证书编号、认证类型、认证产品名称、商品名称、产品包装规格、认证标志使用方式、认证机构名称、获证生产企业名称等信息。

一、基本情况

（一）建设背景与任务

2011 年 3 月，中共中央提出《中华人民共和国国民经济和社会发展第十二个五年（2011—2015 年）规划纲要》，其中第六篇提出“绿色发展，建设资源节约型、环境友好型社会”的目标，要求我国面对日趋强化的资源环境约束，必须增强危机意识，树立绿色、低碳发展理念，以节能减排为重点，健全激励与约束机制，加快构建资源节约、环境友好的生产方式和消费模式，增强可持续发展能力，提高生态文明水平。根据这一大政方针，国家认证认可监督管理委员会（以下简称“国家认监委”）决定在“十二五”期间开展“有机产品认证示范创建工作”，其目的是充分利用认证认可手段服务地方经济，树立有机产品认证典型，推广有机产业发展经验，促进我国有机产业健康、稳步发展。

建设任务如下：

一是建立我国统一的、且与国际接轨的有机产品认证制度。持续加强有机产品认证监管，每年开展有机产品监督抽查，了解我国有机产品质量情况。

二是作为有机产品认证的监管部门充分引导、调动地方发展有机产业的积极性，充分发挥地方政府的管理职能，营造良好的有机生产环境，全面完善有机产品认证和生产监管，促进有机产业健康发展，树立典范。同时，利用自身信息、技术优势，帮助各地搭建有机产业产、供、销平台，以促进各地有机产业的健康发展，为区域经济发展提供有力支持。

三是承担有机产品认证示范（创建）区申报工作。

（二）总体架构

全国认证认可信息公共服务平台/有机码查询构架如图 6 - 22 所示。

（三）业务流程

国家认监委根据 2019 版有机产品认证目录开展工作，在生产过程中需认证的产品涉

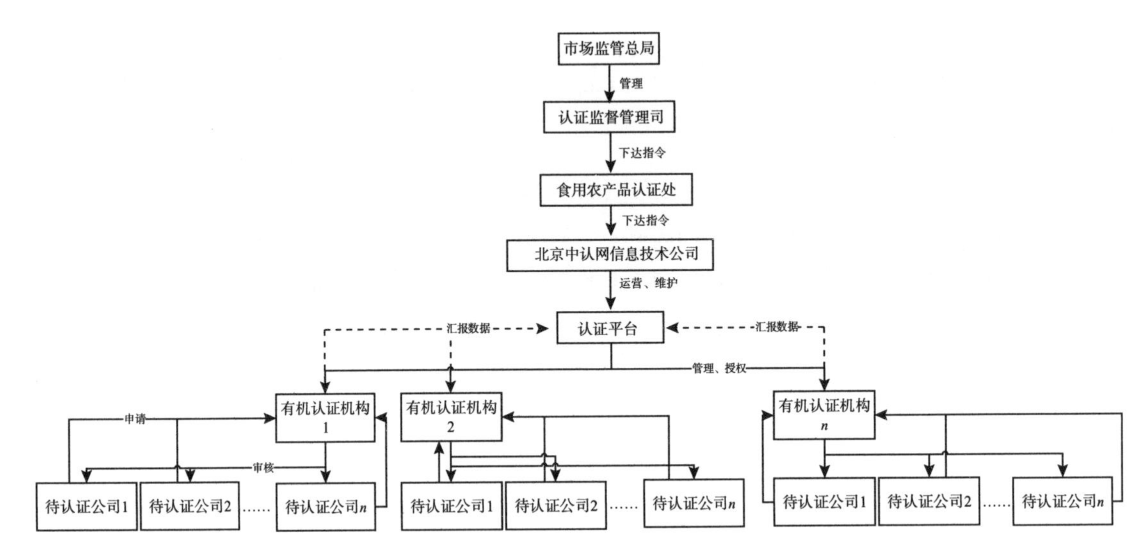

图 6-22 全国认证认可信息公共服务平台/有机码查询构架

及：①植物类和食用菌类（含野生采集）［谷物、蔬菜、食用菌和园艺作品、水果、坚果；含油果；香料（调香的植物）和饮料作物、豆类；油料和薯类、香辛料作物、棉、麻和糖、草及割草、其他纺织用的植物、野生采集、中药材］41 小类；②畜禽类（牲畜、家禽、其他畜牧业）12 小类；③水产类（深水鱼、淡水鱼、虾类、蟹类、无脊椎动物、两栖和爬行类动物、藻类）7 小类，共计 3 大类 60 小类。

在加工过程中需认证的产品涉及：粮食加工品；肉及肉制品；食用油、油脂及其制品；调味品；乳制品；饮料；方便食品；饼干；罐头；速冻食品；薯类和膨化食品；糖果制品；茶叶及相关制品；酒类；蔬菜制品；水果制品；炒货食品及坚果制品；蛋制品；可可及焙烤咖啡产品；食糖；水产制品；淀粉及淀粉制品；糕点；豆制品；婴幼儿配方食品；特殊膳食食品；其他食品；饲料；中药材加工制品天然纤维及其制成品，共计 30 大类 75 小类。

1. 国家认监委平台上有机产品认证的流程

有机认证流程如图 6-23 所示。想要获得有机产品认证，需要由有机产品生产加工企业或者其认证委托人向具备资质的有机产品认证机构提出申请，按规定将申请认证的文件，包括有机生产加工基本情况 、质量手册、操作规程和操作记录等提交给认证机构进行文件审核、评审合格后认证机构委派有机产品认证检查员进行生产基地（养殖场）或加工现场检查与审核，并形成检查报告，认证机构根据检查报告和相关的支持性审核文件作出认证决定、颁发认证证书等。获得认证后，认证机构还应进行后续的跟踪管理和市场抽查，以保证生产或加工企业持续符合《有机产品认证实施规则》的要求。进行现场检查的有机产品认证检查员应当经过培训、考试、面试，并在中国认证认可协会（CCAA）注册。

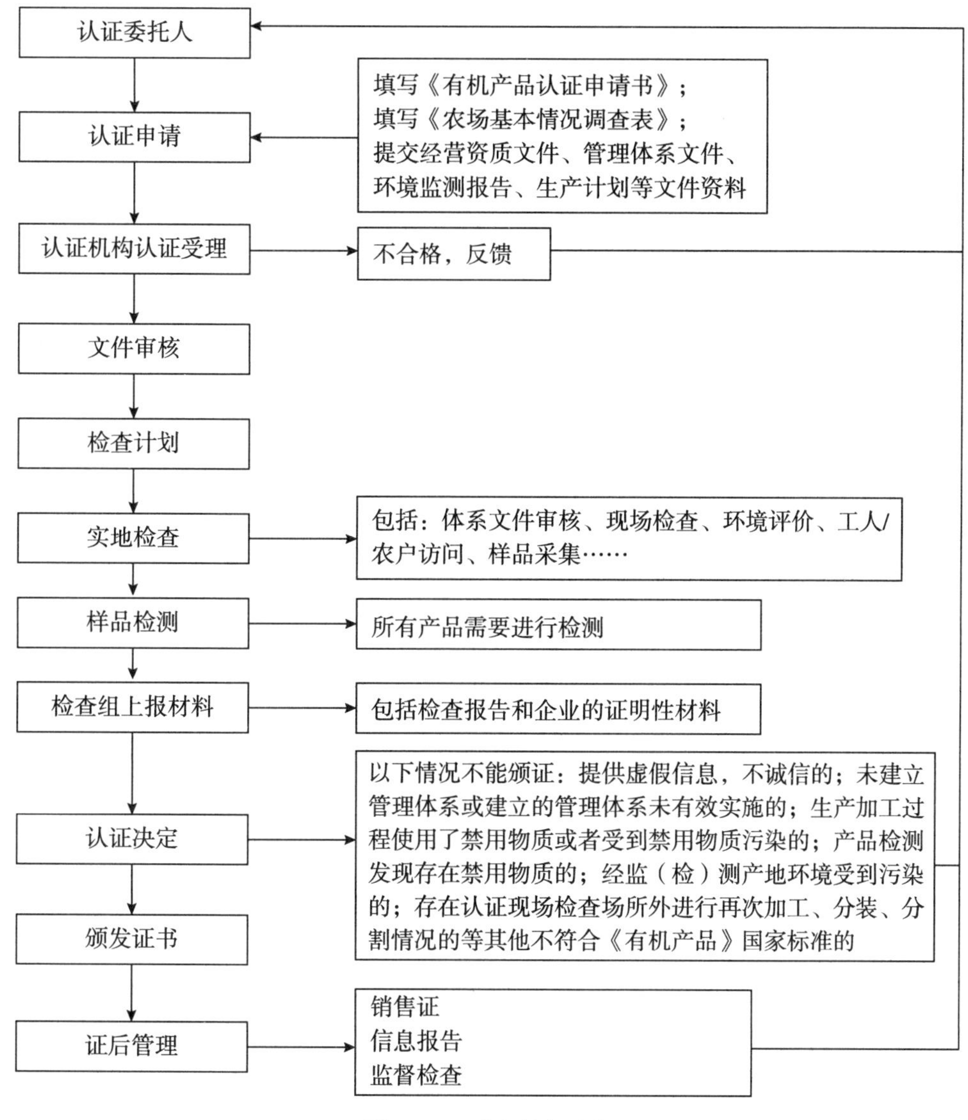

图 6－23　有机认证流程

2. 认证机构认证流程

在国家认监委规定的认证流程基础上，机构间在认证过程中存在一定差异，流程如图 6－24 所示。

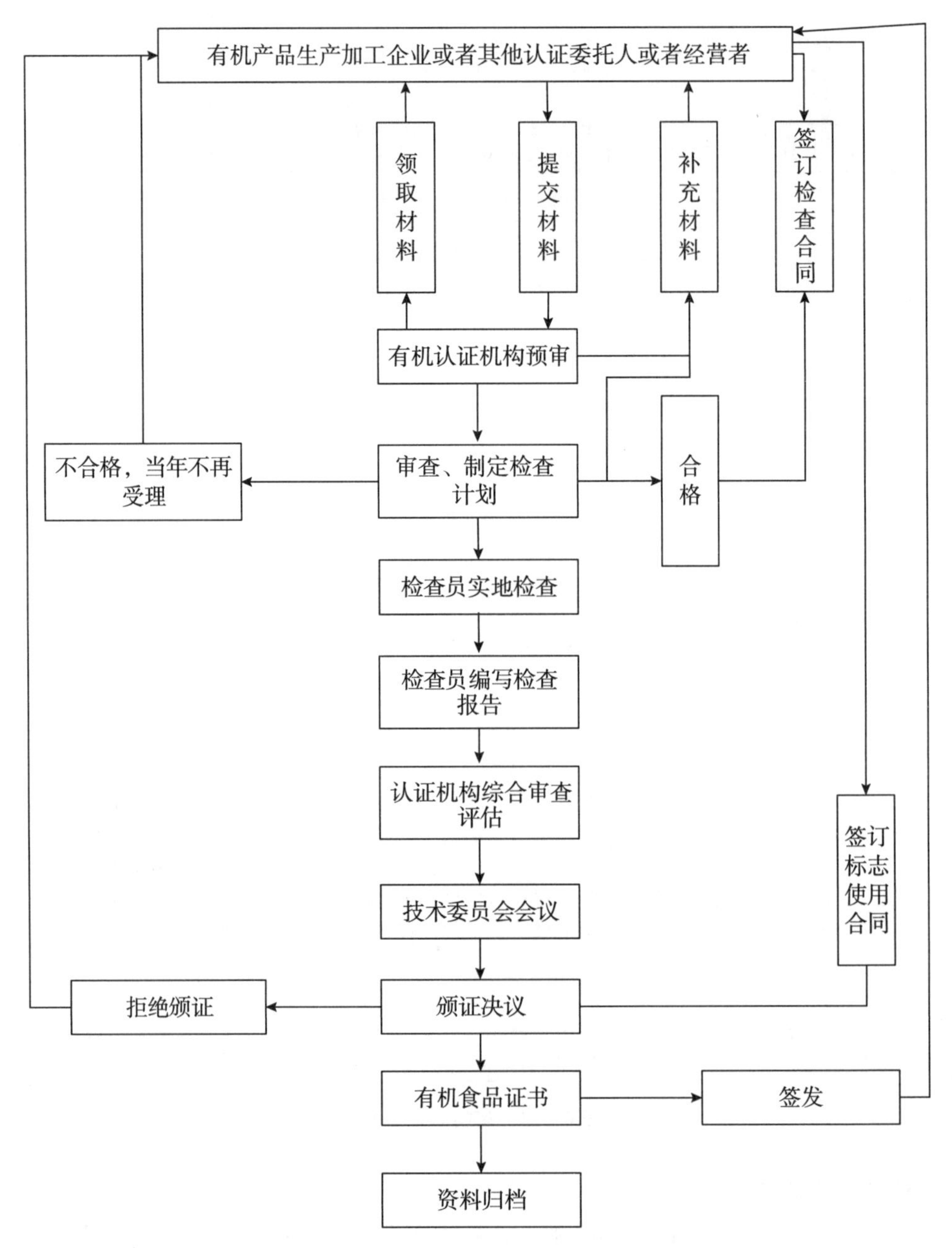

图 6-24　认证机构认证流程

(四) 管理办法

为规范有机产品认证活动，确保认证程序和管理基本要求的一致性和认证的有效性，根据《中华人民共和国认证认可条例》和《有机产品认证管理办法》（国家质检总局令〔2004〕第 67 号）的规定，国家认监委于 2005 年制定了《有机产品认证实施规则》，于 2012 年 3 月 1 日执行。2012 年，国家认监委在各认证机构已认证产品的基础上，按照风险评估的原则，组织相关专家制定了《有机产品认证目录》。

（五）标准规范

国家认监委按管理与评价、技术规范等划分制定、颁布并实施了与平台配套的11项有机认证标准，如图6-25所示。

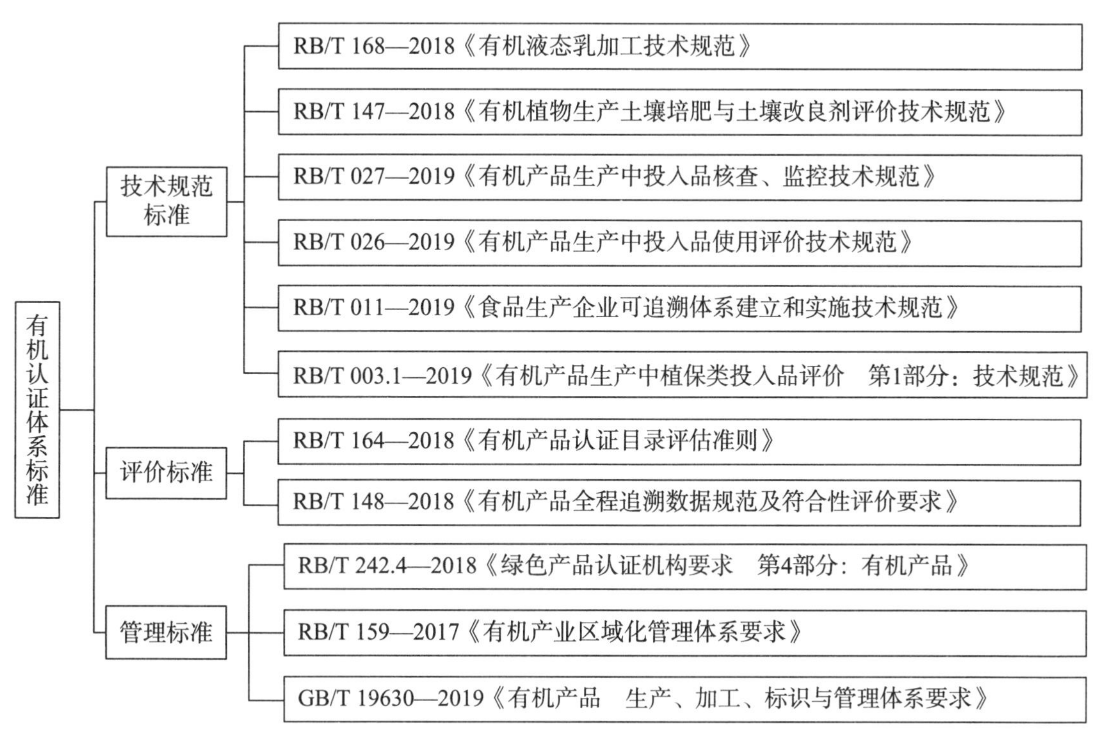

图6-25 有机认证体系标准

二、技术特点

（一）认证码

1. 证书编号

有机产品认证采用统一的认证证书编号规则。认证机构在食品农产品系统中录入认证证书、检查组、检查报告、现场检查照片等方面相关信息后，经格式校验合格后，由系统自动赋予认证证书编号，认证机构不得自行编号。

（1）认证机构批准号中年份后的流水号

认证机构批准号的编号格式为“CNCA-R/RF-年份-流水号”，其中R表示内资认证机构，RF表示外资认证机构，年份为4位阿拉伯数字，流水号是内资、外资分别流水编号。

内资认证机构认证证书编号为该机构批准号的3位阿拉伯数字批准流水号；外资认证

机构认证证书编号为：F＋该机构批准号的2位阿拉伯数字批准流水号。

（2）认证类型的英文简称

有机产品认证英文简称为OP。

（3）年份

采用年份的最后2位数字，例如2011年为11。

（4）流水号

为某认证机构在某个年份该认证类型的流水号，5位阿拉伯数字。

（5）子证书编号

如果某张证书有子证书，那么在母证书号后加“-”和子证书顺序的阿拉伯数字。

（6）其他

再认证时，证书号不变。

示例：F12OP1254321—2

其中，F12：外资认证机构批准号中的流水号12；OP：认证类型为有机；12：2012年；54321：流水号；—2：第二子证书编号。

2. 有机码

为保证有机产品的可追溯性，国家认监委要求认证机构在向获得有机产品认证的企业发放认证标志或允许有机生产企业在产品标签上印制有机产品认证标志前，必须按照统一编码要求赋予每枚认证标志的一个唯一编码，该编码由17位数字组成，其中认证机构代码3位、认证标志发放年份代码2位、认证标志发放随机码12，并且要求在17位数字前加“有机码”3个字。每一枚有机标志的有机码都需要报送到“中国食品农产品认证信息系统”（网址http：//food.cnca.cn），任何个人都可以在该网站上查到该枚有机标志对应的有机产品名称、认证证书编号、获证企业等信息。

（1）认证机构代码（3位）

认证机构代码由认证机构批准号后3位代码形成。内资认证机构为该认证机构批准号的3位阿拉伯数字批准流水号；外资认证机构为：9＋该认证机构批准号的2位阿拉伯数字批准流水号。

（2）认证标志发放年份代码（2位）

采用年份的最后2位数字，例如2011年为11。

（3）认证标志发放随机码（12位）

该代码是认证机构发放认证标志数量的12位阿拉伯数字随机号码。数字产生的随机规则由各认证机构自行制定。

示例：有机码F1215987654321012

其中，F12：外资认证机构批准号中的流水号；15：2015年；987654321012：认证标志发放随机码12位。

（二）追溯标识

1. 有机产品认证标志

中国有机产品认证标志有两种：中国有机产品标志、中国有机转换产品标志。获得有机产品或有机转换产品认证的，应当在获证产品或者产品的最小销售包装上，标示中国有机产品或中国有机转换产品认证标志。但是，初次获得有机转换产品认证证书一年内生产的有机转换产品，只能以常规产品销售，不得使用有机转换产品认证标志及相关文字说明。

获证产品在使用中国机产品认证标志同时，还应当在获证产品或者产品的最小销售包装上，标示该枚有机产品认证标志的其唯一编号（有机码）和认证机构名称或者其标识，如图 6－26、图 6－27 所示。

图 6－26　中国有机产品认证标志

图 6－27　中国有机转换产品认证标志

2. 有机产品食品农产品认证证书

（1）证书信息

证书信息示例见图 6－28。

· 证书编号	015OP2000021	· 证书状态	有效
· 认证类型	有机认证 植物类		
· 颁证日期	2020-08-31	· 证书到期日期	2021-08-30
· 初次获证日期	2015-08-31	· 信息上报日期	2020-08-31
· 认证项目	有机产品（OGA）		
· 证书使用的认可标识	CNAS	· 认证相关员工数量	10
· 认证范围	鲜食葡萄		
· 认证依据	GB/T 19630《有机产品 生产、加工、标识与管理体系要求》		
· 证书附件下载			

图 6－28　证书信息示例

（2）基本信息示例

基本信息示例见图 6－29。

· 组织名称 巴中市巴州区益民果蔬种植专业合作社
· 统一社会信用代码/组织机构代码 93511902323347674J
· 所在国别地区 中国 四川省
· 邮政编码 636600
· 组织地址 四川省巴中市巴州区 巴中市巴州区化成镇蟒塘坝村三社

图 6－29　基本信息示例

（3）获得组织/生产企业基本信息示例

获得组织/生产企业基本信息示例见图 6－30。

· 组织名称 巴中市巴州区益民果蔬种植专业合作社
· 统一社会信用代码/组织机构 93511902323347674J
· 所在国别地区 中国 四川省
· 组织[illegible] 四川省巴中市巴州区 巴中市巴州区化成镇蟒塘坝村三社

图 6－30　获得组织/生产企业基本信息示例

（4）发证机构信息示例

发证机构信息示例见图 6－31。

· 机构名称 杭州万泰认证有限公司
· 机构批准号 CNCA-R-2002-015
· 有效期 2024-12-10
· 机构状态 有效
· 网址 www.wit-int.com
· 地址 江虹路1750号信雅达国际创意中心1幢1301-1308、1401-1402、1405-1408室
· 业务范围
白炽灯泡或放电灯、弧光灯及其附件；照明设备及其附件；其他电气设备及其零件
仪器设备
陆地交通设备
GB/T7635.2中涉及产品形成过程的不可运输产品
国推认证
有机产品（OGA）
良好农业规范
食品安全管理体系

图 6－31　发证机构信息示例

（5）产品信息示例

产品信息示例见图 6－32。

产品类别	产品名称	基地名称	基地地址	产品面积（公顷）	认证年产量（吨）
葡萄	葡萄	益民有机种植基地	巴中市巴州区化成镇蟒塘坝村三社	0.0000	18.000

图 6-32　产品信息示例

第四节　国家食品（产品）安全追溯平台

国家食品（产品）安全追溯平台（以下简称“食品平台”，网址 www. chinatrace. org/）是国家发改委确定的重点食品质量安全追溯物联网应用示范工程，从原国家质检总局转交给市场监管总局组织实施，由中国物品编码中心建设，市场监管总局主要负责在零售市场内部的追溯。该追溯平台基于全球统一标识系统（GS1）建设，采用模板技术对追溯单元、追溯事件进行自定义，实现对不同类别产品各个阶段的完整追溯，并依托“云”技术接收全国 31 个省级平台的追溯与监管数据，是我国产品追溯大数据系统。

一、基本情况

（一）建设背景与任务

根据《国家发展改革委关于下达战略性新兴产业项目 2014 年第二批中央预算内投资计划的通知》（发改投资〔2014〕1030 号）的要求，国家重点食品质量安全追溯物联网应用示范工程国拨经费用于国家平台建设。

围绕国家平台建设的功能需求、性能指标、关键设备选型等问题，实施如下建设：

①国家平台技术需求方案认真落实了国家示范工程的总体要求，目标明确、内容合理、结构框架清晰，关键设备性能要求明确，整体方案可行；

②技术需求方案注重加强国家平台与省级平台、试点企业的数据互通，明确数据上传、数据交换、平台对接的需求，对企业客户端、数据交换接口等共性需求做了统筹考虑；

③为使技术方案更加完善，取得预期建设效果，针对《中华人民共和国食品安全法》对食品安全追溯的要求，进一步加强国家平台服务企业、服务公众、服务政府的相应功能。

该追溯平台采用模板技术对追溯单元、追溯事件进行自定义，实现对不同类别产品各个阶段的完整追溯，目前暂停运行，共计实现了 9500 多万种产品的主体追溯，10000 多家企业的产品过程追溯，发码量 120 亿次。平台主要涉及领域包含：食品、农产品及农业生产、药品、化妆品、稀土产品、特种设备和危险品、跨境商品、区块链、数据共享等，与世界上 200 多个国家实现追溯信息链接。

（二）总体架构

国家食品（产品）安全追溯平台构架如图 6－33 所示。

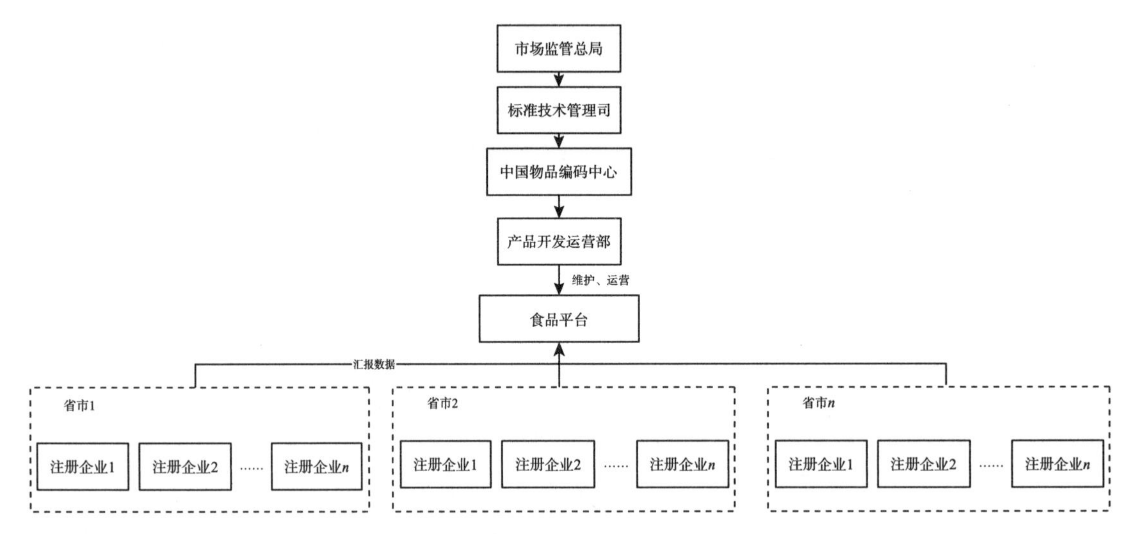

图 6－33　国家食品（产品）安全追溯平台构架

（三）业务流程

平台主要功能包括：

①政府监管：为政府监管提供基础数据支持，包含监管、自查、抽查、数据导出等内容。政府监管人员可以通过平台随时了解企业生产产品的相关信息，其中的企业监管功能可以对企业的地域分布、行业分布等信息进行记录，产品监管可以对各个企业所生产的产品在各地的销售分布等信息进行记录。

②企业追溯：为企业提供溯源信息的集中化管理，通过制定不同行业内部追溯标准，帮助企业定制开发符合自身业务流程的追溯系统。在生产企业中，包含生产管理、进货管理、销售管理、质量管理等功能，可以用商品条码加批次的层级维度帮助企业实现原辅料采购、生产记录和成品销售等全过程的记录；在经营企业中，包含产品的出库、入库，产品批次，商品条码，仓库的名称，物流中的随货单等功能，帮助企业及上下游企业记录物流及库存。

③公众查询：为公众提供查询溯源信息的窗口，公众消费者可以直接通过网页和“条码追溯”手机客户端进行产品追溯数据的查询，了解产品的溯源详情，主要包括生产企业、产地、生产日期、有效期、货物批次、产品合格等内容。

1. 整体流程

如图 6－34 所示，生产经营者首先填报生产计划，记录生产采购数据、生产投料，并在关键控制点监控，待生产检验报告生成后将产品装箱打包。填写成品入库单存入仓库、记录入库；待消费者网上下单后，填写成品出库单从仓库调出，记录库存数量。

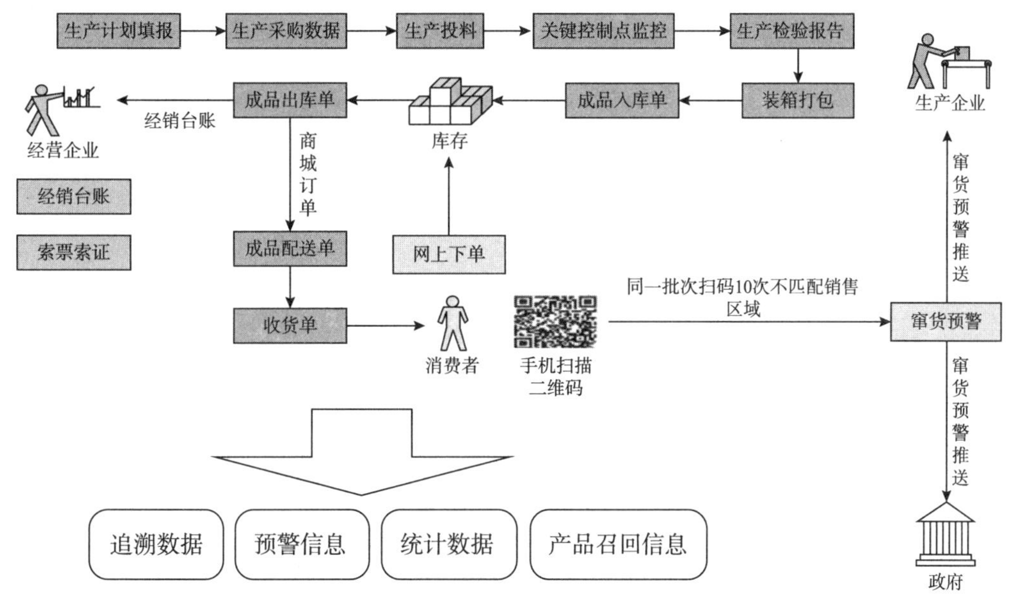

图 6－34　整体流程

2. 生产流程

生产企业服务平台兼容了白酒生产、乳制品生产以及种植、养殖、生产加工行业的流程，并且按照批次的采购以及生产和仓储流程以工作流的形式填报数据。企业内部账户分角色管理。对于企业的资质、经销商/供应商、仓储等信息，根据职能角色建立审核机制，以规范企业数据以及规范企业内部运作流程。在填报过程中，如果有未填报或填报信息有问题，系统会及时提示预警信息。企业也可以根据批次的流程信息选择召回产品批次。

如图 6－35 所示，以产品批次为主线，依照生产计划→投料计划→用料采购→采购验收→投料领料→关键控制点监控→检验报告→装箱打包的顺序，按照事前、事中、事后的顺序原则填报相关生产数据，作为食品平台的核心数据，供公共服务平台追溯查询以及电子商务平台特色追溯查询使用。

主要以箱品或者散装批次为主线，按照出厂验收→入库→销售订单→出库→配送的顺序填报数据。入库单和出库单作为盘点依据生成各种产品的库存，为电子商务平台提供仓储依据。电子商务平台则为该模块提供订单数据，作为出库单依据。

对于正处于流通环节的产品批次，系统将进行展示，并提供从采购到生产、仓储、流通等环节的数据以及显示该批次的相关预警信息，还可显示产品批次的召回信息，如图 6－36 所示。

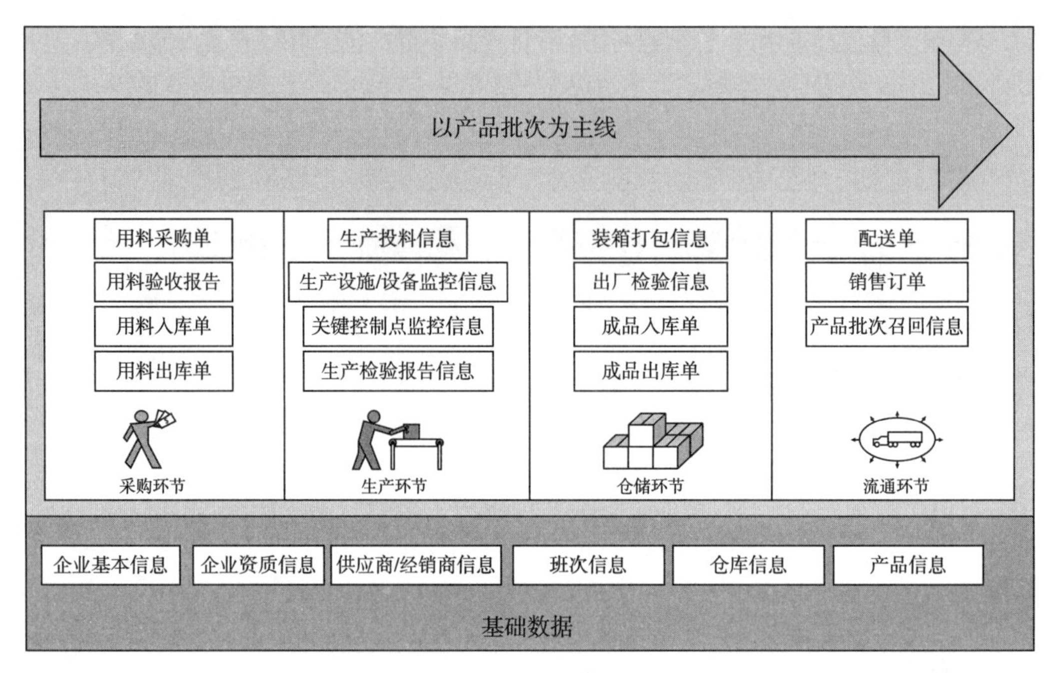

图 6-35　生产流程

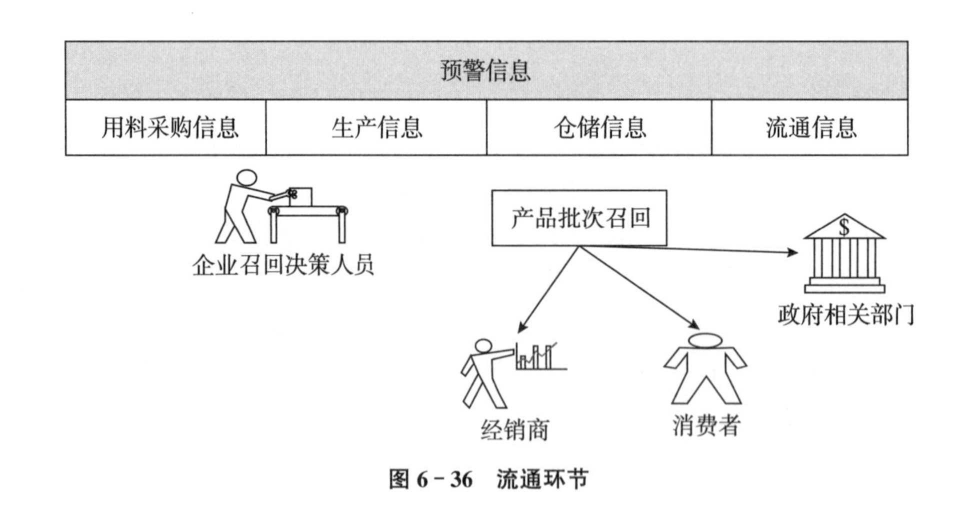

图 6-36　流通环节

3. 经营管理流程

经营企业服务平台主要提供索证索票以及经营企业自身的进销存功能，并提供产品批次从分销商之后的产品批次流向信息，如图 6-37 所示。

进货索证索票为第二步，即根据每个进货台账记录，录入该进货台账相关资质信息以及检验报告信息。如该货品无相关资质以及检验报告，则经营企业相关人员可拒绝该货品进货。货品入库为第三步，即选择已经过索证索票流程的进货台账，并生成入库单。货品出库为第四步，即选择已入库的进货台账，并生成出库单。销售管理为第五步，即选择已

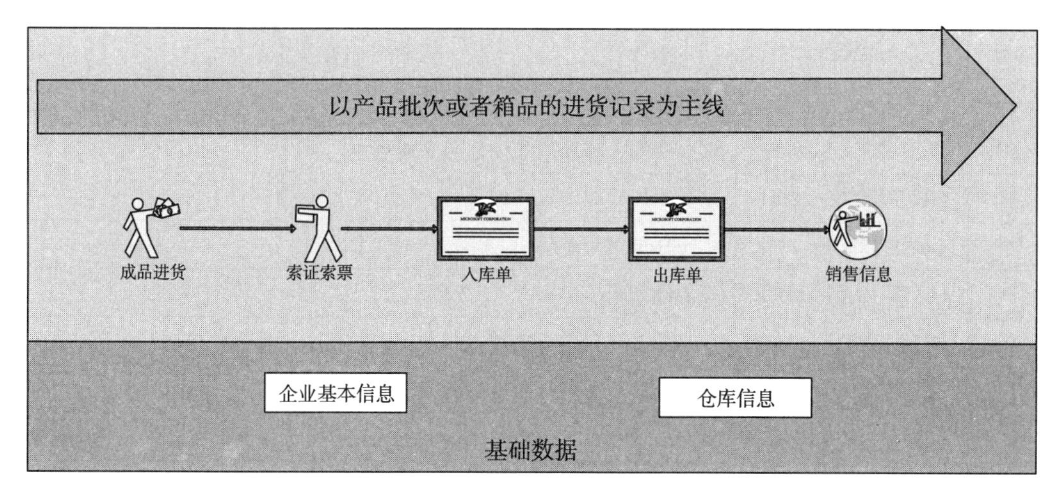

图 6-37　经营管理流程

出库的进货台账，并填写销售单。

4. 消费者查询流程

消费者通过扫描商品标签进行追溯查询，查询结果如图 6-38 所示。

图 6-38　追溯查询

（四）相关标准

相关标准汇总见表 6-3。

表 6-3　相关标准汇总表

序号	标准编号	标准名称
1	GB/T 6512—2012	运输方式代码
2	GB 12904—2008	商品条码　零售商品编码与条码表示
3	GB/T 12905—2019	条码术语
4	GB/T 12906—2008	中国标准书号条码
5	GB/T 12907—2008	库德巴条码
6	GB/T 12908—2002	信息技术　自动识别技术与数据采集技术　条码符号规范　三九条码
7	GB/T 14257—2009	商品条码　条码符号放置指南
8	GB/T 14258—2003	信息技术　自动识别技术与数据采集技术　条码符号印刷质量的检验
9	GB/T 14945—2010	货物运输常用残损代码
10	GB/T 15425—2014	商品条码　128 条码
11	GB/T 16472—2013	乘客及货物类型、包装类型和包装材料类型代码
12	GB/T 16827—1997	中国标准刊号（ISSN 部分）条码
13	GB/T 16828—2021	商品条码　参与方位置编码与条码表示
14	GB/T 16829—2003	信息技术　自动识别与数据采集技术　条码码制规范　交插二五条码
15	GB/T 16830—2008	商品条码　储运包装商品编码与条码表示
16	GB/T 16986—2018	商品条码　应用标识符
17	GB/T 17172—1997	四一七　条码
18	GB/T 17231—1998	订购单报文
19	GB/T 17232—1998	收货通知报文
20	GB/T 17233—1998	发货通知报文
21	GB/T 17536—1998	订购单变更请求报文
22	GB/T 17537—1998	订购单应答报文
23	GB/T 17705—1999	销售数据报告报文
24	GB/T 17706—1999	销售预测报文
25	GB/T 17707—1999	报价报文
26	GB/T 17708—1999	报价请求报文
27	GB/T 17709—1999	库存报告报文
28	GB/T 18124—2000	质量数据报文
29	GB/T 18125—2000	交货计划报文
30	GB/T 18127—2009	商品条码　物流单元编码与条码表示
31	GB/T 18129—2000	价格/销售目录报文

表 6-3（续）

序号	标准编号	标准名称
32	GB/T 18130—2000	参与方信息报文
33	GB/T 18283—2008	商品条码　店内条码
34	GB/T 18347—2001	128 条码
35	GB/T 18348—2022	商品条码　条码符号印制质量的检验
36	GB/T 18715—2002	配送备货与货物移动报文
37	GB/T 18716—2002	汇款通知报文
38	GB/T 18785—2002	商业账单汇总报文
39	GB/T 18805—2002	商品条码印刷适性试验
40	GB/T 19251—2003	贸易项目的编码与符号表示导则
41	GB/T 19255—2003	运输状态报文
42	GB/T 20563—2006	动物射频识别　代码结构
43	GB/T 21049—2022	汉信码
44	GB/T 21335—2008	RSS 条码
45	GB/T 22334—2008	动物射频识别　技术准则
46	GB/T 23559—2009	服装名称代码编制规范
47	GB/T 23560—2009	服装分类代码
48	GB/T 23704—2017	二维条码符号印制质量的检验
49	GB/T 23832—2022	商品条码　服务关系编码与条码表示
50	GB/T 23833—2022	商品条码　资产编码与条码表示
51	GB/T 25114.1—2010	基于 ebXML 的商业报文　第 1 部分：贸易项目
52	GB/T 25114.2—2010	基于 ebXML 的商业报文　第 2 部分：参与方信息
53	GB/T 25114.3—2010	基于 ebXML 的商业报文　第 3 部分：订单

二、技术特点

（一）追溯码

全球贸易项目代码（Global Trade Item Number，GTIN）是编码系统中应用最广泛的标识代码。贸易项目是指一项产品或服务。GTIN 是为全球贸易项目提供唯一标识的一种代码（称为代码结构）。GTIN 有 4 种不同的编码结构：GTIN-13、GTIN-14、GTIN-8 和 GTIN-12（见图 6-39）。这 4 种结构可以对不同包装形态的商品进行唯一编码。标识代码无论应用在哪个领域的贸易项目上，每一个标识代码必须以整体方式使用。完整的标识代码可以保证在相关的应用领域内全球唯一。

GTIN-14 代码结构

包装指示符	包装内含项目的GTIN（不含校验码）	校验码
N_1	$N_2\ N_3\ N_4\ N_5\ N_6\ N_7\ N_8\ N_9\ N_{10}\ N_{11}\ N_{12}\ N_{13}$	N_{14}

GTIN-13 代码结构

厂商识别代码　　　　商品项目代码	校验码
$N_1\ N_2\ N_3\ N_4\ N_5\ N_6\ N_7\ N_8\ N_9\ N_{10}\ N_{11}\ N_{12}$	N_{13}

GTIN-12 代码结构

厂商识别代码　　　　商品项目代码	校验码
$N_1\ N_2\ N_3\ N_4\ N_5\ N_6\ N_7\ N_8\ N_9\ N_{10}\ N_{11}$	N_{12}

GTIN-8 代码结构

商品项目识别代码	校验码
$N_1\ N_2\ N_3\ N_4\ N_5\ N_6\ N_7$	N_8

图 6-39　GTIN 的 4 种代码结构

对贸易项目进行编码和符号表示，能够实现商品零售（POS）、进货、存补货、销售分析及其他业务运作的自动化。

（二）追溯标识

1. GS1 标签

如图 6-40 所示，以 EAN13 条码为例：第 1 位～第 3 位：共 3 位，是国家代码（690～699 是中国代码，由 GS1 分配）；第 4 位～第 8 位：共 5 位，是生产厂商代码，由厂商申请，国家分配；第 9 位～第 12 位：共 4 位，是商品代码，由厂商自行确定；第 13 位：是校验码，依据一定的算法，由前面 12 位数字计算而得到。

图 6-40　EAN13 标签样例

商品条码的编码遵循唯一性原则，以保证商品条码在全世界范围内不重复，即一个商品项目只能有一个代码，或者说一个代码只能标识一种商品项目。不同规格、不同包装、不同品种、不同价格、不同颜色的商品只能使用不同的商品代码。商品条码的标准尺寸是 37.29mm×26.26mm，放大倍率是 0.8～2.0。当印刷面积允许时，应选择 1.0 倍率以上的条形码，以满足识读要求。放大倍数越小的条码，印刷精度要求越高，当印刷精度不能满足要求时，易造成条码识读困难。

由于条码的识读是通过条码的条和空的颜色对比度来实现的，一般情况下，只要能够满足对比度（PCS 值）要求的颜色即可使用。通常，采用浅色做空的颜色，如白色、橙色、黄色等；采用深色做条的颜色，如黑色、暗绿色、深棕色等。

2. 随货单

随货单样例见图 6－41。

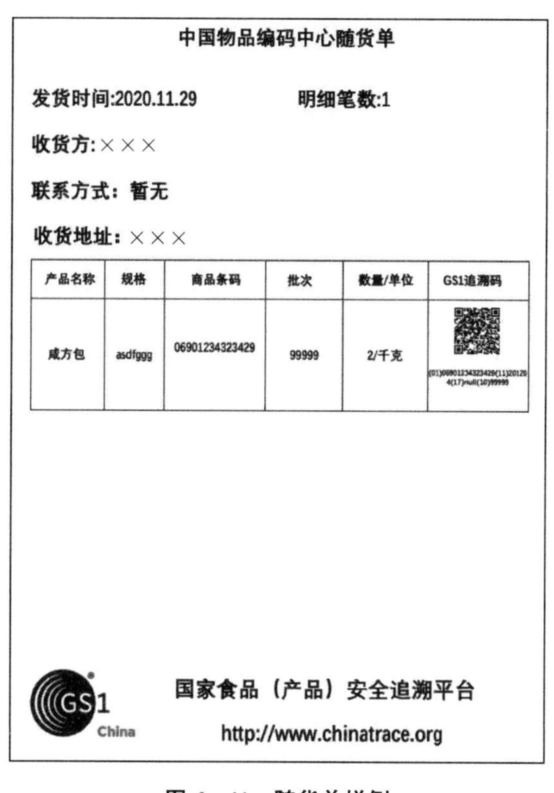

中国物品编码中心随货单

发货时间:2020.11.29　　明细笔数:1

收货方:×××

联系方式：暂无

收货地址：×××

产品名称	规格	商品条码	批次	数量/单位	GS1追溯码
咸方包	asdfggg	06901234323429	99999	2/千克	(01)06901234323429(11)201204(17)null(10)99999

国家食品（产品）安全追溯平台

http://www.chinatrace.org

图 6－41　随货单样例

第五节　国家冷链物流大数据云平台

一、基本情况

国家冷链物流大数据云平台建立了以全程监管为基础、资源整合为支撑、信息化平台为保障的体系框架，以集约化方式搭建的冷链物流大数据云平台，集冷链物流信息采集、产品追溯、温度监控、统计分析等功能于一体，可广泛应用于食品、农产品行业的冷链供应链管理。该平台实现了冷链供应链上各企业的信息透明化，可以按照区域、行业对企业数据进行划分管理，通过冷链物流业务系统及物联网设备，可以让冷链运输过程中的温湿度信息自动采集、位置图像信息自动存储、业务单证信息解析可查、产品追溯信息移动可查、冷链报警信息智能处理等，还可通过冷链物流监管系统对冷链物流业务系统进行监管，确保冷链运输的信息真实可靠性，可实现单品从生产到运输、储存、销售的全程温度实时监控，同时为使用者提供一个产品全程追溯的查询平台和数据分析展示窗口。平台的大数据展示系统以多种丰富形式、更加直观的方式，展示数据分析统计结果，为各级冷链食品质量安全监管机构、检测机构、执法机构以及广大冷链物流生产经营者、社会公众提供信息化服务。

（一）建设背景与任务

国家层面和相关部门密集出台政策支持冷链产业发展。2019 年“冷链物流”上了中央政治局会议，要求实施城乡冷链物流基础设施补短板工程。中央一号文件连续 15 年提及冷链物流发展，2020 年更是明确开展国家骨干冷链基地建设。据不完全统计，2019 年国家层面出台的冷链相关政策、规划超过 40 项，全国地方政府出台的冷链相关政策、规划超过 100 项，从多维度指导部署推动冷链物流行业健康发展，其中由国务院出台的超过 16 项。中共中央、国务院发布《关于坚持农业农村优先发展做好“三农”工作的若干意见》提出加强农产品物流骨干网络和冷链物流体系建设；国务院办公厅发布《关于加快发展流通促进商业消费的意见》提出加快发展农产品冷链物流、完善农产品流通体系；国家发展和改革委员会等 24 个部委联合出台《关于推动物流高质量发展促进形成强大国内市场的意见》提出加强农产品产地冷链物流体系建设、发展第三方冷链物流全程监控平台；国家发展和改革委员会发布《关于开展首批国家骨干冷链物流基地建设工作的通知》提出整合集聚冷链物流市场供需、提高冷链物流规模化集约化组织化网络化水平；交通运输部发布《道路冷链运输服务规则》等 11 项交通运输行业标准规定了道路冷链运输服务的企业、人员、设施设备、作业、文件和记录等要求；商务部办公厅、财政部办公厅关于疫情防控期间《进一步做好农商互联完善农产品供应链体系的紧急通知》提出支持农产品流通企业与新型农业经营主体进行深入对接、构建农产品现代供应链；市场监管总局发布《市场监管总局办公厅关于加强冷冻冷藏食品经营监督管理的通知》提出加强对冷藏冷冻食品和食用农产品的来源、数量和销售去向等信息检查与监督；农业农村部等发布的《关于实施“互联网＋”农产品出村进城工程的指导意见》指出加强冷链物流集散中心建设、构建全程冷链物流体系；商务部、教育部、交通运输部、卫生健康委、国管局、国家邮政局、国家知识产权局、国务院扶贫办、中华全国供销合作总社、中国邮政集团公司 10 部门联合印发的《多渠道拓宽贫困地区农产品营销渠道实施方案》提出贫困地区农村物流配送体系和农产品冷链物流设施逐步完善的各项要求。

建设任务如下：国家冷链物流大数据平台集冷链物流信息采集、产品追溯、温度监控、统计分析等功能于一体。采用互联网＋物联网＋冷链物流＋供应链的技术路线，基于

GS1国际标准体系框架，形成了冷链物流企业业务协同与产品追溯系列技术标准，通过数据中心云平台、区域管理平台和冷链企业业务应用系统，赋予国家冷链大数据平台广阔的应用空间。

（二）总体架构

平台的应用结构分为展示呈现、信息服务、业务支持和数据汇集4个层次，如图6-42所示。

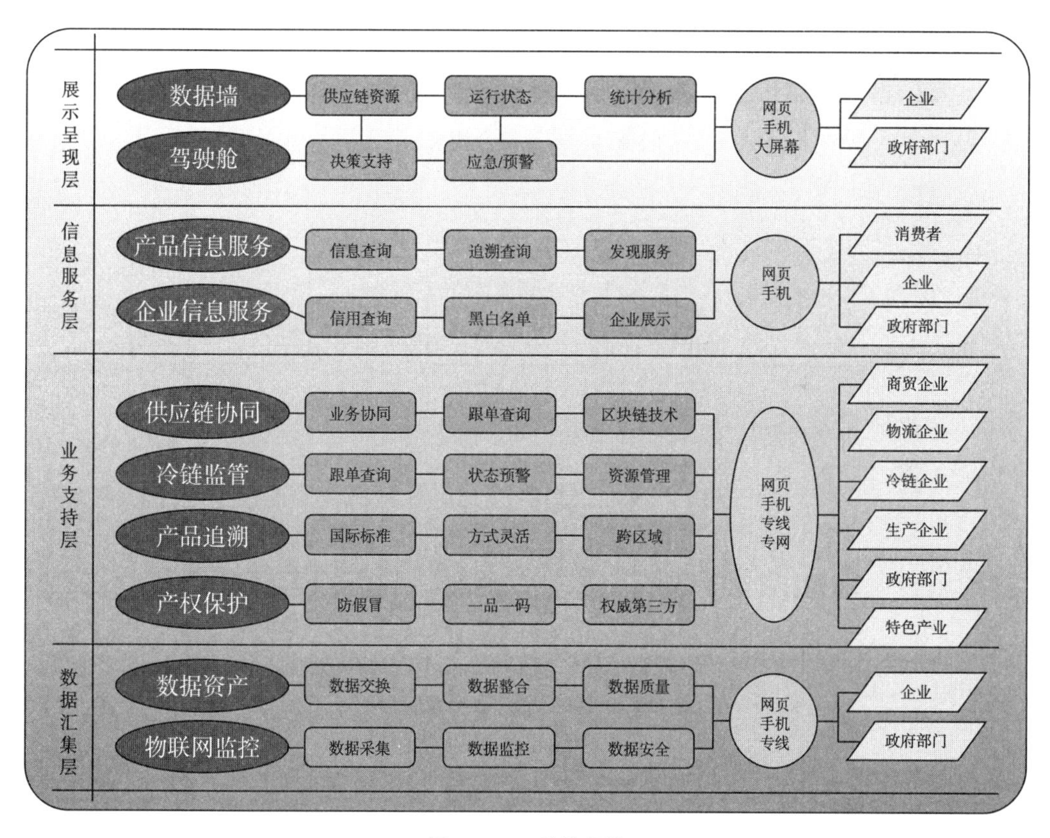

图6-42 总体架构

冷链物流大数据云平台由大数据展示系统、冷链物流监管系统和冷链物流业务系统构成，如图6-43所示。冷链物流业务系统的核心是冷链供应链管理系统。

冷链物流大数据云平台的主要业务数据源于冷链物流业务系统，如图6-44所示。大数据展示系统中的统计、分析和展示的数据主要源于冷链物流业务系统，还有一部分来源于冷链物流监管系统；冷链物流监管系统的数据源于冷链物流业务系统和物联网设备采集的数据。冷链物流大数据云平台中的企业、产品、设备基础信息、交易单证信息、物流信息以及其他相关信息，可以根据实际需要，从其他系统通过多种方式便捷导入。

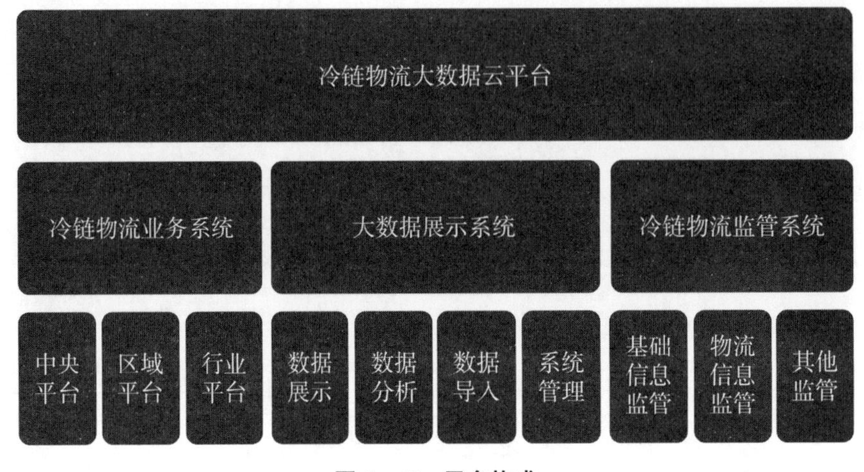

图 6-43 平台构成

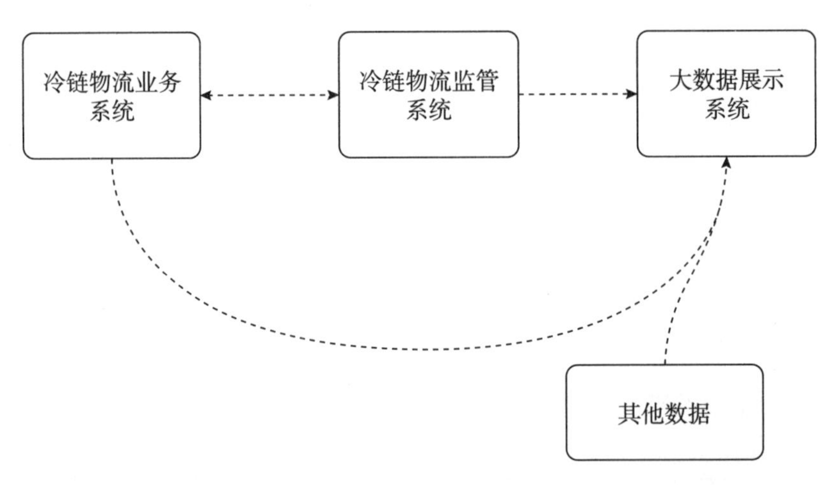

图 6-44 数据源关系图

二、技术特点

（一）系统功能

大数据展示系统可以提取、分析和显示数据，并以多种丰富形式、更加直观的方式展示数据探索结果，支持数据实时同步更新；同时设计了方便、灵活的交互方式，使非专业用户更方便、快捷地查看和分析多维模型数据。大数据展示系统旨在帮助用户快速通过可视化图表展示海量数据。

大数据展示系统从功能上划分，主要包括数据展示、数据分析、数据导入和系统管理4个部分，如图 6-45 所示。

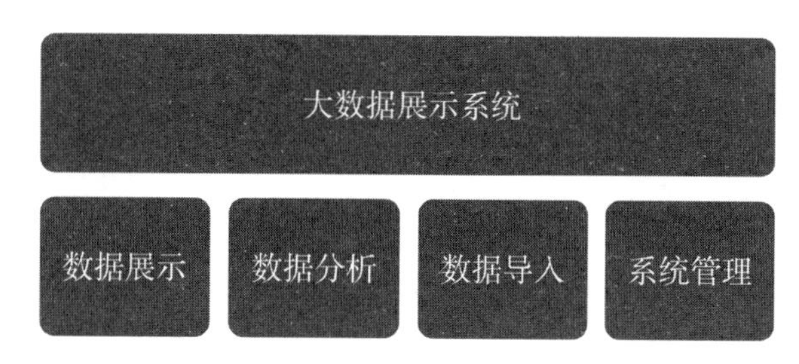

图 6-45　大数据展示系统功能结构图

1. 数据导入

数据导入是大数据展示系统数据可视化的基础，关系着数据源，大数据展示系统的数据导入，支持手动逐条录入以及 CSV 文件批量导入和接口导入数据，具有门槛低、操作简单等特点，可以导入企业相关信息、产品信息、单据信息、温湿度信息、GPS 路径信息、报警信息、设备信息和销售信息等。

2. 数据接口

数据接口功能主要针对用户的二次开发需求，用户可以按接口规范批量提交温湿度历史记录信息、视频图像历史信息、冷车 GPS 轨迹信息、温度报警记录信息，导入历史信息后，企业用户在后台、普通用户在大数据展示平台上可以查看。

3. 数据分析

通过趋势分析和相关数学分析方法，对冷链物流数据进行整理、分析，并对数据的分布状态、数字特征和随机变量之间的关系进行估计和描述。

4. 数据展示

（1）省级平台

大数据展示系统的数据分析展示，主要以地域划分进行某个地域或多个地域的数据展示，如北京、上海、天津、重庆、河北、山东、广东 7 个平台。

（2）两岸示范城市

两岸示范城市展示了天津、厦门、北京、武汉、昆山、成都、东莞、宁波、泉州、平潭、眉山、北海、崇左 13 个城市信息的概况。

（3）国家骨干基地

国家骨干基地展示了平谷、晋中、巴彦淖尔、营口、苏州、舟山、安徽、福州、济南、郑州、武汉、怀化、东莞、自贡、昆明、宝鸡、西海岸新区 19 个城市信息的概况。

（4）星级物流企业

星级物流企业展示了 2020 年获得星级物流企业信息的概况。

（5）百强 TOP100 物流企业

百强物流企业展示了 2020 年获得 TOP100 强物流企业信息的概况。

（6）国家监管仓

国家进口冷链食品集中监管仓展示了 2021 年中国集中监管仓信息的概况。

（7）温湿度报警

温度报警展示页可以根据时间段查询各个企业历史的温湿度报警信息。

（二）冷链物流监控系统

冷链物流监管系统主要是对冷链物流业务系统进行监管，如企业信息及产品信息的真实性、冷链运输中的实时监控、冷库的实时监控。冷链物流监管系统主要分为 3 个部分，基础信息监管部分主要对冷链物流业务系统的企业信息和产品信息进行监管，物流信息监管部分主要对产品在运出和存储过程中的环境、地理位置等信息进行监管，其他信息监管主要对企业的信誉度、运出和存储中发生的报警次数进行分析，评判企业级别等，如图 6-46 所示。

图 6-46　冷链物流监管系统结构关系

1. 基础信息监管

基础信息监管是对冷链系统中注册的企业和产品信息进行审核，审核信息的真实性、时效性、是否为 GS1 成员等，还会对企业的冷库、冷车、司机、温湿度数据采集设备、监控设备和 GPS 设备的信息进行监督。

2. 物流信息监管

（1）运输信息

实时监控车辆在运输过程中的温湿度信息、GPS 地理位置、运输车辆车况和司机信息等。通过冷链业务系统对单证业务和在运车辆的车载物联网信息进行采集，以地图轨迹的形式，实现对于在运车辆的实时监控。

（2）仓储信息

采用视频实时监控冷库和冷柜的温湿度信息。通过冷链物流业务系统存储的历史信息和物联网设备采集的数据，可以对冷库和冷柜的温湿度环境和视频画面进行 7×24 小时的监管，保证产品在存储过程中的安全性和真实性，为冷链产品溯源提供可靠依据。

（3）报警策略

对冷链物流业务系统的所有物联网温湿度采集设备进行整体的监控，通过数字、表格等形式显示当前的温湿度信息，能够一目了然地了解最近时间内的温湿度变化趋势。当温度发生报警时，监管系统会在发出报警信息的同时储存记录，为监管决策提供真实的分析数据。

3. 其他信息监管

通过对冷链物流信息进行统计分析，对企业或产品进行综合评定企业的级别，根据级别，决定企业是否列入企业黑白名单或产品黑白名单。评定的信息依据是全方位的，如订单的生产周期、运输周期、运输中温湿度的保障、冷库冷柜温湿度的历史记录等。

（三）冷链物流业务系统

冷链物流业务系统的核心是冷链供应链管理系统。该系统是基于协同供应链管理的思想，配合供应链中各实体的业务需求，使操作流程和信息系统紧密配合，再加上物联网设备，做到各环节无缝链接，形成物流、信息流、单证流、环境流四流合一的领先模式。实现整体供应链可视化、管理信息化、整体利益最大化、管理成本最小化，从而提高冷链运输的水平和监管，同时为使用者提供一个产品全程追溯的查询平台。

通过冷链物流监管系统，对冷链运输建立全程监管，使用温湿度信息采集设备、GPS定位设备和安防视频设备进行实时监控。

冷链物流业务系统主要面向企业用户，通过产品追溯App面向消费者，按照企业用户的地理位置进行划分。该系统设有中央平台（北京、上海、山东、广东和河北以外的省、自治区、直辖市）、北京平台、上海平台、广东平台、河北平台和山东平台，每个平台是本地区的各类企业，企业分为销售企业、生产企业、运输企业和仓储企业4种类型，如图6-47所示。

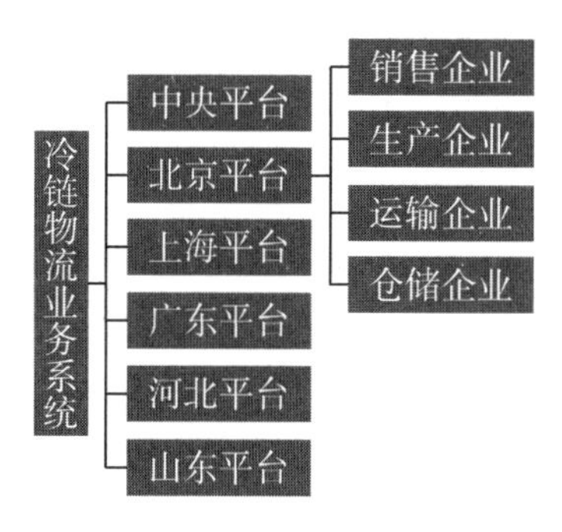

图6-47 系统平台组成

冷链物流业务系统的操作流程是从销售企业向生产企业采购商品为开端，到商品运到销售企业为止的整个过程，如图6-48所示。

在该物流过程中，所有的单据全部跟最初的订购单建立联系，通过订购单可以查询关联的后续单据，也可以用物流过程中的某一个单据查询订购单，再经过订单查询关联的其他单据，并根据单据和托盘的关系，就可以了解整个物流过程，即何时、何地、运输何种货物。

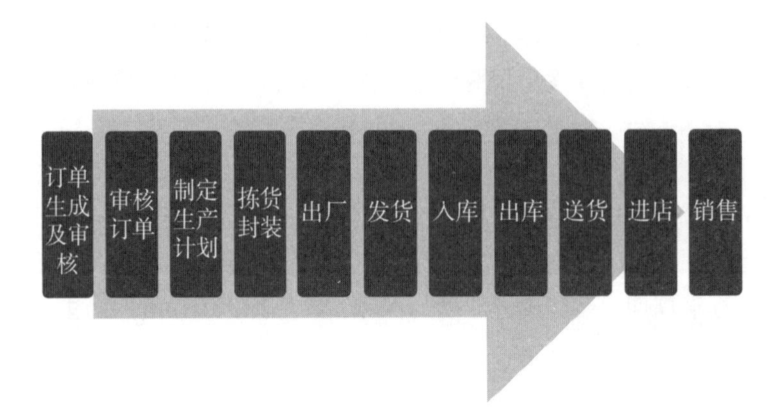

图 6-48　业务操作流程图

1. 用户管理模块

用户管理模块主要是对冷链物流业务用的用户、角色、权限进行管理和配置。用户角色主要分为管理员、操作员和消费者，其中管理员有系统超级管理员、平台管理员、企业管理员，权限逐渐递减，角色权限关系如图 6-49 所示。

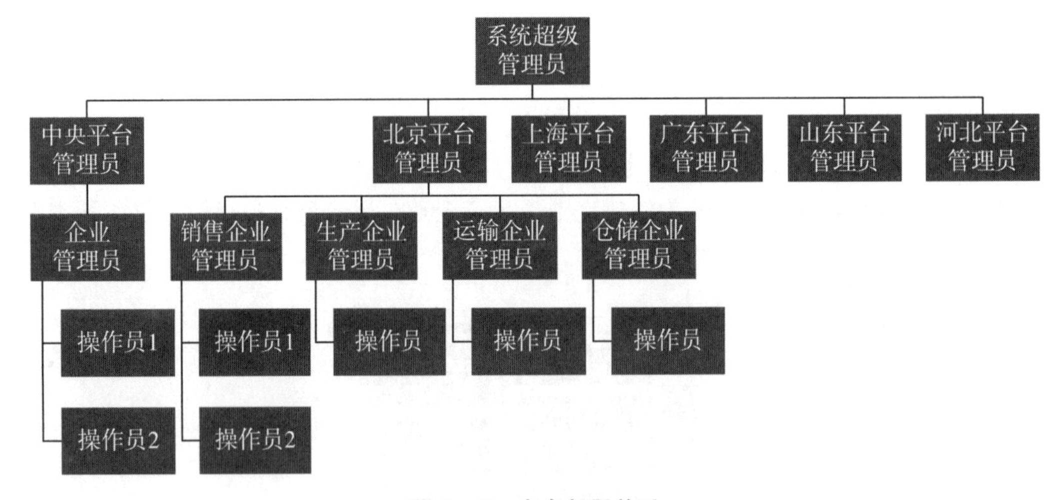

图 6-49　角色权限关系

2. 企业业务模块

企业业务模块的功能主要分为四大类，分别是销售企业业务功能、生产企业业务功能、运输企业业务功能和仓储企业业务功能。有通用的业务功能，有专门针对不同类型企业的业务功能。

(1) 订购单生成与审核

操作员向生产企业订购需要的产品，生成相对应的产品订购单，系统会按照订购单的生成规则生成单据编号及内容，并将生成的编号赋给后续产生的相关单据，如图 6-50 所示。

(2) 生产计划制定

生产企业在接到销售企业发来的订购单后，根据订购的货物数量制定生产计划，为每

6993112700008O6971297980006200722000001

×××公司 订购单

单据号（订购单）：6993112700008O6971297980006200722000001　　单据日期：2020/7/22 8:35:57

发出方：	×××公司	接收方：	×××公司
销售企业GLN：	6993112700008	生产企业GLN：	6971297980006
销售企业名称：	×××公司	生产企业名称：	×××公司
联系人：	×××	联系人：	×××
联系人电话：		联系人电话：	
联系地址：	×××	联系地址：	×××

层318室

产品信息

序号	产品GTIN-13	产品名称	产品规格	产品单位	产品数量	产品备注
5541	6971297980020	那曲冬虫夏草	1000头/盒	1000头/盒	4	

制单人：　　制单人电话：　　复核人：

图 6-50　订购单示例

一个产品、包装箱和托盘都生成一个唯一的编码，并打印出标签。

（3）拣货封装

生产企业操作员通过手持机将产品与存有唯一编码的 RFID 标签与产品、包装箱和托盘绑定，绑定后对产品进行打包封装，记录产品装箱的信息和托盘信息，可以在 web 端查询到每个托盘打包的产品数量及装箱信息，如图 6-51 所示。

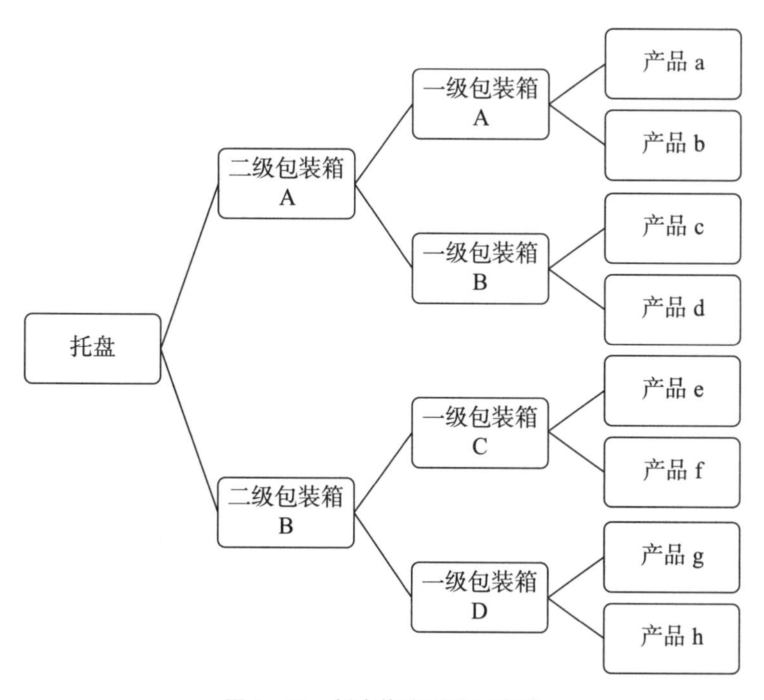

图 6-51　托盘绑定明细示意图

系统为每一个产品、包装箱和托盘都赋予了唯一的 GS1 - 128 码和 EPC96 码。在系统中还用到了产品的 GTIN13 和包装箱的 GTIN14，这两种 GTIN 码的编码可参照 GB 12904—2008《商品条码　零售商品编码与条码表示》中的规定。打印的产品标签包含一维条码、QR 码、汉信码，如图 6 - 52 所示。

图 6 - 52　产品标签

（4）出厂单的生成与审核

销售订购的产品打包封装后，选择要用的运输企业和仓储企业生成出厂单，并发送给运输企业和仓储企业。通过手持机将出厂单与产品托盘进行绑定，后续产生的单据也会根据出厂单进行绑定，方便在运输中单据与托盘绑定时进行绑定。出厂单如图 6 - 53 所示。

6971297980006P6993132090002200722000001

×××公司 出厂单

单据号（出厂单(运输)）：6971297980006P6993132090002200722000001　　单据日期：2020/7/22 8:47:49

发出方：	×××公司	接收方：	×××公司
生产企业GLN：	6971297980006	运输企业GLN：	6993132090002
生产企业名称：	×××公司	运输企业名称：	×××公司
联系人：		联系人：	
联系人电话：		联系人电话：	
联系地址：	×××	联系地址：	×××

产品信息

序号	产品GTIN-13	产品名称	产品规格	产品单位	产品数量	产品备注
5541	6971297980020	那曲冬虫夏草	1000头/盒	1000头/盒	4	

附加信息

温湿度：	-4.3℃,28%RH	位置：	93.66,31.36	图像视频：	图像

制单人：　　制单人电话：　　复核人：

图 6 - 53　出厂单

（5）发货单的生成与审核

运输企业在收到生产企业的出厂单后，根据出厂单生成发货单，选择要使用的车辆。司机根据发货单，将要运走的产品托盘与发货单进行绑定，在绑定的同时，匹配托盘是否与出厂单绑定的托盘一致。发货单如图 6-54 所示。

6993132090002F697129798000620072200001

×××公司 发货单

单据号（发货单（生产））：6993132090002F697129798000620072200001　　单据日期：2020/7/22 9:22:01

发出方：	×××公司	接收方：	×××公司
运输企业GLN：	6993132090002	生产企业GLN：	6971297980006
运输企业名称：	×××公司	生产企业名称：	×××公司
联系人：		联系人：	
联系人电话：		联系人电话：	
联系地址：	×××	联系地址：	×××
驾驶员编号：	8004699313209701	驾驶员姓名：	
运输车编号：	8004699313209101	运输车牌号：	

产品信息

序号	产品GTIN-13	产品名称	产品规格	产品单位	产品数量	产品备注
5541	6971297980020	那曲冬虫夏草	1000头/盒	1000头/盒	4	

附加信息

温湿度：	-3.9℃,41%RH	位置：	116.31,40.10	图像视频：	图像

制单人：　　制单人电话：　　复核人：

图 6-54　发货单

（6）入库单的生成与审核

仓储企业在接收到运输企业送来的货物后，生成入库单，并将托盘与入库单绑定。入库单如图 6-55 所示。

6993043210005R69931320900022007220001

×××公司 入库单

单据号（入库单(运输)）：6993043210005R69931320900022007220001 单据日期：2020/7/22 9:24:00

发出方：	×××公司	接收方：	×××公司
仓储企业GLN：	6993043210005	运输企业GLN：	6993132090002
仓储企业名称：	×××公司	运输企业名称：	×××公司
联系人：		联系人：	
联系人电话：		联系人电话：	
联系地址：	×××	联系地址：	×××

产品信息

序号	产品GTIN-13	产品名称	产品规格	产品单位	产品数量	产品备注
5541	6971297980020	那曲冬虫夏草	1000头/盒	1000头/盒	4	

附加信息

温湿度：	-4.6℃,33%RH	位置：	114.30,30.58	图像视频：	图像

制单人： 制单人电话： 复核人：

图 6-55　入库单

（7）出库单的生成与审核

仓储企业选择要使用的运输企业，生成出库单与托盘绑定，并将信息发送给运输企业和销售企业。出库单如图 6-56 所示。

6993043210005C6993132090002200722000001

×××公司 出库单

单据号（出库单(运输)）：6993043210005C6993132090002200722000001　　单据日期：2020/7/22 9:24:56

发出方：	×××公司	接收方：	×××公司
仓储企业GLN：	6993043210005	运输企业GLN：	6993132090002
仓储企业名称：	×××公司	运输企业名称：	×××公司
联系人：		联系人：	
联系人电话：		联系人电话：	
联系地址：	×××	联系地址：	×××

产品信息

序号	产品GTIN-13	产品名称	产品规格	产品单位	产品数量	产品备注
5541	6971297980020	那曲冬虫夏草	1000头/盒	1000头/盒	4	

附加信息

温湿度：	-4.6℃,33%RH	位置：	114.30,30.58	图像视频：	图像

制单人：　　制单人电话：　　复核人：

图 6 - 56　出库单

（8）送货单的生成与审核

运输企业在收到仓储企业的出库单后，根据出库单生成送货单，选择要使用的车辆。司机根据送货单，将要运走的产品托盘与送货单进行绑定，在绑定的同时，匹配托盘是否与出库单绑定的托盘一致。送货单如图 6 - 57 所示。

6993132090002S6993043210005200722000001

×××公司 送货单

单据号（送货单（仓储））：6993132090002S6993043210005200722000001　　单据日期：2020/7/22 9:27:49

发出方：	×××公司	接收方：	×××公司
运输企业GLN：	6993132090002	仓储企业GLN：	6993043210005
运输企业名称：	×××公司	仓储企业名称：	×××公司
联系人：		联系人：	
联系人电话：		联系人电话：	
联系地址：	×××	联系地址：	×××
驾驶员编号：	8004699313209701	驾驶员姓名：	
运输车编号：	8004699313209101	运输车牌号：	

产品信息

序号	产品GTIN-13	产品名称	产品规格	产品单位	产品数量	产品备注
5541	6971297980020	那曲冬虫夏草	1000头/盒	1000头/盒	4	

附加信息

温湿度：	-3.9℃,41%RH	位置：	116.31,40.10	图像视频：	图像

制单人：　　制单人电话：　　复核人：

图 6-57　送货单

（9）进店单生成与审核

当销售企业向生产企业订购的产品运到销售企业后，生成相对应的进店单，并在审核时，将收到货的消息以单据的形式发送给生产企业、运输企业和仓储企业。进店单如图 6-58 所示。

6993112700008J6993132090002200722000001

×××公司 进店单

单据号（进店单(运输)）：	6993112700008J6993132090002200722000001	单据日期：	2020/7/22 9:30:02
发出方：	×××公司	接收方：	×××公司
销售企业GLN：	6993112700008	运输企业GLN：	6993132090002
销售企业名称：	×××公司	运输企业名称：	×××公司
联系人：		联系人：	
联系人电话：		联系人电话：	
联系地址：	×××	联系地址：	×××

产品信息

序号	产品GTIN-13	产品名称	产品规格	产品单位	产品数量	产品备注
5541	6971297980020	那曲冬虫夏草	1000头/盒	1000头/盒	4	

附加信息

温湿度：	-4.2℃,32%RH	位置：	116.31,40.10	图像视频：	图像

制单人：　　制单人电话：　　复核人：

图 6-58　进店单

（10）设备管理

设备管理主要对数据采集设备进行注册登记，并根据 Q/WLCX 0005—2017《供应链资源基础信息规范》对设备赋予唯一编码，如温湿度采集设备、视频设备、GPS 和司机等。

（11）冷库管理

冷库管理主要对冷库信息进行注册，并将冷库内的温湿度采集设备和视频设备进行配置绑定，方便单据对仓库的温湿度环境记录调用查询。冷库编码也是根据 Q/WLCX 0005—2017《供应链资源基础信息规范》赋码。

（12）冷车管理

冷车管理主要对冷车信息和司机信息进行注册，并将冷车内的温湿度采集设备和视频设备进行配置绑定，方便单据对冷车的温湿度环境记录调用查询。冷车编码也是根据 Q/WLCX 0005—2017《供应链资源基础信息规范》赋码。

（13）冷柜管理

冷柜管理主要对冷柜信息进行注册，并将冷柜内的温湿度采集设备和视频设备进行配置绑定，方便单据对冷柜的温湿度环境记录调用查询。冷柜编码也是根据 Q/WLCX 0005—2017《供应链资源基础信息规范》赋码。

（14）追溯查询模块

企业用户可以根据任何一种订单的编号，查询与单据绑定的货物物流信息、订购时间、出厂时间、入库时间、出库时间、进店时间以及当时货物所处的温湿度环境、视频截图、视频片段、所处的地理位置。

用户也可以使用 App 对单个产品进行追溯查询，可以了解到追溯产品的出厂时间、运输过程、装箱记录等信息。

（15）系统管理模块

系统管理模块是对冷链系统的基本信息进行设置，进行菜单管理、角色管理、权限分配、系统日志、产品分类管理、手持机操作日志和产品分类管理。

（四）畅想冷链 App

畅想冷链 App 是冷链系统中不可缺少的部分，主要是为企业中的操作员服务，具有产品与包装箱和托盘绑定的功能、RFID 标签激活功能、各种单据与托盘货物绑定等功能。主要包括各级包装箱绑定、托盘绑定、RFID 标签激活、出厂单绑定及确认、发货单绑定及确认、入库单绑定及确认、出库单绑定及确认、送货单绑定及确认、进店单绑定及确认和商品销售功能。

（五）标准规范

冷链物流标准规范对冷链物流行业是非常重要的，只有实现冷链物流标准规范，才能在国际经济一体化的条件下有效地实施冷链物流系统的科学管理，加快冷链物流建设，促进冷链物流系统与国际系统和其他系统的衔接，有效地降低成本，提高冷链物流的经济效益和社会效益。

冷链物流标准规范是实现冷链物流现代化、智能化的重要手段和必要条件，是产品质量的保障，是降低物流成本、提高物流效益的有效措施，是冷链物流企业进军国际市场的通行证，是消除贸易壁垒、促进国际贸易发展的重要保障。

冷链物流标准和规范涉及以下方面。

1. 冷链行业相关标准和规范

①《生鲜农产品冷链流通规范（试行）》

②《生鲜冷链物流公共信息服务平台建设指南》

③ GB/T 28577—2012《冷链物流分类与基本要求》

④ GB/T 31080—2014《水产品冷链物流服务规范》

2. 相关信息技术标准

① GB/T 11457—2006《信息技术　软件工程术语》

② GB/T 15532—2008《计算机软件测试规范》

③ GB 17859—2011《计算机信息系统安全保护等级划分准则》

④ GB/T 18492—2001《信息技术　系统及软件完整性级别》

⑤ JJF 1171—2007《温度巡回检测仪校准规范》

⑥ JT/T 794—2019《道路运输车辆卫星定位系统　车载终端技术要求》

⑦ JT/T 808—2019《道路运输车辆卫星定位系统　终端通讯协议及数据格式》

⑧ YD/T 1133—2001《数据通信名称术语》

3. 编码标准

① GB/T 12905—2019《条码术语》

② GB/T 7665—2005《传感器通用术语》

③ GB/T 25069—2022《信息安全技术　术语》

④ GB/T 17004—1997《防伪技术术语》

⑤ GB/T 37032—2018《物联网标识体系　总则》

⑥ GB/T 31866—2015《物联网标识体系　物品编码 Ecode》

⑦ GB/T 4754—2017《国民经济行业分类》

⑧ GB/T 16828—2021《商品条码　参与方位置编码与条码表示》

⑨ GB/T 23832—2022《商品条码　服务关系编码与条码表示》

⑩ GB/T 11714—1997《全国组织机构代码编制规则》

⑪ GB/T 19251—2003《贸易项目的编码与符号表示导则》

⑫ GB 12904—2008《商品条码　零售商品编码与条码表示》

⑬ GB/T 16830—2008《商品条码　储运包装商品编码与条码表示》

⑭ GB/T 18127—2009《商品条码　物流单元编码与条码表示》

⑮ GB/T 26820—2011《物流服务分类与编码》

⑯ GB/T 6512—2012《运输方式代码》

⑰ GB/T 23833—2009《商品条码　资产编码与条码表示》

4. 数据采集标准

① GB 12904—2008《商品条码　零售商品编码与条码表示》

② GB/T 18805—2002《商品条码　印刷适性试验》

③ GB/T 18348—2022《商品条码　条码符号印制质量的检验》

④ GB/T 15425—2014《商品条码　128 条码》

⑤ GB/T 18347—2001《128 条码》

⑥ GB/T 21335—2008《RSS 条码》

⑦ GB/T 12907—2008《库德巴条码》

⑧ GB/T 14258—2003《信息技术　自动识别与数据采集技术　条码符号印制质量的检验》

⑨ GB/T 26228.1—2010《信息技术　自动识别与数据采集技术　条码检测仪一致性规范　第1部分：一维条码》

⑩ GB/T 26227—2010《信息技术　自动识别与数据采集技术　条码原版胶片测试规范》

⑪ GB/T 12908—2002《信息技术　自动识别和数据采集技术　条码符号规范三九条码》

⑫ GB/T 16829—2003《信息技术　自动识别与数据采集技术　条码码制规范　交插二五条码》

⑬ GB/T 21049—2022《汉信码》

⑭ GB/T 18284—2000《快速响应矩阵码》

⑮ GB/T 17172—1997《四一七　条码》

⑯ GB/T 27766—2011《二维条码　网格矩阵码》

⑰ GB/T 27767—2011《二维条码　紧密矩阵码》

⑱ GB/T 23704—2017《二维条码符号印制质量的检验》

⑲ GB/T 2934—2007《联运通用平托盘　主要尺寸及公差》

⑳ GB/T 4995—2014《联运通用平托盘　性能要求和试验选择》

㉑ GB/T 31005—2014《托盘编码及条码表示》

㉒ GB/T 33456—2016《商贸托盘射频识别标签应用规范》

㉓ GB/T 4892—2021《硬质直方体运输包装尺寸系列》

5. 企业标准

① Q/WLCX 0001—2017《供应链企业基础信息规范》

② Q/WLCX 0002—2017《供应链产品基础信息规范》

③ Q/WLCX 0003—2023《供应链单据代码编码规则》

④ Q/WLCX 0004—2017《供应链单据基础信息和单据样式》

⑤ Q/WLCX 0005—2017《供应链资源基础信息规范》

⑥ Q/WLCX 0006—2017《供应链系统接口要求技术规范》

⑦ Q/WLCX 0007—2017《供应链管理系统业务流程规范》

主要参考文献

［1］ 张成海，李素彩.物流标准化［M］.北京：清华大学出版社，2021.

［2］ 农业农村部农产品质量安全中心.国外农产品质量安全追溯概论［M］.北京：清华大学出版社，2019.

［3］ 张铎，张秋霞，刘娟.电子商务物流管理［M］.4版.北京：高等教育出版社，2019.

［4］ 张成海，张铎，陆光耀，等.条码技术与应用［M］.2版.北京：清华大学出版社，2018.

［5］ 张铎.产品追溯系统［M］.北京：清华大学出版社，2013.

［6］ 张铎.物品编码标识［M］.北京：清华大学出版社，2013.

［7］ 张铎，张倩.物流标准实用手册［M］.北京：清华大学出版社，2013.

［8］ 张成海，张铎.物流条码实用手册［M］.北京：清华大学出版社，2013.

［9］ 张铎.移动物流［M］.北京：经济管理出版社，2012.

［10］ 张成海.食品安全追溯技术与应用［M］.北京：中国质检出版社，2012.

［11］ 张铎.物联网大趋势［M］.北京：清华大学出版社，2010.

［12］ 张成海，张铎.物联网与产品电子代码（EPC）［M］.武汉：武汉大学出版社，2010.

［13］ 张铎.物流标准化教程［M］.北京：清华大学出版社，2011.

［14］ 傅泽田，张小栓，张领先，等.生鲜农产品质量安全可追溯系统研究［M］.北京：中国农业大学出版社，2012.

［15］ GB/T 40465—2021　畜禽肉追溯要求［S］.

［16］ GB/T 38155—2019　重要产品追溯　追溯术语［S］.

［17］ GH/T 1278—2019　农民专业合作社　农场质量追溯体系要求［S］.